반려동물과 생활하기와 법규지키기

편저 예원동물보호연구회

법문북스

머 리 말

「반려동물」이란 사람과 더불어 사는 동물로 장난감이 아닌 더불어 살아가는 동물을 말합니다. 이에 따라 사람과 더불어 살아가는 동물이라면 개, 고양이, 토끼, 기니피그, 돼지, 닭, 오리, 앵무새, 도마뱀, 이구아나, 사슴벌레, 금붕어 등 그 종류를 불문하고 모두 반려동물이라고 할 수 있습니다.

반려동물이란 단어는 1983년 오스트리아 과학아카데미가 동물 행동학자로 노벨상 수상자인 K.로렌츠의 80세 탄생일을 기념하기 위하여 주최한 '사람과 애완동물의 관계'라는 국제 심포지엄에서 최초로 사용됐습니다. 사람이 동물로부터 다양한 도움을 받고 있음을 자각하고 동물을 더불어 살아가는 반려상대로 인식한 것입니다.

사람 사는 세상은 점차 풍요로워 지고 편리해지고 있습니다. 반면 사람들은 외로워하고 과거를 그리워합니다. 반려동물을 통해 생명의 가치가 소중하다는 것을 느끼고 있습니다. 사회적 요인 즉 인구 구조의 고령화, 1인 가구의 증가, 스트레스 등과 의식의 변화에 의해 반려동물 산업이 발전하였고 반려동물과 함께 살아가는 대부분의 사람들은 가족이라고 여깁니다.

이러한 변화들 속에서 반려동물과 함께하는 인구는 이미 1,000만 명 시대를 돌파하였습니다. 반려동물과의 상호작용, 즉 교감은 반려인의 정서적 안정 뿐 아니라 사회적 소통의 창구가 될 수 있습니다. 사람과 사회적 관계망에서 생기는 스트레스를 자연적 순수함을 간직하고 있는 반려동물에게서 위안을 받습니다. 이처럼 반려동물을 가족의 일원으로 생각하게 되면서 반려동물과의 유대감을 통해 반려인의 사회성을 증가시키고 삶의 질도 향상시켜 줍니다.

이에 따라 반려동물에 대한 학대행위의 방지 등 동물을 적정하게 보호·관리하기 위하여 필요한 사항을 규정함으로써 동물의 생명보호, 안전 보장 및 복지 증진을 꾀하고, 건전하고 책임 있는 사육문화를 조성하여, 동물의 생명 존중 등 국민의 정서를 기르고 사람과 동물의 조화로운 공존에 이바지함을 목적으로 1991년 5월 31일 「동물보호법」이 제정되었습니다.

그러나 이 법은 건전하고 책임 있는 사육문화 조성과 사람 및 동물의 조화로운 공존에 이바지하고자 제정된 이후, 사회적 이슈와 정책적 수요를 반영하여 여러 차례 개선·보완되어 왔으나, 동물학대 및 안전사고 발생 등으로 인한 사회적 문제와 반려가구의 급증, 동물보호 및 동물복지에 대한 국민의 인식변화 등에 따라 전반적인 제도 개선의 필요성이 제기되어 왔습니다. 이에 동물학대를 예방하고, 맹견 사육허가제와 기질평가제를 신설하여 맹견관리를 강화하며, 반려동물 영업 관련 제도를 정비하고 준수사항 위반에 대해 처벌을 강화하는 한편, 반려동물행동지도사 자격제도를 도입하는 등 동물의 보호 및 복지 증진을 위하여 관련 제도를 전반적으로 개편·정비하였습니다.

이 책은 이와 같이 많이 개편·정비된 동물보호법에 대해 체계적이고 누구나 알기 쉽도록 해설과 함께 관련서식은 물론 상담사례들을 법제처의 생활법령, 국립축산과학원의 반려동물에 대한 자료와 네이버의 지식백과 등을 참고하여 반려동물과 함께 생활하는 모든 분들에게 좋은 관련 정보를 얻을 수 있도록 정리, 분석하여 이해하기 쉽게 편집하였습니다.

이 책이 반려동물과 함께 생활하는 모든 분들에게 큰 도움이 되리라 믿으며, 아울러 미약한 점은 계속 보완할 예정입니다. 근래 열악한 출판시장임에도 불구하고 흔쾌히 출간에 응해 주신 법문북스 김현호 대표에게 감사를 드립니다.

2022. 5.
편저자 드림

목 차

Part A. 반려동물이란?

§ 1. 반려동물의 개념

§ 2. 반려견의 종류

§ 3. 국내에서 친숙한 반려견

§ 4. 국내에서 친숙한 반려묘

§ 3. 동물판매업소에서 분양받기

§ 4. 반려동물 배송방법 제한

§ 5. 동물을 운송하는 사람이 지켜야 할 사항

§ 6. 반려동물 분양받은 후 발생한 피해배상

Part C. 반려동물 등록

§ 1. 반려동물등록제도의 개념 및 대상

Part D. 반려동물과 생활하기

§ 1. 반려동물의 사육 · 관리

Part G. 반려묘 건강상식

§ 1. 기본상식

§ 2. 예방접종

§ 3. 계절별 돌보는 법

§ 4. 올바른 먹이 선택 가이드

§ 5. 수명(연령표)

§ 6. 급여해서는 안되는 음식

Part I. 반려동물 분실 · 유기 · 학대

§ 1. 잃어버린 반려동물 찾기

§ 2. 반려동물 주인 찾기

§ 3. 반려동물 유기[遺棄] 금지

§ 4. 반려동물에 금지되는 학대행위

Part J. 반려동물 장례치르기

§ 1. 반려동물 사체처리 방법과 말소신고

§ 2. 반려동물 사체처리 금지행위

부록 : 관련법령

Part A. 반려동물이란?

§ 1. 반려동물의 개념

1. "반려동물"이란?

① "반려동물"이란 반려(伴侶) 목적으로 기르는 개, 고양이, 토끼, 페럿, 기니피그 및 햄스터를 말합니다(「동물보호법」 제2조 제1호의 3, 「동물보호법 시행규칙」 제1조의2).

② 반려동물(Companion animal)이란 단어는 1983년 10월 오스트리아 과학아카데미가 동물 행동학자로 노벨상 수상자인 K.로렌츠의 80세 탄생일을 기념하기 위하여 주최한 '사람과 애완동물의 관계(the human-pet relationship)'라는 국제 심포지엄에서 최초로 사용되었습니다. 사람이 동물로부터 다양한 도움을 받고 있음을 자각하고 동물을 더불어 살아가는 반려상대로 인식한 것입니다.

2. 반려동물의 종류

① "반려동물"이란 사람과 더불어 사는 동물로 장난감이 아닌 더불어 살아가는 동물을 말합니다. 이에 따라 사람과 더불어 살아가는 동물이라면 개, 고양이, 토끼, 기니피그, 돼지, 닭, 오리, 앵무새, 도마뱀, 이구아나, 사슴벌레, 금붕어 등 그 종류를 불문하고 모두 반려동물이라고 할 수 있습니다.

② 개별법상 반려동물의 범위

　반려동물과 관련된 법률에서 정하고 있는 동물의 범위는 약간씩 차이는 있지만 개와 고양이는 공통적으로 포함되어 있습니다.

주요 관련법	동물의 범위
「동물보호법」	"동물"이란 고통을 느낄 수 있는 신경체계가 발달한 척추동물로서 포유류, 조류, 파충류, 양서류 및 어류(다만, 식용(食用)을 목적으로 하는 것은 제외함)를 말합니다(「동물보호법」 제2조제1호 및 「동물보호법 시행령」 제2조). 또한 반려동물은 개, 고양이, 토끼, 페럿, 기니피그 및 햄스터를 말합니다(「동물보호법」 제2조제1호의3, 「동물보호법 시행규칙」 제1조의2).
「가축전염병예방법」	개, 고양이, 소, 말, 당나귀, 노새, 면양·염소[유산양(乳山羊: 젖을 생산하기 위해 사육하는 염소)을 포함], 사슴, 돼지, 닭, 오리, 칠면조, 거위, 토끼, 꿀벌, 타조, 메추리, 꿩, 기러기, 그 밖에 사육하는 동물 중 가축전염병이 발생하거나 퍼지는 것을 막기 위하여 필요하다고 인정하여 농림축산식품부장관이 정하여 고시하는 동물: 현재 정해진 것 없음(「가축전염병 예방법」 제2조제1호, 「가축전염병 예방법 시행령」 제2조)
「수의사법」	개, 고양이, 소, 말, 돼지, 양, 토끼, 조류, 꿀벌, 수생동물, 노새, 당나귀, 친칠라, 밍크, 사슴, 메추리, 꿩, 비둘기, 시험용 동물, 그 밖에서 앞에서 규정하지 아니한 동물로서 포유류, 조류, 파충류 및 양서류(「수의사법」 제2조제2호, 「수의사법 시행령」 제2조)
「소비자분쟁해결기준」	개, 고양이[「소비자분쟁해결기준」(공정거래위원회 고시 제2021-7호, 2021. 5. 25. 발령·시행) 별표 Ⅱ 제29호]

§ 2. 반려견의 종류

반려견은 사람과 가장 친근하면서도 사랑 받는 반려동물로서 크기에 따라 소형견, 중형견, 대형견으로 나뉩니다.

1. 소형견

성견 된 몸무게가 10kg 미만의 자견(성견 : 생후 2년 이상 된 자견) 중형견이나 대형견에 비해 활동성이 크고 흥분성이 높습니다.

- 장점 : 크기가 작다보니 식사량과 배설량이 적으며 야외활동에 대한 이동이 편합니다.
- 단점 : 낯선 대상에게 많이 짖으며 흥분을 자주 합니다.

2. 중형견

성견 된 몸무게가 10kg ~ 25kg 미만

- 장점 : 소형견보다 흥분도가 낮습니다.
- 단점 : 집안활동만으로는 한계가 있으므로 반드시 아침저녁 30분 정도 운동을 시켜줘야 합니다.

3. 대형견

성견 된 몸무게가 25kg 이상

- 장점 : 성격이 차분하며 흥분도가 낮습니다.
- 단점 : 사료량이나 배설량이 많고(배변운동 필수), 성량이 크기 때문에 한번 짖으면 울림이 큽니다.

§ 3. 국내에서 친숙한 반려견

1. 소형견

① 포메라니안

크기 : 초소형

출신: 독일

체고 : 28cm 이하

체중 : 1.8~2.8kg

색상 : 붉은색, 오렌지색, 검은색, 갈색, 초콜릿색, 흰색

지금은 작은 반려견이지만 포메라니안은 북극에서 썰매를 끌던 개들의 후손으로 초창기에는 지금보다 큰 편이었다. 공처럼 둥글고 풍성하게 부풀어 오른 털이 특징이다. 여우와 비슷한 깜찍한 얼굴에 작은 눈망울이 매력적이고 보호본능이 생기는 귀여운 품종이다.

주의할 점 : 털이 많이 빠지는 편으로 항상 빗질을 해준다. 털을 밀어버리면 공처럼 털이 서지 않으므로 가능하면 털관리를 잘해서 밀지 않도록 한다.

② 푸들

크기 : 소형

출신 : 프랑스

체고 : 대형 38.1cm 이상, 중형 25.4~38.1cm, 소형 25.4cm

체중 : 3.6~4.1kg

색상 : 흰색, 갈색, 검정색, 오렌지색, 회색

특징 : 푸들은 야생물새 사냥에 활용되던 견종으로 충성심이 깊기로
유명한 견종이다. 곱슬곱슬한 털이 돌돌 말리거나 매듭처럼
꼬인 형태로 덮여있다. 학습 능력이 뛰어나 훈련시키기 쉬워
반려견으로 매우 적합하다.

주의할 점 : 체격이 작아서 어린아이가 장난을 심하게 치면 다칠 수
있다. 혼자 있기 싫어하므로 집안에 돌봐줄 사람이 없
는 경우엔 키우지 않도록 한다.

③ 요크셔테리어

크기 : 초소형

출신 : 영국

체고 : 23cm정도

체중 : 3.5kg정도

색상 : 암청회색, 황갈색, 황금색

특징 : 요크셔테리어는 1850년대에 처음 등장한 견종으로 옛 견종인 '블랙 앤 탄 테리어'에서 유래되었다. 기다란 털이 코에서 부터 꼬리 끝까지 몸 양쪽에서 균등하게 나뉘어 아래로 곧게 뻗은 것이 특징이다.

주의할 점 : 잘 짖는 편이므로 어릴 적부터 짖지 못하도록 훈련시킨다. 많은 운동이 필요하지는 않으나 하루에 10분씩 가벼운 산책을 시켜 스트레스를 풀어준다.

④ **치와와**

크기 : 초소형

출신 : 멕시코

체고 : 13~22cm

체중 : 3kg이하

색상 :황갈색, 청색, 초콜릿색, 검은색

특징 : 치와와는 멕시코 치와와주의 이름을 따서 붙여진 것으로 알려져 있다. 세계에서 체구가 가장 작은 견종이다. 행동이 매우 빠르고 기민하다.

⑤ 닥스훈트

크기 : 소형

출신 : 독일

체고 : 13~25cm

체중 : 5kg이하

색상 : 붉은색, 적갈색, 검은색, 황갈색, 초콜릿색

특징 : 닥스훈트라는 이름은 독일어의 '오소리 사냥' 이라는 뜻이
　　　담겨져 있으며 초기에는 '테켈(teckel)'이라고 불렸었다. 굴
　　　에 숨은 오소리나 여우를 끌어내고 토끼를 추적하는데 활약
　　　했던 특징이 외형적으로도 나타난다. 다리가 짧고 몸이 길며
　　　후각이 발달되어 있으며 겁이 없는 편이다. 몸이 길어 체중
　　　조절과 운동에 신경 써 주지 않으면 척추 디스크를 유발하기
　　　쉽다. 명랑하고 장난스러운 성격으로 활동하는 것을 좋아하
　　　며 주인의 말을 잘 이해해 좋은 친구로 지내기 적합하다. 반
　　　면에 헛짖음이나 무는 성질이 높고 배변 가리는 습관을 들이
　　　기가 어렵다.

주의할 점 : 어릴 때부터 쓸데없이 짖지 않도록 훈련을 잘 시켜야
시끄럽지 않은 개가 된다.

⑥ 페키니즈

크기 : 초소형
출신 : 중국
체고 : 20cm정도
체중 ; 2.5~6kg
특징 : 페키니즈는 사자 같은 모습에 기민하고 영리한 인상을 풍기
       는 견종이다. 작지만 균형이 잘 잡혔으며, 적당히 두툼한 체
       형에서 위엄이 느껴진다. 주변에 무관심한 편이나 겁이 없고
       충성심이 강하다.

⑦ 시추

크기 : 초소형
출신 : 티베트
체고 : 22~27cm
체중 : 5.4~6.8Kg

특징 : 시츄는 티벳에서 유래했으나 중국 왕실에서 키워지면서 발전한 견종이다. 털이 콧등에서 위쪽으로 자라는 특징이 있어 머리 부분에 국화꽃을 닮은 피모가 형성되어 있다. 성격은 다정하고 활발하다.

주의할 점 : 털관리는 매일 해주고, 얼굴 주변을 깨끗하게 해주고, 특히 눈 주위 청결에 신경 쓰도록 한다.

⑧ 몰티즈

크기 : 초소형

출신 : 이탈리아

체고 : 26cm이하

체중 : 2~3kg

색상 : 흰색

특징 : 몰티즈는 몰타 섬이 고향으로 알려진 소형견으로 앙증맞은 외모와 애교 넘치는 성격, 흰 털로 많은 사랑을 받는 반려견이다.

주의할 점 : 털이 흰색이라서 더러움을 많이 탄다. 입 주변에 랩핑(wrapping : 털이 안 엉기게 종이로 털을 말아 묶는 것)을 해주면 입가에 음식물이 묻는 것을 방지할 수 있다.

2. 중형견

① 시바이누

크기 : 중형

출신 : 일본

체고 : 36~40cm

체중 : 9~14kg

색상 : 황색, 검은색, 갈색

특징 : '시바'란 일본어로 '작은 것'을 뜻한다. 1937년 일본의 천연
　　　기념물로 지정되었다. 일본에서 가장 많이 기르는 일본견이
　　　고 전 세계적으로 널리 알려져 있다.

② 미니어쳐 슈나우져

크기 : 중형

출신 : 독일

체고 : 암수 30 ~ 35 Cm

특징 : 독일어로 '콧수염'(슈나우쯔)이 이름의 유래. 원래는 쥐잡이
　　　로 이용되었다. 몸이 튼튼하고 근육이 잘 발달해 있다.
성격 : 주인에 대한 충성심이 강하기 때문에 훈련시키기 쉽다. 반대
　　　로 경계심도 강하고 신중해서 잘 짖는 면도 있다.

③ 제페니즈 스피츠

크기 : 중형
출신 : 일본
체고 : 30~35cm
체중 : 6~10kg
색상 : 흰색
특징 : 매우 영리해서 학습능력이 뛰어나다. 또한 활동적이며 놀기
　　　를 좋아하기 때문에 다른 애완동물이나 어린이들과 잘 어울
　　　린다. 주인을 잘 따라서 반려동물로 적당하고, 감각이 예민
　　　하고 낯선 사람이 다가오면 마구 짖기 때문에 경비견으로도
　　　이용된다. 수명은 약 12년이다.

④ 불독

크기 : 중형
출신 : 영국
체고 : 35~38cm
체중 : 6~10kg
색상 : 붉은색·황갈색·얼룩무늬 등
특징 : 위압적인 외모와는 달리 침착하면서도 온순하고 다정한 성격
이며 보호자에 대한 충성심이 강하고 용감하며 도전적이다.
유의해야할 질병으로는 각막염, 결막염, 안구 탈출, 백내장과
같은 안과 질환이 있고, 호흡기 질환과 관절 질환이 생길 확
률이 높다. 또한 얼굴에 주름이 많아 주름 사이에 이물질이
쌓여 피부 질환이 생길 수 있다. 식욕이 왕성하여 과식하기
쉽고 과체중이 될 수 있어 충분한 운동이 필수적이다. 한 번
에 4~5마리를 출산하고, 품종의 머리 크기가 커서 제왕절개
가 필요할 수 있다.

⑤ 웰시코기

크기 : 중형

출신 : 영국

체고 : 25~30.5cm

체중 : 13kg정도

색상 : 황갈색

특징 : 소몰이를 할 정도로 운동량이 많은 개이므로 크기에 비해 많
　　　은 운동량을 필요로 한다. 운동을 자주 시켜줄 사람이 있는
　　　집에서 키우기 좋고 마당이 있는 주택이나 넓은 아파트에서
　　　키울 수 있다. 털은 짧은 편이지만 숱이 많고 잘 빠진다. 그
　　　러나 매일 빗질만 해주면 별다른 관리는 필요 없다. 하루에
　　　두 번 이상 운동을 시켜야 한다.

주의할 점 : 닥스훈트처럼 다리가 짧고 허리가 길어 디스크에 걸리
　　　기 쉬우며 비만해지지 않도록 조심한다.

⑥ 보더콜리

크기 : 중형

출신 : 영국

체고 : 48~53cm

체중 : 18~23kg

색상 : 검은색, 황갈색, 흰색

특징 : 지능이 높고 끈기가 있으며 주인에게 순종하는 기질을 갖고
　　　있다. 일하는 것을 무척 좋아해서 할 일이 없으면 무료함을
　　　느끼고 다른 목양견처럼 작은 동물을 몰고자 하는 경향이 있
　　　다. 행동이 빠르고 민첩하며, 균형 잡힌 몸매를 갖고 있으며,
　　　활동적이어서 프리스비나 수영 같은 운동을 매우 잘한다.

주의할 점 : 숱이 많고 속털이 깊은 편으로 엉키지 않도록 빗질을
　　　자주 해주고 털갈이 시기에는 특히 신경을 써야 한다.

⑦ 아메리칸 코커스파니엘

크기 : 중형

출신 : 미국

체고 : 36~38cm

체중 : 9~16kg

색상 : 검은색·다갈색·붉은색·담황색·얼룩무늬 등

특징 : 사냥개로 활용되던 과거와는 달리 요즘은 반려견으로 인기가 많아 미국에서 많이 길러지고 있다. 어릴 때 사회화가 잘 된다면 동물과 어린아이를 포함한 가족구성원들과 잘 어울릴 수 있다. 매우 활동적이고 활발하여 산책 등의 운동을 자주 시켜야 하며, 이러한 특성 덕에 스포츠견으로 쉽게 훈련이 되는 품종이다. 털은 길기 때문에 자주 빗어주는 것이 좋으며, 귀와 안과 관련 질환들이 잘 발생하므로 보호자가 잘 관리해 주어야 한다. 수명은 13~14년이다.

⑧ 비글

크기 : 중형

출신 : 영국

체고 : 33~40cm

체중 : 10~14kg, 11~16kg

색상 : 흰색, 검은색, 황갈색

특징 : 비글은 모든 면에서 매우 활동적인 특징을 보이는 하운드다.

작지만 튼튼하고 다부진 체구를 가졌으며, 체력이 우수하고
투지가 넘친다. 기민하고 영리하며 붙임성이 많다.
주의할 점 : 운동부족 등으로 인한 스트레스로 혼자 남겨졌을 때 늑
대처럼 울부짖을 때가 있다. 고집과 자기주장이 강한
편으로 어릴 때부터 꾸준하고 엄격한 훈련을 시키는 것
이 필요하다.

3. 대형견
① 말라뮤트

크기 : 대형
출신 : 미국
체고 : 55~70cm
체중 : 34~39kg
색상 : 레드, 검은색, 흰색, 울프그레이
특징 : 콤팩트한 몸통, 활동력이 충만한 사지와 두터운 피모를 지닌
직립귀의 대형견으로 매우 추운 지방의 작업에 견디는 체질
을 하고 있다. 순종하고 인내력이 있으며, 집단행동에 익숙
하고 사람을 잘 따른다.

② 도베르만

크기 : 대형

출신 : 독일

체고 : 65~70cm

체중 : 30~40kg

색상 : 검은색, 황금색, 청색, 엷은황갈색, 붉은색

특징 : 친근하고 차분하며, 가족에게 매우 헌신적이다. 예민함과 날
카로움(경계심)이 모두 적당한 수준이어야 한다. 자극을 받아
분노하는 한계지점도 적당한 수준이어야 하며 주인과 충분히
접촉을 할 수 있어야 한다. 훈련 시키기가 수월하며 임무를
즐기는 편이다. 일을 수행하는 능력과 용기, 힘든 일도 굳게
해 내는 능력이 탁월하다. 특히 자신감과 용감무쌍한 면이
잘 드러나야 하며, 주변의 사회적 환경에 적응하고 집중할
줄 알아야 한다.

③ 롯트와일러

크기 : 대형
출신 : 독일
체고 : 수컷 60~69cm, 암컷 55~64cm
체중 : 수컷 40~62kg, 암컷 36~46kg
색상 : 검정에 황갈색 반점
특징 : 용감한 성격을 가지고 있어 침입자를 맹렬히 공격하는 대담
       한 성격을 소유하고 있다. 때문에 경찰견이나 집을 지키는
       경비견으로서 타고난 능력을 가지고 있으며 애정도 풍부하여
       주인에 대한 충성심이 강한 편이다. 운동량도 많고, 털 빠짐
       등 여러가지 관리상 아파트나 빌라 등은 양육에 적합하지 않
       다. 로트와일러는 특히 타인에 대한 경계심이 아주 강한 견
       종이기 때문에 충분한 사회화 훈련이 필요로 한다. 영리하여
       비교적 교육이 잘 되는 견종이기 때문에 어릴 때부터 복종
       훈련과 서열 정리를 하도록 한다.

④ 러프콜리

크기 : 대형

출신 : 영국

체고 : 수컷 56~61cm, 암컷 51~56cm

체중 : 수컷 40~62kg, 암컷 36~46kg

색상 : 세이블, 세 가지 색 혼합, 청색의 대리석 무늬 얼룩

특징 : 친근하며 긴장하거나 공격적인 면은 전혀 없다. 아이들이나
　　　 다른 개들과도 친근하고 행복하게 지내며 활동적이고 잘 어
　　　 울리므로 애완견으로도 훌륭하다.

⑤ 사모예드

크기 : 대형

출신 : 러시아

체고 : 45~55cm

체중 : 23~30kg

색상 : 흰색, 미색

특징 : 사모예드는 기품이 넘치는 북극 지역 흰색 스피츠로, 이름은 러시아 북부와 시베리아 지역에 살던 사모예드 족의 명칭에서 유래됐다. 사교성이 매우 뛰어나며 기민하고 친근하다.

⑥ 저먼 셰퍼트

크기 : 대형

출신 : 독일

체고 : 수컷: 60~66cm, 암컷: 55~60cm

체중 : 수컷: 30~40kg, 암컷: 23~32kg

색상 : 검정색, 푸른색, 붉은색, 회색, 흰색이 있으며, 검정색의 경우 갈색, 크림색, 붉은색, 회색 무늬가 동반되기도 한다.

특징 : 영리하고 붙임성이 있으며 책임감이 강하다. 상황 대처 능력이 좋고 용감하며 경계심이 강하다. 호기심이 많아 훌륭한 경비견으로 수색 임무에 적합하다 하지만 제대로 사회화 훈련이 되지 않으면 가족과 영역을 과잉보호하려 한다.

주의할 점 : 퇴행성 골수염과 골이형성증 등 건강 상태를 확인해야 하고 갑자기 복부가 부어오르는 증상이 잘 나타나 보호자의 주의가 필요하다. 수명은 7~10년이다.

⑦ 허스키

크기 : 대형

출신 : 시베리아

체고 : 50~60cm

체중 : 16~27kg

특징 : 쫑긋한 귀와 빗자루 같은 꼬리, 적당한 근육을 가졌다. 사람
      을 좋아하고 주인의 기분을 잘 헤아린다.

주의할 점 : 추운 지방에서 살던 품종이어서 숱이 많은 털을 갖고
         있어 굉장히 많이 빠진다. 빗질을 자주 해주어야 하며
         특히 여름에는 피부에 통풍이 잘 되도록 신경을 많이
         써야 한다.

⑧ 골든리트리버

크기 : 대형

출신 : 영국

체고 : 수컷 56~61cm, 암컷 51~56cm

체중 : 27~36kg

색상 : 황금색

특징 : 골드와 크림색이 있으며 구불거리며 단색인 털이 수수한 아름
다움이 있다. 이중모의 구조기 때문에 봄에 속털이 **빠지므로**
이 시기에 솔질을 자주 해주어 **빠진** 털을 제거하여 피부병을
예방하고, 워낙 얌전한 개이므로 인위적인 운동을 시켜 비만
을 방지해야 한다.

주의할 점 : 선천적으로 고관절 형성 장애를 갖고 있을 수 있다.

4. 국내 토종 반려견

① 진돗개

크기 : 중형

출신 : 한국

체고 : 45~53cm

체중 : 15~20kg

색상 : 황색, 흰색, 검은색

특징 : 진돗개는 주인에 대한 충성심과 복종심이 강하며 뛰어난 귀
가성을 간직하고 있다. 진돗개는 첫 정을 준 주인을 오랫동
안 잊지 못해 강아지 때부터 기르지 않고 성견을 분양받았을
경우 탈주 사태가 종종 일어난다. 또한 진돗개는 대담하고

용맹스럽기로 이름이 높다.

② 삽살개

크기 : 중형
출신 : 한국
체고 : 45~53cm
체중 : 15~20kg
색상 : 백색에 가까운 크림색이나 고동색, 흑색, 청회색, 드물게 바
      둑이 패턴의 긴 털을 지니고 있다.
특징 : 국산 개의 품종 중 하나다. 주로 경산 등 한국 동남 지방에
      서 서식하던 것이 고려, 조선 시기에 전국으로 퍼진 것으로
      알려져 있다. 1992년에 천연기념물 제368호로 공인되었다.
      삽살개는 특히 인내심이 대단한데 웬만큼 힘든 일이나 고통
      에 대해서 좀처럼 표현하지 않으며 극복해내려고 하는 편이
      다. 다르게 말하자면 주인이 개의 몸 상태를 알기 어렵다는
      것이므로, 삽살개를 키우는 주인은 다른 개를 대할 때보다
      훨씬 섬세한 주의를 기울여 관찰하는 것이 좋을 것이다.

(사진 출처 : 한국삽살개재단 www.sapsaree.org)

③ 제주개

크기 : 중형

출신 : 한국

체고 : 암컷 45~50cm, 수컷 45~52cm

체중 : 암컷 12 ~15kg, 수컷 12~18kg

색상 : 검정색이 일반적이며 이외에도 황색, 백색, 검정과 갈색 혼합 등 다양함

특징 : 끈기와 용맹성이 뛰어나고 날렵하다. 충성심이 강해 주인을 잘 따르지만 타인에 대한 경계가 심한 편이다. 하지만 동족과는 잘 어울린다. 물을 좋아하고 수영을 곧잘 한다. 활동성이 높아 매일 산책을 해주어야 한다. 토착견으로 질병 저항력이 강하다. 하지만 10살이 지나면 쉰 듯한 목소리가 나오며 잇몸이 늘어지고 관절염이나 소화기 장애가 나타나기도 한다. 수명은 약 15년이다.

(사진 출처 : 제주특별자치도 축산진흥원 https://jeju.go.kr)

④ 풍산개

크기 : 중형
출신 : 한국
체고 : 53~55cm
체중 : 23~28kg
색상 : 흰색, 황색, 황백색
특징 : 호랑이를 잡는 개라고 불릴 정도로 용맹스러운 견종이며, 주인에 대한 충성심이 뛰어나 한번 주인은 영원한 주인으로 섬긴다.
(사진 출처 : 농촌진흥청 https://www.rda.go.kr)

⑤ 오수개

전라북도 임실군 출신의 개다. '충견 오수의 개' 설화에 등장하는 개로 오수라는 지명 탄생의 배경이 된 개다. 이 개는 현재 복원 사업중이다.
(사진 출처 : 농촌진흥청 국립축산과학원 https://www.nias.go.kr)

⑥ 경주개 동경이

크기 : 중형

출신 : 한국

체고 : 수컷 47~49cm, 암컷 44~47cm

체중 : 수컷 16~18kg, 암컷 14~16kg

색상 : 황색(황구), 흰색(백구), 검은색(흑구), 검은색과 황색 얼룩무늬(호구) 등

특징 : 사람을 매우 좋아하고 친화력이 좋다. 꼬리가 없어 엉덩이를 흔들거나 혓바닥으로 핥는 것으로 즐거움과 반가움을 표현한다. 사람에게 공격적으로 짖거나 위협을 가한다거나 사람을 두렵게 여기고 회피하지 않는다. 목욕은 냄새가 심하게 나거나 털이 엉켰을 경우 등 꼭 필요할 때만 하는 것이 좋다. 빠진 털을 제거하기 위해 빗질을 해주어야 한다.

(사진 출처 : 한국경주개동경이보존협회 http://www.donggyeong.com/)

§ 4. 국내에서 친숙한 반려묘

크기가 거의 비슷하므로 털의 길이에 따라 장모와 단모로 분류됩니다.

① 장모종 : 추운지방에 많은 장모종은 체온보호와 피부보호를 위해 털이 2중으로 난 경우가 많기 때문에 깊숙한 곳까지 털을 잘 빗어주어야 합니다.

② 단모종 : 대체적으로 날씬한 체형이 많으며 장모종에 비해 비교적 털 빠짐이 덜합니다. 혼자 있기를 좋아하는 영역동물로서 서열이 정해지는 동물입니다. 머리가 둥글고 얼굴은 짧고 넓으며, 눈이 둥글고 커서 양안시(양쪽 눈의 망막에 맺힌 대상물을 각각이 아닌 하나로 보게 하고, 입체적으로 보게 하는 눈의 기능)의 능력이 뛰어난 동물입니다.

1. 단모종

① 도메스틱 숏헤어

혼합된 혈통 때문에 다양한 색상과 패턴으로 나온다. 중형묘이고, 단모종이며 체중은 3.5~5kg 정도로 적당한 크기이다. 크기 측면에서 수컷은 일반적으로 암컷보다 크지만 보통 둥근 머리, 중간 길이의 꼬리 및 둥근 발이 특징이다. 몸집이 잘 정비되어 있으며, 크기가 다양할지라도 키나 몸무게는 일반적으로 비슷하다. 태비(줄무늬)는 아메리칸 숏헤어보다 가는 편이고 얼굴 모양은 더 각이 져있다. 대체로 포린~세미포린 체형을 보인다. 한국 전역에서 잡종교배 되었기 때문에 눈색이나 털색에 대한 특별한 기준은 없다. 털의 색깔로 외형 특징이 나뉘게 되는데, 먼저 치즈색깔의 노란 빛깔을 가지고 있는 '치즈태비', 등의 색깔과 모양이 고등어와 비슷하며 가장 흔하게 볼 수 있는 '고등어태비', 턱시도를 입은 듯 블랙과 화이트의 색으로 이루어진 '턱시도', 흰색+검정색+오렌지색의 3가지 컬러가 불규칙하게 섞여있는 '삼색이', 여러 가지 색이 뒤섞여 있는 '카오스', 온 몸이 검정 털로 뒤덮인 '올블랙' 등 다양한 컬러와 무늬를 갖고 있다.

(사진 출처 : 농촌진흥청 국립축산과학원 https://www.nias.go.kr)

② **아비시니안**

너무 짧지 않은 털은 광택이 있어 움직임에 따라 빛이 난다. 가장 널리 알려진 빛깔은 루디(ruddy)라 불리는 색깔로 오렌지 브라운 계열의 바탕색에 검거나 갈색의 틱(tick)이 들어간 것이다. 틱이란 한 올의 털에 2~3가지의 다른 색깔이 들어가 띠를 나타내는 무늬를 말한다. 몸체에는 줄무늬가 나타나지 않지만 이마의 M자는 뚜렷하다는 점이 특이하다. 온순한 성격이면서도 대단히 활발하고 놀이를 좋아한다. 끊임없이 돌아다니기를 좋아하기 때문에 사람에게 얌전히 안겨 있는 것보다는 늘 주변을 맴돌며 주인이 무얼 하는지 지켜보는 것을 좋아한다. 감미로운 목소리를 가지고 있다. 주 1~2회 빗질만으로 충분하므로 털관리는 매우 편하다. 전체적으로 건강하고 튼튼한 품종이지만 치아건강과 신장질환에 주의를 기울여야 한다.

③ 스코티쉬 폴드

전체적으로 둥근 형태의 근육질 체격으로 둥근 얼굴에 뺨은 통통하다. 동그란 눈은 멀리 떨어져 있어 정직하고 순진한 인상을 준다. 태어날 때는 보통의 귀를 가지고 있다가 생후 2~4주경에 귀가 접힐지 아닐지가 결정되는데, 생후 3개월 때의 귀의 형태가 평생 지속된다. 몸체에 털이 착 달라붙지 않고 다소 뜨는 편이다. 긴 털을 가진 스코티시폴드는 귀와 발가락에 장식모를 가지고 있다. 새로운 환경에 비교적 빨리 적응하고, 상냥하며 사람을 좋아한다. 귀가 접힌 스코티시폴드를 태어나게 하기 위해서는 귀가 접힌 암수를 교배시키는 것이 성공률이 높으나, 귀가 접힌 암수 사이에서 태어난 새끼 고양이들은 뼈 이상이나 짧은 다리로 잘 걷지 못하는 일이 종종 있으므로 부모고양이 중 한쪽은 귀가 선 것이 좋다. 다른 품종에 비해 귓병에도 더 관심을 가져야 한다.

④ 벵갈고양이

이국적인 외모를 가진 벵갈고양이는 야생 살쾡이와 집고양이를 교배시켜 탄생한 품종이다. 야생 살쾡이의 공격적인 성향을 억제하기 위해 야생종과의 교배 후, 또 다른 집고양이와 교배해 3세대를 거친 4세대부터 벵갈고양이로 인정받을 수 있다. 벵갈고양이의 평균 체중은 수컷 4.5~6.8kg, 암컷 3.6~5.4kg이며 탄탄한 근육을 갖고 있는 대형묘에 속한다. 살쾡이나 표범을 떠올리게 하는 독특하고 매력적인 털 무늬로 사랑받고 있는 벵갈고양이는 매우 활동적이며, 사람에게 친근하고 애교가 많은 성격이다. 하지만 호기심이 많고, 왕성한 체력을 갖고 있기 때문에 충분한 놀이를 통해 운동량을 충족시켜줘야 한다.

⑤ 브리티쉬숏헤어

최초의 기록은 19세기부터 발견되나 현재의 영국인 브리튼(Britain) 섬에서 오랫동안 독자적인 특징을 나타내며 발생한 품종으로 추정

된다. 19세기 당시 어느 정도 기준이 확립되어 있었으며 최초의 캣쇼인 국제고양이클럽(National Cat Club)에도 등장한 기록이 있다. 영국과 유럽에서 매우 인기 있는 품종이었으나 세계대전을 거치며 그 수가 줄어들었다. 현재는 그 수가 다시 늘고 있으며 영국, 유럽 등지에서는 여전히 인기가 많다. 중간 또는 큰 편에 속하며 뼈가 굵으며 단단한 근육질의 몸을 가진다. 얼굴은 어느 각도에서 보아도 둥근 편이다. 볼은 통통하고 코는 짧고 주둥이 위쪽에서 일직선으로 뻗어 심술궂어 보이기도 한다. 넓은 머리와 둥근 얼굴 외에도 짧고 굵은 목이 특징이다. 가슴의 폭은 넓고 다리는 굵고 짧다. 벨벳을 연상시키는 짧은 털이 조밀하게 나 있으며 털의 색은 다양하나 청회색이 가장 보편적이다.

⑥ 러시안블루

길고 가는 뼈대에 유연한 근육질 체형이 돋보인다. 짙은 초록색 눈은 둥그스름하며 눈 색깔이 두 번 바뀌는 것으로 유명하다. 처음 태어났을 때 가지고 있던 짙은 청회색 눈이 생후 2개월령쯤 되어 노란색으로 바뀌고, 생후 5~6개월령 전후로 다시 한번 초록색으로 바뀐다. 이름과 같이 오직 블루 한 가지 색만 나타난다. 고양이의 파란색 털이란 푸르스름한 은회색을 말한다. 줄무늬나 얼룩무늬 없이 전신이 이 푸른 회색으로 균등하게 단색을 이룬다. 털 끝부분에 살짝 보이는 은색이 매우 우아한 광택을 만들어낸다. 애정이 넘치는 성격이면서도 낯가림을 하는 편이다. 친해지는 데에 시간이 걸리지만 한번 마음을 열면 변치 않는 신뢰를 보여준다. 털이 매우 짙으며 특히 속털이 빽빽하게 나 있기 때문에 단모종 치고는 손이 가는 편이다. 주 2~3회 빗질해준다.

⑦ 아메리칸숏헤어

순종으로 등록된 품종 중 일반 집고양이의 체형과 가장 가깝다. 17세기에 유럽의 개척자들이 미국으로 갈 때 선원들이 쥐를 잡기 위한 목적으로 고양이를 배에 태웠는데, 그 고양이들 중 미대륙에 내려 창고나 들판에서 쥐를 잡으며 살아남은 유럽산 집고양이들이 아메리칸 쇼트헤어의 조상이 되었다. 쥐잡이 전문가인 만큼 굵고 단단한 뼈대와 튼튼하고 큼직한 근육질 몸매를 자랑한다. 몸체는 둥근 사각형의 느낌을 주지만 코비 체형보다는 몸체와 다리, 꼬리가 길며 특히 가슴이 넓다. 부드럽거나 처지지 않은 단단한 근육질 체형. 머리는 둥근 형태로 뺨이 통통하다. 실버계열의 고양이는 초록색, 브라운계열의 고양이는 금색 눈이 매우 잘 어울린다. 짧고 빽빽한 털을 가지고 있다. 가장 잘 알려진 색깔과 무늬는 은색 바탕에 검정색 줄무늬이지만, 집고양이가 그 기원인 만큼 매우 다양한 색깔과 무늬가 나타난다.

낙천적이고 쾌활하다. 온화하고 애정이 많으면서도 어리광을 부리지 않는 성격이라 어린이나 다른 동물들과도 쉽게 친해진다. 짧은 털이

지만 털이 굵고 **빽빽**하기 때문에 주 2~3회 정도 빗질해준다.

⑧ 샴

시암고양이라고 부르기도 하며, 고양이계의 여왕으로 불린다. 타이어
로 'Wichien-maat'라고도 부르며 달(moon)의 다이아몬드라는 의미
가 있다. 샴(Siam) 지방 원산으로, 샴은 타이 왕국의 옛 명칭이다.
1700년경 이전에 자연적으로 발생한 것으로 보고 있다. 1878년 타
이에 주재하던 영국 영사가 왕의 선물로 받은 고양이 한 쌍을 1884
년 영국으로 가져오며 알려져 세계적으로 관심을 끌기 시작하였다.
1885년 런던에서 개최된 고양이전시회를 통해 널리 알려졌다.
호리호리하고 날씬한 몸매에, 털은 짧고 가늘다. 머리는 삼각형이고
목은 비교적 길다. 귀도 삼각형으로 크며, 위를 향해 쫑긋 세워져
있다. 뒷다리가 앞다리보다 다소 길고, 꼬리는 길되 끝은 가늘다.
몸 빛깔은 회백색 또는 엷은 황갈색이며 귀·꼬리·주둥이·앞뒷다리
등의 말단부는 갈색, 붉은색 등의 짙은 색을 띤다. 눈은 모두 아름
다운 사파이어색이며, 주위 환경이나 온도에 따라 색깔에 약간의 변
화가 생기기도 한다. 보통 살찐 고양이는 연한 빛을, 마른 고양이는
진한 빛을 띤다. 새끼가 태어난 직후에는 몸 전체가 흰색에 가까운
옅은 색을 띠나 한 살이 지나면서 말단부의 색이 점점 짙어진다. 성
격이 독특하면서도 영리하고 애정이 깊다. 감수성도 예민해 공격적
이거나 신경질적인 반응을 보이기도 하고, 자기 과시욕을 드러내면

서 언제나 주인의 관심을 끌려고 하기 때문에 안아주거나 쓰다듬어 주는 것을 좋아한다.

2. 장모종

① 페르시안

전 세계적으로 최고의 인기를 누리는 긴 털 고양이의 대표주자. 품위 있는 외모에 차분한 성격이 합쳐져 '고양이의 귀부인'이라는 별명이 잘 어울린다. 털과 눈의 색깔이 매우 다양하게 나타난다. 푸른 눈을 가진 흰고양이가 가장 인기가 높다.

코비 체형답게 전체적으로 둥글둥글 친근한 인상을 준다. 넓은 가슴, 굵고 짧은 다리와 역시 굵고 짧은 꼬리를 가지고 있다. 얼굴은 자몽 모양으로 둥글며, 코는 짧고 낮다.

귀에 난 장식모에서 목과 가슴에 풍성한 갈기를 거쳐 꼬리털에 이르기까지 전신이 긴 털로 덮여 있다. 털은 윤기가 나며 비단결같이 부드럽고 매우 풍성해 둥근 체형을 더욱 둥글어 보이게 한다. 색상과 무늬가 다양하며 기다란 털에 실버나 골든 무늬가 들어가면 특히 아름답다.

얌전하고 의젓하며 느긋한 성격에 빗질을 좋아한다. 얌전하고 주인을 잘 따르는 고양이를 원한다면 페르시안 고양이가 알맞다. 말이 없기로도 유명하지만 목소리는 매우 작고 사랑스럽다.

아름다운 털에는 대가가 따르는 법! 가늘고 고운 속털은 잘 뭉치기 때문에 반드시 매일 시간을 내어 빗질해주어야 한다. 코가 낮기 때문에 코고는 소리를 내거나 붉은 눈물을 흘리기도 한다. 신장질환이나 치아건강에 주의를 기울인다.

② 라가머핀

랙돌과 유사한 외모를 갖는 중대형종이다. 길고 단단한 몸통에 짧고 강한 다리를 갖는다. 머리는 넓은 쐐기 형을 하고 있으며 전체적으로 둥그스름하다. 큰 눈은 아몬드형이며 수염이 나 있는 양 볼은 볼록하게 튀어나와 있다. 털은 중간보다 다소 길며 토끼털과 같이 부드러운 질감을 갖는다. 털의 색과 무늬는 매우 다양하다. 완전히 성숙하는 데는 4년 정도가 걸린다.
사회적이고 영리하며 사람을 좋아한다. 매우 유순하고 느긋한 성격으로 평소에도 매우 느릿느릿 걷는다. 장난감을 가지고 노는 것을 즐기며, 공격적인 성향이 매우 낮아 집안에서 아이들과 함께 기르기에도 적당하다.
(사진 출처 : 농촌진흥청 국립축산과학원 https://www.nias.go.kr)

③ 셀커크 렉스

골격이 크고 단단한 몸을 가진 중형 품종이다. 머리는 전체적으로
둥근 형태를 하고 있으며 눈은 큰 호두형이다. 귀는 중간크기로 끝
부분이 뾰족하다. 전체적으로 뒷부분이 약간 올라간 직사각형의 체
형이다. 털이 긴 종류와 짧은 종류의 두 가지로 나뉜다. 두 종류 모
두 털은 부드럽고 풍성하며 느슨하게 곱슬거린다. 털은 목과 꼬리에
서 특히 곱슬거림이 두드러지게 나타난다. 완전히 성장하기 전까지
의 새끼는 돌돌 말린 수염을 가지고 있다. 색은 특별히 고정된 것이
없이 매우 다양하다. 참을성이 강하고 끈기가 있으며 느긋한 성격이
다. 공격적이지 않아 다른 동물들과도 잘 어울린다.

④ 컬러포인트 쇼트헤어

샴고양이와 동일한 외형을 가지나 샴고양이에서는 나타나지 않는
색을 갖는다. 흰색 또는 회색에 가까운 털이 온몸을 덮고 있으며
발, 꼬리, 귀, 얼굴은 빨강, 크림, 계피, 은색 등의 색을 띤다. 등이

나 몸 다른 부위에 얼룩이 있는 것도 있다. 길고 가는 몸과 꼬리를 가지며, 얼굴은 긴 삼각형 모양이다.

활발하고 명랑하며 표현력이 풍부하다. 다만, 다른 고양이에 비하여 예민하고 질투심이 강하며 변덕스러워 초심자가 기르기에는 요령이 필요하다.

(사진 출처 : https://www.hillspet.co.kr/)

⑤ 터키시 앙고라

터키쉬 앙고라는 흰 고양이로 유명하다. 다른 색도 존재하지만 흰색이 가장 유명하여 일반적으로 흰 고양이하면 터키쉬 앙고라를 떠올리기 마련이다. 털이 긴 장모종이며 체형은 늘씬한 편이다. 얼굴은 뾰족하고 귀는 크고 밑이 넓으며, 서로 붙어있다. 눈은 호두모양인데 위쪽으로 약간 기울었고, 오드아이의 확률이 다른 고양이에 비해 높은 편이다. 다만 파란색의 오드아이도 끼어있기 때문에 유전 문제인 난청일 확률도 다른 고양이에 비해 높다. 같은 터키산 장모종인 터키쉬 반과 근대에 터키쉬 앙고라의 피를 많이 물려받은 페르시안도 타 품종보다 오드아이가 많은 편으로 유명하다.

⑥ 메인쿤

메인쿤(Maine Coon)은 대형 고양이 품종으로 중후하고 부드러운 여러 가지 털 색깔을 하고 있다. 미국 유일의 독립 품종으로 1850 년경부터 메인주에서 사육되었기 때문에 이런 이름이 붙여졌다. 배·꼬리·목둘레에 털이 빽빽이 나 있는 털북숭이이다. 1800년 뉴잉글랜드에서 품종이 개량되었으며 코가 길고 눈과 귀가 크다. 체형은 튼튼하고 다리는 길며 근육이 발달하였다. 꼬리는 페르시안보다 길고, 몸털은 풍부하며 얽혀 있지만 명주 같은 촉감이 느껴진다.

⑦ 랙돌

길고 단단한 몸통에 짧고 강한 다리를 가진 중대형 종이다. 전체적으로 둥그스름한 넓은 쐐기형의 머리를 가지며 이마는 편평하다. 푸른 눈동자는 끝 부분이 처져 있다. 코와 윗입술은 일직선을 그린다. 꼬리의 길이는 몸길이와 같고, 걸을 때는 꼬리가 등 위로 올라간다. 중간보다 약간 긴 길이의 겉털과 속털이 부드럽고 촘촘하게 나 있다. 일반적으로 바탕색은 흰색이나 크림색에 가까운 옅은 색이며, 귀·코·꼬리·발은 밝은 갈색·초콜릿색·붉은색·분홍빛을 띠는 회색·옅은 청색 등의 다소 짙은 색을 띤다. 때로 발과 배는 흰 경우, 흰 다리와 흰 배를 가지며 얼굴에 거꾸로 된 'V'자형의 무늬를 갖는 경우도 있다. 매우 느긋한 성격으로 평소에 매우 느릿느릿한 걸음걸이로 움직이며 안아 올리면 몸에 힘을 빼고 축 늘어진다. 사회적이며 사람을 좋아하여 장난감을 가지고 놀거나 아이들과 노는 것을 좋아한다. 공격성향이 매우 낮아 집고양이로 적당하다. 다루기 쉽고 순하다.

⑧ 노르웨이숲

크고 튼튼하며 다리도 몸체도 전체적으로 매우 단단한 근육질. 귀에는 장식모가 나 있다. 눈은 파란색을 제외한 모든 색을 가질 수 있다. 전신이 흰 고양이는 파란 눈도 순종으로 인정된다.
중장모를 가지고 있다. 부드럽고 빽빽한 속털과 기름기 있는 겉털이 보온뿐만 아니라 방수도 겸한다. 주둥이와 배는 희고 등쪽에는 줄무늬가 들어간 노르웨이 숲고양이가 가장 유명하다. 가을철 털갈이를 마치고 나면 방한용 갈기가 가슴과 목에 아름답게 자리잡는다.
야성적인 면과 상냥한 면을 겸비하고 있다. 사람을 좋아하고 끈끈한 유대를 중시하는 사랑스러운 성격이면서 나무타기를 좋아하는 장난꾸러기다.

잘 뭉치는 털이 아니므로 주 1~2회 빗질만으로도 엉킴을 막고 아름다운 털을 유지할 수 있다. 털갈이철인 봄가을에는 자주 빗질해준다.

§ 5. 기타 반려동물

1. 기니피그

특유의 매력이 있어 우리나라에서도 반려동물로 많이 키우고 있습니다. 기니피그는 순한 성격을 지니고 있으며 아이들이 안고 다닐 수 있고 크기도 앙증맞아서 늘 사랑을 받는 동물입니다. 움직임이 느리고 온순한 성격입니다. 또한 무리지어 생활하는 동물이기 때문에 2마리 이상을 키우는 것이 좋습니다. 단점으로는 일단 대소변 냄새가 심하므로 청소와 세심한 관리가 필요합니다.

2. 토끼

토끼는 대/소변 냄새가 심해서 꺼려하는 사람들이 많지만 제 때 용

변을 치우고 스프레이 등을 이용하면 냄새는 잡을 수 있습니다. 반려동물 토끼 종류로는 우리나라에서 가장 보편적으로 볼 수 있는 렉스, 모피를 얻기 위해서 영국과 프랑스에서 개량한 품종인 앙고라, 털 관리는 힘들지만 귀여운 외모로 사랑받는 라이언헤드, 눈이 팬더처럼 생겨서 팬더토끼라는 별명을 가지고 있는 더치, 라이언헤드와 더치의 교배종인 라이언헤드 더치 등이 있습니다.

3. 햄스터

햄스터는 작은 크기인 설치류입니다. 건조한 걸 좋아하는 성질이 있고 습기에도 강합니다. 털 색깔은 흰색, 노란색, 회색, 갈색, 검정색이 섞인 갈색 등 다양합니다. 햄스터의 수명은 3~5년으로 생후 6개월만 되어도 사람 나이로 24살 정도가 됩니다. 온도관리를 잘 해주어야하고 낮에는 주로 잠을 자며 밤에 행동하는 야행성입니다.

4. 페릿

기원전 4세기 무렵부터 길들여졌다는 기록이 있는 것으로 미루어 보아 아주 오래전부터 유해동물 퇴치나 사냥용으로 사육되었음을 알 수 있으며 본격적으로 애완동물로 인기를 끌기 시작한 것은 1970년대 전후입니다. 야행성이지만 낮에도 활동하며 항문에 취선이 있어 영역표시를 하거나 공격을 받았을때 악취가 나는 액체를 내뿜습니다. 말썽꾸러기 이긴 하지만 독특한 매력으로 인기를 끌고 있습니다.

5. 조류

세계 반려조류는 대략 260여 종이 있으며 집에서 기르는 대부분의 애완조류들은 따뜻하게 사는 새들입니다. 대체로 20-30도 정도의 실내온도와 50-60% 정도의 습도가 가장 쾌적한 수준입니다. 특히 통풍이 되지 않으면 배설물인 요산에 의한 악취가 심해질 수 있습니다. 통상 잉꼬류의 평균수명은 5-7년 정도이며 일부는 18년 까지 살기도 합니다.

6. 어류

반려동물이라는 범주보다는 애완동물로 우리에게 친숙한 범주입니다. 관상용으로는 금붕어, 비단잉어, 송사리, 열대어 등이 주로 가정에서 볼 수 있었던 종류로 동적인 감정보다는 정적인 감정을 선호하는 분들께 각광을 받고 있습니다. 물갈이와 적절한 실내온도만 잘 유지한다면 누구나 쉽게 사육할 수 있는 종이기도 합니다.

7. 파충류

뱀, 도마뱀, 카멜레온, 이구아나, 거북, 개구리, 도롱뇽 등 양서·파충류는 세계에서 새 다음으로 사랑받는 동물입니다. 애완동물로 기르는 파충류는 종종 국내법과 국제규제를 피해 불법으로 거래되기도 합니다. 파충류를 반려동물로 선호하신다면 법적인 절차 등을 검토할 필요가 있습니다. 우리나라도 양서·파충류 애호가가 늘면서 2014년 44만 마리 등 해마다 수입량이 늘고 있습니다.

Part B. 반려동물 입양, 분양 및 피해배상

§1. 반려동물을 기르기 전 유의사항

반려동물을 기르기 전에 다음의 사항을 생각해 보아야 합니다.

① 반려동물을 입양 또는 분양을 받기 전에 모든 가족 구성원이 동의하고 충분히 생각해 보셨나요?

② 개와 고양이의 수명은 약 15년 정도입니다. 살아가면서 질병도 걸릴 수 있습니다. 생활패턴이나 환경이 바뀌어도 오랜 기간 동안 책임지고 잘 돌보아 줄 수 있나요?

③ 매일 산책을 시켜주거나 함께 있어줄 수 있는 시간이 충분한가요? 개는 물론이고 고양이도 혼자 있으면 외로워하는 사회적 동물입니다.

④ 식비, 건강 검진비, 예방접종과 치료비 등 관리비용을 충당할 수 있을 정도의 경제적 여유를 갖고 계신가요?

⑤ 동물의 소음(짖거나 울음소리), 냄새(배변 등), 털 빠짐 등의 상황이 일어납니다. 또한 물거나 할퀼 수도 있으며 다양한 문제행동을 보일 수도 있습니다.

⑥ 개와 고양이로 인한 알레르기 반응은 없나요? 입양 또는 분양받기 전에 반드시 가족 구성원 모두 알레르기 유무를 확인해야 합니다.

⑦ 반려동물의 중성화수술 및 동물등록에 동의하시나요?

§2. 동물보호센터(유기동물보호센터)에서 입양하기

1. 동물보호센터란?

동물보호센터는 분실 또는 유기된 반려동물이 소유자와 소유자를 위해 반려동물의 사육·관리 또는 보호에 종사하는 사람(이하 "소유자 등"이라 함)에게 안전하게 반환될 수 있도록 지방자치단체가 설치·운영하거나 지방자치단체로부터 보호를 위탁받은 시설에서 운영하는 동물보호시설을 말합니다(「동물보호법」 제14조제1항, 제15조제1항 및 제4항, 「동물보호법 시행규칙」 제15조 참조).

2. 동물보호센터에서 반려동물 입양

① 공공장소에서 구조된 후 일정기간이 지나도 소유자를 알 수 없는 반려동물은 그 소유권이 관할 지방자치단체로 이전되므로 일반인이 입양할 수 있습니다(「동물보호법」 제20조 및 제21조제1항 참조).

② 동물보호센터에서 반려동물을 입양하려면 해당 지방자치단체의 조례에서 정하는 일정한 자격요건을 갖추어야 합니다(「동물보호법」 제21조제3항).

③ 해당 지역의 지방자치단체 조례는 국가법령정보센터의 자치법규(www.law.go.kr) 또는 자치법규정보시스템(www.elis.go.kr)에서 확인할 수 있습니다.

3. 입양 전 준비사항

① 반려동물에 대한 정보를 숙지하며 함께 동거할 가족들에게 충분한 동의와 협조를 얻어야 합니다.

② 반려견이 실내를 활보하기 때문에 사고의 위험성이 있는 화분이나 각종 물건들을 사전에 치워야합니다(실외견의 경우 화분, 정원수 등이 상하지 않도록 사전에 예방조치).

③ 반려견이 기거할 방석이나 반려견의 집을 준비하고 식기와 물그릇, 공이나 장난감, 껌이나 간식류 등을 준비합니다.

④ 분양 전에 먹이던 사료나 전용사료를 준비합니다.

⑤ 목욕용품(전용샴푸, 린스, 브러시, 타월, 귀 세정제, 드라이기 등), 가위, 발톱 깎기 등),양치용품(칫솔, 치약)을 준비합니다.

⑥ 실내견의 경우 배변 장소를 정하여 일정한 곳에서 배변할 수 있도록 입양초기에 정하여 줍니다.

4. 반려견 일일관리 요령

① 사료는 일일 3회 일정한 시간에 규칙적으로 주며 자유 급식보다는 10분 이내에 먹을 수 있는 분량으로 주는게 좋습니다. 사료양이 많으면 변이 묽고 사료양이 적으면 변이 딱딱해지므로 변상태를 보고 먹이량을 조절합니다. 자유급식을 하면 폭식을 하거나 먹는 시간이 일정하지 않아 장염, 위염이나 위궤양 같은 질병의 원인이 됩니다.

② 실내에서 기르는 반려견의 경우는 용변은 반드시 일정한 장소에서 볼 수 있도록 분양초기 부터 교육을 시키는 것이 중요합니다.

③ 매일 반려견의 털을 손질해줘야 하며 반려견과의 스킨쉽을 통해 함으로서 반려견과 반려인의 친밀감을 높여줍니다.

④ 반려견은 먹이를 주는 사람보다 함께 놀아주고 산책해주는 사람을 더 좋아하는 경향이 있습니다.

5. 입양 첫날 반려견에 대한 유의 사항

① 아무 먹이나 주지 않으며 잘 먹는다고 많이 주지 말고 평소 먹던 사료 량의 절반 정도가 적당합니다(입양 첫 날은 환경이 낯설고 물이 바뀌고 먹이가 바뀌면서 스트레스를 받아서 묽은 변이나 설사를 하는 경우도 있습니다).

② 생후 3개월 이상 된 경계심이 많은 자견은 입양 후 새로운 환경에 적응하는데 1-2주정도의 시간을 필요로 하는 경우가 있습니다.

③ 자녀가 있는 경우 반려견이 귀여워 자주 끌어안고 놀면 자견이 충분한 수면을 취할 수 없어서 성장에 어려움이 있을 수 있습니다.

§3. 동물판매업소에서 분양받기

1. 동물판매업이란?

반려동물인 개, 고양이, 토끼, 페럿, 기니피그, 햄스터를 구입하여 판매, 알선 또는 중개하는 영업을 말합니다(「동물보호법」 제32조제1항제2호, 제2조제1호의3, 「동물보호법 시행규칙」 제1조의2 및 제36조제2호).

2. 반려견센터 등 동물판매업소에서 반려동물 분양받기

동물판매업소에서 반려동물을 분양받을 때는 사후에 문제가 발생할 것을 대비해 계약서를 받는 것이 좋으며, 특히 반려견을 분양받을 때는 그 동물판매업소가 동물판매업 등록이 되어 있는 곳인지 확인하는 것도 중요합니다.

3. 동물판매업 등록 여부 확인하기

① 「동물보호법」은 건강한 반려동물을 유통시켜 소비자를 보호하기 위해 일정한 시설과 인력을 갖추고, 시장·군수·구청장(자치구의 구청장을 말함)에게 동물판매업 등록을 한 동물판매업자만 반려동물을 판매할 수 있도록 하고 있습니다(「동물보호법」 제32조, 제33조제1항, 「동물보호법 시행규칙」 제35조, 제37조, 별표 9).

② 동물판매업자에게는 일정한 준수의무가 부과(「동물보호법」 제36조, 「동물보호법 시행규칙」 제43조 및 별표 10)되기 때문에 동물판매업 등록이 된 곳에서 반려동물을 분양받아야만 나중에 분쟁이 발생했을 때 훨씬 대처하기 쉬울 수 있습니다.

③ 동물판매업자 준수사항은 「동물보호법 시행규칙」 별표 10에서 확인할 수 있습니다.

④ 동물판매업 등록 여부는 영업장 내에 게시된 동물판매업 등록증으로 확인할 수 있습니다(「동물보호법 시행규칙」 제37조제4항, 제43조, 별표 10 제1호가목, 별지 제16호서식 참조).

⑤ 이를 위반해서 동물판매업자가 동물판매업 등록을 하지 않고 영업하면 500만원 이하의 벌금에 처해집니다(「동물보호법」 제46조제3항제2호).

4. 반려동물 분양 계약서 받기

① 동물판매업자가 반려동물을 판매할 때에는 다음의 내용을 포함한 반려동물 매매 계약서와 해당 내용을 증명하는 서류를 판매할 때 제공해야 하며, 계약서를 제공할 의무가 있음을 영업장 내부(전자상거래 방식으로 판매하는 경우에는 인터넷 홈페이지 또는 휴대전화에서 사용되는 응용프로그램을 포함함)의 잘 보이는 곳에 게시해야 합니다[「동물보호법 시행규칙」 제43조 및 별표 10 제2호나목5)].

1. 동물판매업 등록번호, 업소명, 주소 및 전화번호
2. 동물의 출생일자 및 판매업자가 입수한 날
3. 동물을 생산(수입)한 동물생산(수입)업자 업소명 주소
4. 동물의 종류, 품종, 색상 및 판매 시의 특징
5. 예방접종, 약물투어 등 수의사의 치료기록 등
6. 판매시의 건강상태와 그 증빙서류
7. 판매일 및 판매금액
8. 판매한 동물에게 질병 또는 사망 등 건강상의 문제가 생긴 경우의 처리 방법
9. 등록된 동물인 경우 등록내역

② 반려동물이 죽거나 질병에 걸렸을 때 이 계약서가 보상 여부를 결정하는 중요한 자료가 될 수 있으므로 반려동물을 분양받을 때는 계약서를 잊지 않고 받아야 합니다.

③ 만약 동물판매업소에서 계약서를 제공하지 않았다면, 소비자는 반려동물 분양받은 후 7일 이내에 계약서미교부를 이유로 분양 계약을 해제할 수 있습니다[「소비자분쟁해결기준」(공정거래위원회 고시 제2021-7호, 2021. 5. 25. 발령·시행) 별표 Ⅱ 제29호].

§4. 반려동물 배송방법 제한

1. 반려동물 배송 방법의 제한

개, 고양이, 토끼 등 가정에서 반려의 목적으로 기르는 동물을 판매하려는 자는 해당 동물을 구매자에게 직접 전달하거나 동물의 운송 방법을 준수하는 동물운송업자를 통해서 배송해야 합니다(「동물보호법」 제9조의2).

2. 반려동물 배송 방법을 위반하면?

이를 위반하여 반려동물 배송 방법을 위반하여 판매한 자는 300만원 이하의 과태료를 부과받습니다(「동물보호법」 제47조제1항제2호, 「동물보호법 시행령」 제20조제1항 및 별표 제2호라목).

§5. 동물을 운송하는 사람이 지켜야 할 사항

1. 동물운송업이란?

동물운송업은 반려동물을 자동차를 이용하여 운송하는 영업을 말합니다(「동물보호법」 제32조제1항제8호 및 제2항, 「동물보호법 시행규칙」 제36조제8호).

2. 동물운송업 등록 여부 확인하기

① 동물운송업 영업을 하기 위해서는 필요한 시설과 인력을 갖추어서 시장·군수·구청장(자치구의 구청장을 말함)에 동물운송업 등록을 해야 하므로(「동물보호법」 제32조제1항제8호, 제33조제1항 「동물보호법 시행규칙」 제35조, 별표 9) 반드시 시·군·구에 등록된 업체인지 확인해야 합니다.

② 동물운송업 등록 여부는 영업장 내부와 차량에 게시된 동물운송업 등록증으로 확인할 수 있습니다(「동물보호법 시행규칙」 제37조제4항, 제43조, 별표 10 제1호가목, 별지 제16호서식 참조).

③ 이를 위반해서 동물운송업자가 동물운송업 등록을 하지 않고 영업하면 500만원 이하의 벌금에 처해집니다(「동물보호법」 제46조제3항제2호).

3. 동물 운송업자의 준수사항

① 영리를 목적으로 자동차를 이용하여 동물을 운송하는 자는 다음 사항을 준수해야 합니다(「동물보호법」 제9조제1항, 「동물보호법 시행규칙」 제5조).

1. 운송 중인 동물에게 적합한 사료와 물을 공급하고, 급격한 출발·제동 등으로 충격과 상해를 입지 아니하도록 할 것

2. 동물을 운송하는 차량은 동물이 운송 중에 상해를 입지 아니하고, 급격한 체온 변화, 호흡곤란 등으로 인한 고통을 최소화할 수 있는 구조로 되어 있을 것

3. 병든 동물, 어린 동물 또는 임신 중이거나 젖먹이가 딸린 동물을 운송할 때에는 함께 운송 중인 다른 동물에 의하여 상해를 입지 않도록 칸막이의 설치 등 필요한 조치를 할 것

4. 동물을 싣고 내리는 과정에서 동물이 들어있는 운송용 우리를 던지거나 떨어뜨려서 동물을 다치게 하는 행위를 하지 아니할 것

5. 운송을 위하여 전기(電氣) 몰이도구를 사용하지 아니할 것

6. 그 밖의 동물운송업자 준수사항은 「동물보호법 시행규칙」 별표 10에서도 확인할 수 있습니다.

4. 동물 운송업자의 준수사항 위반시 제재

이를 위반하여 동물을 운송한 동물운송업자는 100만원 이하의 과태료를 부과받습니다(「동물보호법」 제47조제2항제2호 및 제3호, 「동물보호법 시행령」 제20조제1항 및 별표 제2호나목 및 다목).

§6. 반려동물 분양받은 후 발생한 피해배상

1. 반려동물 분양받은 후 발생한 피해 배상

반려동물판매업자에게 분양받은 반려동물이 분양받은 후 15일 이내에 죽거나 질병에 걸렸다면 특약이 없는 한 「소비자분쟁해결기준」의 보상기준에 따라 다음과 같이 그 피해를 배상받을 수 있습니다[「소비자분쟁해결기준」 (공정거래위원회 고시 제2021-7호, 2021.5.25. 발령·시행) 별표Ⅱ 제29호].

애완동물판매업 (개, 고양이에 한함)		
분 쟁 유 형	해 결 기 준	비 고
1) 구입 후 15일 이내 폐사 시	o 동종의 애완동물로 교환 또는 구입가 환급(단, 소비자의 중대한 과실로 인하여 피해가 발생한 경우에는 배상을 요구할 수 없음)	
2) 구입 후 15일 이내 질병 발생	o 판매업소(사업자)가 제반비용을 부담하여 회복시켜 소비자에게 인도. 다만, 업소 책임하의 회복기간이 30일을 경과하거나, 판매업소 관리 중 폐사 시에는 동종의 애완동물로 교환 또는 구입가 환급	

3) 계약서 미교부 시	o 계약해제(단, 구입 후 7일 이내)	

※ 판매업자는 애완동물을 판매할 때 다음의 사항이 기재된 계약서를 소비자에게 제공하여야 함.
① 분양업자의 성명과 주소
② 애완동물의 출생일과 판매업자가 입수한 날
③ 혈통, 성, 색상과 판매당시의 특징사항
④ 면역 및 기생충 접종기록
⑤ 수의사의 치료기록 및 약물투여기록 등
⑥ 판매당시의 건강상태
⑦ 구입 시 구입금액과 구입날짜

2. 반려견 질병 발생에 따른 구입대금 환급 요구

Q. 반려견 판매점에서 푸들을 50만원에 분양계약했습니다. 분양 당시부터 반려견의 눈가에 털이 빠져있고 일부 털 끝에 각질이 붙어있었습니다. 분양 받은 8일 후 연계 동물병원에 방문해 검진한 결과 옴 진단을 받았습니다. 판매자에게 교환을 요청했으나 판매자가 책임지고 치료해주겠다고 하여 인도하였고, 이후 반려견이 완치되었다고 하여 인도받았는데, 며칠 후 연계 동물병원에게 폐사했습니다. 이러한 경우 환급이 가능한가요?

A. 「소비자분쟁해결기준」에 따르면 반려견 구입 후 15일 이내 질병이 발생할 경우, 판매업자가 제반비용을 부당하여 회복시켜 소비자에게 인도를 해야 합니다. 다만, 업소 책임하의 회복기간이 30일을 경과하거나 판매업소 관리 중 폐사 시에는 동종의 반려동물로 교환 또는 구입가 환급이 가능합니다. 그러나 소비자의 중대한 과실로 인하여 피해가 발생한 경우에는 배상을 요구할 수 없습니다.

3. 반려견 분양 받고 10일째 폐사한 경우 환불 요구

Q. 반려견 매장에서 암컷 반려견을 40만원 현금으로 구입하였고, 구입 당시 계약서를 받지 못했습니다. 이틀 후부터 반려견이 아프기 시작하여 호전되지 않아 5일째 동물병원에서 파보장염이란 진단을 받았습니다. 이를 판매자에게 알리자 판매자가 지정 동물병원에서 치료해 주겠다고 하여 맡겼는데 9일째 문의하니 폐사하였다고 합니다. 이 경우 환급받을 수 있을까요?

A. 「소비자분쟁해결기준」에 따르면 구입 후 15일 이내 폐사시 동종의 반려동물로 교환 또는 구입가 환급을 받을 수 있습니다. 다만, 소비자의 중대한 과실로 인하여 피해가 발생한 경우에는 배상을 요구할 수 없습니다.

참고로 판매업자는 반려동물을 판매할 때에는 ① 분양업자의 성명과 주소, ② 반려동물의 출생일과 판매업자가 입수한 날, ③ 혈통, 성, 색상과 판매당시의 특징사항, ④ 면역 및 기생충 접종 기록이 기재된 계약서를 소비자에게 교부하여야 하는 바, 계약서를 교부하지 않았다면 관할 시·군·구청에 신고하여 행정처분을 요구할 수 있습니다.

Part C. 반려동물 등록

§1. 반려동물등록제도의 개념 및 대상

1. 동물등록제도의 개념

① "동물등록"이란?

등록대상동물의 소유자는 동물의 보호와 유실·유기방지 등을 위하여 시장·군수·구청장(자치구의 구청장을 말함)·특별자치시장(이하 "시장·군수·구청장"이라 함)에게 등록대상동물을 등록해야 합니다(「동물보호법」 제12조제1항 본문).

② 동물등록제의 효과

동물등록을 신청을 받은 시장·군수·구청장은 동물등록번호의 부여 방법에 따라 등록대상동물에 무선전자개체식별장치를 장착 후 동물등록증(전자적 방식을 포함)을 발급하고, 동물보호관리시스템으로 등록사항을 기록·유지·관리합니다(「동물보호법 시행규칙」 제8조제2항). 따라서 반려동물을 잃어버리거나 버려진 경우 동물 등록번호를 통해 소유자를 쉽게 확인할 수 있습니다.

2. 동물등록 대상

① 동물등록을 해야 하는 동물은 동물의 보호, 유실·유기방지, 질병의 관리, 공중위생상의 위해 방지 등을 위하여 등록이 필요하다고 인정하는 다음의 어느 하나에 해당하는 월령(月齡) 2개월 이상인 개를 말합니다(「동물보호법」 제2조제2호 및 「동물보호법 시행령」 제3조). 다만, 등록대상동물의 소유자는 등록하려는 동물이 등록대상 월령 이하인 경우에도 등록할 수 있습니다(「동물보호법 시행규칙」 제8조제4항).

1. 주택·준주택에서 기르는 개
2. 주택·준주택 외의 장소에서 반려(伴侶) 목적으로 기르는 개

② '주택'이란 세대(世帶)의 구성원이 장기간 독립된 주거생활을 할
수 있는 구조로 된 건축물의 전부 또는 일부 및 부속토지를 말하
여, 단독주택과 공동주택으로 구분합니다(「주택법」 제2조제1호).

③ '준주택'이란 주택 외의 건축물과 그 부속토지로서 주거시설로
이용가능한 시설 등을 말하며, 그 종류와 범위는 다음과 같습니
다(「주택법」 제2조제4호 및 「주택법 시행령」 제4조).

1. 기숙사

2. 다중생활시설

3. 노인복지시설 중 노인복지주택

4. 오피스텔

Q. 고양이는 동물등록을 할 수 없나요?

A. 현재 고양이는 「동물보호법」상 동물등록대상이 아닙니다. 하지만 농림축산식품부는 2018년 1월 15일부터 고양이 동물등록 시범사업을 실시하고 있습니다. 고양이 동물등록 시범사업을 실시하는 지방자치단체는 2018년 8월 현재 서울(도봉구, 동대문구, 중구), 광주(북구), 인천(동구), 세종, 경기(안산, 용인, 평택), 강원(원주, 속초), 전북(김제, 남원, 정읍), 전남(나주, 구례), 경북(경주, 포항), 경남(하동), 충남(천안, 공주, 보령, 아산, 예산, 태안), 제주(제주, 서귀포) 총 27개입니다. 소유주의 주민등록주소지가 고양이 동물등록 시범사업 참여 지방자치단체인 경우 월령에 관계없이 고양이도 동물등록이 가능합니다. 다만, 고양이의 특성상 내장형 무선식별장치(마이크로칩)로만 등록이 가능하며, 수수료는 1만원입니다.

3. 동물등록 예외 지역

등록대상동물이 맹견이 아닌 경우로서 다음과 같은 지역에서는 시·도의 조례로 동물을 등록하지 않을 수 있는 지역으로 정할 수 있습니다(「동물보호법」 제12조제1항 단서 및 「동물보호법 시행규칙」 제7조).

1. 도서[도서, 제주특별자치도 본도(本島) 및 방파제 또는 교량 등으로 육지와 연결된 도서는 제외함]
2. 동물등록 업무를 대행하게 할 수 있는 사람이 없는 읍·면

4. 동물등록을 하지 않으면?

반려동물 등록을 하지 않은 소유자는 100만원 이하의 과태료를 부과 받습니다(「동물보호법」 제47조제2항제5호, 「동물보호법 시행령」 제20조제1항 및 별표 제2호마목).

§2. 반려동물등록 방법

1. 동물등록 방법

■ 동물등록 신청

① 월령(月齡)이 2개월 이상인 반려견과 함께 시장·군수·구청장(자치구의 구청장을 말함)·특별자치시장(이하 "시장·군수·구청장"이라함)이 대행업체로 지정한 동물병원을 방문하여 신청서 작성 후 수수료를 납부하고, 동물등록 방법 중 하나를 선택하여 등록하면 됩니다(「동물보호법」 제2조제2호, 제12조제1항·제4항, 「동물보호법 시행령」 제3조).

② 동물등록을 하기 위해서는 해당 동물의 소유권을 취득한 날 또는 소유한 동물이 등록대상동물이 된 날부터 30일 이내에 동물등록 신청서를 시장·군수·구청장에게 제출해야 합니다(「동물보호법」 제12조제1항, 「동물보호법 시행규칙」 제8조제1항).

2. 동물등록 신청기관

① 시장·군수·구청장 또는 등록대행기관에 동물등록 신청

동물등록 신청을 하면 신청을 받은 시장·군수·구청장은 동물등록번호의 부여방법 등에 따라 등록대상동물에 무선전자개체식별장치를 장착 후 동물등록증(전자적 방식을 포함)을 발급하고, 동물보호관리시스템으로 등록사항을 기록·유지·관리해야 합니다(「동물보호법 시행규칙」 제8조제2항).

② 등록업무의 대행

동물등록 업무를 대행할 수 있는 자는 다음에 해당하는 자 중에서 시장·군수·구청장이 지정합니다(「동물보호법」 제12조제4항, 「동물보호법 시행규칙」 제10조제1항).

1. 「수의사법」 제17조에 따라 동물병원을 개설한 자
2. 등록된 비영리민간단체 중 동물보호를 목적으로 하는 단체

3. 설립된 법인 중 동물보호를 목적으로 하는 법인

4. 「동물보호법」 제33조제1항에 따라 등록한 동물판매업자

5. 「동물보호법」 제15조에 따른 동물보호센터

Q. 주민등록상 거주지역이 아닌 곳의 시·군·구청에서도 동물등록 신청을 할 수 있나요?

A. 관할 시·군·구청(대행업체)에 동물등록을 신청하도록 하고 있으나, 국민의 편의를 위하여 타 지역 거주민이 신청을 하는 경우에도 신청을 받은 시·군·구청에서 동물등록을 처리하고 동물등록증을 발급하고 있습니다.

3. 동물등록 방법 및 수수료

① 동물등록 방법과 수수료는 다음과 같습니다(「동물보호법 시행규칙」 제48조 전단 및 별표 12).

가. 신규

1) 내장형 무선식별장치를 삽입하는 경우: 1만원(무선식별장치는 소유자가 직접 구매하거나 지참하여야 한다)

2) 외장형 무선식별장치 또는 등록인식표를 부착하는 경우: 3천원 (무선식별장치 또는 등록인식표는 소유자가 직접 구매하거나 지참하여야 한다)

나. 변경신고

소유자가 변경된 경우, 소유자의 주소, 전화번호가 변경된 경우, 등록대상동물을 잃어버리거나 죽은 경우 또는 등록대상동물 분실신고 후 다시 찾은 경우 시장·군수·구청장에게 서면을 통해 신고하는 경우: 무료

② 수수료는 정부수입인지, 해당 지방자치단체의 수입증지, 현금,

계좌이체, 신용카드, 직불카드 또는 정보통신망을 이용한 전자화폐·전자결제 등의 방법으로 내야 합니다(「동물보호법 시행규칙」 제48조 후단).

③ 시장·군수·구청장은 필요한 경우 관할 지역 내에 있는 모든 동물등록대행자에 대하여 해당 동물등록대행자가 판매하는 무선식별장치의 제품명과 판매가격을 동물보호관리시스템에 게재하게 하고 해당 영업소 안의 보기 쉬운 곳에 게시하도록 할 수 있습니다(「동물보호법 시행규칙」 제10조제3항).

§3. 반려동물등록 변경신고 및 재발급

1. 동물등록 변경신고

① 동물등록을 한 반려동물의 소유자는 다음의 어느 하나에 해당하는 경우에는 변경 사유 발생일부터 30일 이내에 시장·군수·구청장(자치구의 구청장을 말함)·특별자치시장(이하 "시장·군수·구청장"이라 함)에 신고해야 합니다(「동물보호법」 제12조제2항제2호 및 제3항, 「동물보호법 시행규칙」 제8조제1항 및 제9조제1항).

1. 소유자가 변경되거나 소유자의 성명(법인인 경우에는 법인의 명칭을 말함)이 변경된 경우
2. 소유자의 주소나 전화번호(법인이 경우에는 주된 사무소의 소재지와 전화번호를 말함)가 변경된 경우
3. 등록대상동물이 죽은 경우
4. 등록대상동물 분실 신고 후, 그 동물을 다시 찾은 경우
5. 무선식별장치를 잃어버리거나 헐어 못 쓰게 되는 경우

② 소유자의 주소 변경으로 「주민등록법」 제16조제1항에 따른 전입신고를 한 경우 변경신고가 있는 것으로 봅니다(「동물보호법 시행규칙」 제9조제4항 참조).

③ 다음의 경우에는 동물보호관리시스템(www.animal.go.kr)을 통

해 변경신고를 할 수 있습니다(「동물보호법 시행규칙」 제9조제5
항).

1. 소유자의 주소나 전화번호가 변경된 경우
2. 등록대상동물이 죽은 경우
3. 등록대상동물 분실 신고 후, 그 동물을 다시 찾은 경우

2. 동물등록 변경신고에 필요한 서류

시장·군수·구청장에게 동물등록 변경신고를 하기 위해서는 동물등록
변경신고서, 동물등록증 등의 서류를 갖추어서 신고해야 합니다(「동
물보호법 시행규칙」 제9조제2항 및 별지 제1호서식).

3. 동물등록번호 새로 부여받기

동물등록 변경신고로 인해 동물등록정보가 변경되면 동물등록번호
도 새롭게 부여되며, 이에 따라 무선전자개체식별장치를 다시 장착
하게 됩니다[「동물등록번호 체계 관리 및 운영 규정」(농림축산검역
본부 고시 제2021-5호, 2021. 1. 27. 발령, 2021. 2. 12. 시행) 제
4조제1항].

4. 동물등록 변경신고를 하지 않으면?

동물등록을 한 반려동물 소유자는 ① 소유자가 변경되거나 소유자
의 성명(법인인 경우 법인 명칭을 말함)이 변경된 경우, ② 소유자
의 주소나 전화번호(법인이 경우 주된 사무소의 소재지와 전화번호
를 말함)가 변경된 경우, ③ 등록대상동물이 죽은 경우, ④ 등록대
상동물 분실 신고 후, 그 동물을 다시 찾은 경우, ⑤ 무선식별장치
를 잃어버리거나 헐어 못 쓰게 되는 경우 정해진 기간 내에 변경신
고를 하지 않으면 50만원 이하의 과태료를 부과받습니다(「동물보호
법」 제47조제3항제1호·제2호, 「동물보호법 시행령」 제20조제1항,

별표 제2호바목·사목 및 「동물보호법 시행규칙」 제9조제1항).

5. 동물등록증 재발급

① 동물등록증 재발급 사유

　동물등록증을 잃어버리거나 헐어 못 쓰게 되는 경우에는 재발급
　신청서를 시장·군수·구청장에게 제출하여 동물등록증을 재발급
　받을 수 있습니다(「동물보호법 시행규칙」 제8조제3항 전단).

② 동물등록증 재발급에 필요한 서류

　동물등록증을 재발급받기 위해서는 동물등록증 재발급 신청서 등
　을 갖추어서 신청해야 합니다(「동물보호법 시행규칙」 제8조제3
　항 및 별지 제3호서식).

Part D. 반려동물과 생활하기

§1. 반려동물의 사육·관리
1. 반려동물의 사육·관리에 필요한 기본적 사항

① 반려동물을 기르기로 결정하고 입양 또는 분양받았다면, 반려동물을 잘 돌봐서 그 생명과 안전을 보호하는 한편, 자신의 반려동물로 인해 다른 사람이 피해를 입지 않도록 주의해야 합니다.

② 이를 위해서 반려동물의 소유자와 소유자를 위해 반려동물의 사육·관리 또는 보호에 종사하는 사람(이하 "소유자 등"이라 함)은 다음과 같은 사항을 지키도록 노력해야 합니다(「동물보호법」 제7조, 「동물보호법 시행규칙」 제3조 및 별표 1).

기준	세 부 내 용
일반 기준	- 동물의 소유자 등은 동물을 사육·관리할 때에 동물의 생명과 그 안전을 보호하고 복지를 증진하여야 합니다. - 동물의 소유자 등은 동물로 하여금 갈증·배고픔, 영양불량, 불편함, 통증·부상·질병, 두려움과 정상적으로 행동할 수 없는 것으로 인하여 고통을 받지 아니하도록 노력하여야 합니다. - 동물의 소유자 등은 사육·관리하는 동물의 습성을 이해함으로써 최대한 본래의 습성에 가깝게 사육·관리하고, 동물의 보호와 복지에 책임감을 가져야 합니다.
사육 환경	- 동물의 종류, 크기, 특성, 건강상태, 사육 목적 등을 고려하여 최대한 적절한 사육환경을 제공하여야 합니다. - 동물의 사육공간 및 사육시설은 동물이 자연스러운 자세로 일어나거나 눕거나 움직이는 등 일상적인 동작을 하는 데에 지장이 없는 크기이어야 합니다.

건강 관리	- 전염병 예방을 위하여 정기적으로 반려동물의 특성에 따른 예방접종을 실시해야 합니다. - 개는 분기마다 1회 구충해야 합니다. - 동물에게 질병(골절 등 상해를 포함함)이 발생한 경우 신속하게 수의학적 처지를 제공하여야 합니다. - 2마리 이상의 동물을 함께 사육하는 경우 목줄에 묶이거나 목이 조이는 등으로 인한 상해를 입지 않도록 주의를 해야 합니다. - 목줄을 사용하여 동물을 사육하는 경우 목줄에 묶이거나 목이 조이는 등으로 인해 상해를 입지 않도록 주의를 해야 합니다. - 동물의 영양이 부족하지 않도록 사료 등 동물에게 적합한 음식과 깨끗한 물을 공급해야 합니다. - 사료와 물을 주기 위한 설비 및 휴식공간은 분변, 오물 등을 수시로 제거하고 청결하게 관리해야 합니다. - 동물의 행동에 불편함이 없도록 털과 발톱을 적절하게 관리해야 합니다.

Q. 아파트에서 반려동물을 키우면 안 될까요?

A. 내가 살고 있거나 이사 가려는 아파트에서 반려동물과 생활할 수 있는지, 어떻게 관리해야 하는지 여부는 해당 아파트의 「공동주택관리규약」에서 확인할 수 있습니다(규제「공동주택관리법」 제18조).

일반적으로 개별 아파트들의 「공동주택관리규약」은 특별시·광역시·특별자치시·도·특별자치도에서 미리 정한 「공동주택관리규약 준칙」을 참조해서 만들어집니다. 해당 지역의 「공동주택관리규약 준칙」은 국토교통부의 중앙공동주택관리지원센터(http://myapt.molit.go.kr)의 지자체관리규약준칙에서 확인할 수 있습니다.

2. 반려동물의 사육·관리 의무

반려목적으로 기르는 개, 고양이, 토끼, 페럿, 기니피그 및 햄스터는 최소한의 사육공간 제공 등 다음과 같은 사육·관리 의무를 준수해야 합니다(「동물보호법」 제8조제2항제3호의2, 「동물보호법 시행규칙」 제1조의2 및 제4조제5항 및 별표 1의2).

준 수 사 항	
사육 공간	1. 사육공간의 위치는 차량, 구조물 등으로 인한 안전사고가 발생할 위험이 없는 곳에 마련할 것 2. 사육공간의 바닥은 망 등 동물의 발이 빠질 수 있는 재질로 하지 않을 것 3. 사육공간은 동물이 자연스러운 자세로 일어나거나 눕거나 움직이는 등의 일상적인 동작을 하는 데에 지장이 없도록 제공하되, 다음의 요건을 갖출 것 - 가로 및 세로는 각각 사육하는 동물의 몸길이(동물의 코부터 꼬리까지의 길이를 말함)의 2.5배 및 2배 이상일 것. 이 경우 하나의 사육공간에서 사육하는 동물이 2마리 이상일 경우에는 마리당 해당 기준을 충족해야 함 - 높이는 동물이 뒷발로 일어섰을 때 머리가 닿지 않는 높이 이상일 것 4. 동물이 실외에서 사육하는 경우 사육공간 내에 더위, 추위, 눈, 비 및 직사광선 등을 피할 수 있는 휴식공간을 제공할 것 5. 목줄을 사용하여 동물을 사육하는 경우 목줄의 길이는 3.에 따라 제공되는 동물의 사육공간을 제한하지 않는 길이로 할 것
위생· 건강 관리	1. 동물에게 질병(골절 등 상해를 포함함)이 발생한 경우 신속하게 수의학적 처지를 제공할 것 2. 2마리 이상의 동물을 함께 사육하는 경우 목줄에 묶이거나

목이 조이는 등으로 인한 상해를 입지 않도록 할 것

3. 목줄을 사용하여 동물을 사육하는 경우 목줄에 묶이거나 목이 조이는 등으로 인해 상해를 입지 않도록 할 것

4. 동물의 영양이 부족하지 않도록 사료 등 동물에게 적합한 음식과 깨끗한 물을 공급할 것

5. 사료와 물을 주기 위한 설비 및 휴식공간은 분변, 오물 등을 수시로 제거하고 청결하게 관리할 것

6. 동물의 행동에 불편함이 없도록 털과 발톱을 적절하게 관리할 것

3. 반려동물 사육·관리 의무 위반시 재제

반려목적으로 기르는 개, 고양이, 토끼, 페럿, 기니피그 및 햄스터는 최소한의 사육공간 제공 등 사육·관리 의무를 준수하지 않아 동물을 학대한 자는 2년 이하의 징역 또는 2천만원 이하의 벌금에 처해집니다(「동물보호법」 제46조제2항제1호).

Q. **반려동물이 아플 때 병원비가 많이 드는데, 반려동물은 보험에 가입할 수 없나요?**

A. 반려동물 보험이란 손해보험의 한 유형으로, 반려동물의 상해나 죽음으로 인해 소유자가 입은 피해를 보상해주는 보험을 말합니다.

(「보험업법」 제4조제1항제2호바목, 「보험업법 시행령」 제8조제1항 제4호). 현재 반려동물 관련 보험은 반려동물에게 발생한 상해·질병에 대한 치료비용을 지급해 주고, 반려동물이 타인의 신체 및 재물에 끼친 손해를 보상해 주는 보험상품부터 반려동물의 사망 시 장례비용을 지급해 주는 보험상품까지 출시되어 있으므로 동물보험에 가입하려는 경우에는 각 보험상품을 비교해서 필요에 따라 선택하여 가입하시면 됩니다.

§2. 맹견의 관리

1. 맹견의 종류

맹견은 다음과 같습니다(「동물보호법」제2조제3호의2, 「동물보호법 시행규칙」제1조의3).

1. 도사견과 그 잡종의 개
2. 아메리칸 핏불 테리어와 그 잡종의 개
3. 아메리칸 스태퍼드셔 테리어와 그 잡종의 개
4. 스태퍼드셔 불테리어와 그 잡종의 개
5. 로트와일러와 그 잡종의 개

2. 맹견 소유자의 준수사항

① 맹견의 소유자 등은 다음의 사항을 준수해야 합니다(「동물보호법」제13조의2제1항, 「동물보호법 시행규칙」제12조의2제1항).

1. 소유자등 없이 맹견을 기르는 곳에서 벗어나지 아니하게 할 것
2. 맹견을 동반하고 외출할 경우에는 목줄과 함께 맹견이 호흡 또는 체온조절을 하거나 물을 마시는 데 지장이 없는 범위에서 사람에 대한 공격을 효과적으로 차단할 수 있는 크기의 입마개 등 안전장치를 하거나 맹견의 탈출을 방지할 수 있는 적정한 이동장치를 할 것
3. 그 밖에 맹견이 사람에게 신체적 피해를 주지 아니하도록 하기 위하여 농림축산식품부령으로 정하는 사항을 따를 것

② ①의 사항을 준수하지 않은 사람에게는 300만원이하의 과태료가 부과됩니다(「동물보호법」제47조제1항).

③ 맹견의 소유자는 맹견으로 인한 다른 사람의 생명·신체나 재산상의 피해를 보상하기 위하여 대통령령으로 정하는 바에 따라 보험에 가입해야 합니다(「동물보호법」제13조의2제4항).

④ ③의 사항을 준수하지 않은 사람에게는 300만원 이하의 과태료

가 부과됩니다(「동물보호법」 제47조제1항제2호의7).

⑤ 맹견의 소유자등은 다음의 어느 하나에 해당하는 장소에 맹견이 출입하지 않도록 해야 합니다(「동물보호법」 제13조의3).

1. 어린이집

2. 유치원

3. 초등학교 및 특수학교

4. 그 밖에 불특정 다수인이 이용하는 장소로서 시·도의 조례로 정하는 장소

⑥ ⑤의 사항을 준수하지 않은 사람에게는 300만원 이하의 과태료가 부과됩니다(「동물보호법」 제47조 제1항 제2호의6).

3. 맹견의 격리조치 등

① 특별시장·광역시장·도지사 및 특별자치도지사·특별자치시장과 시장·군수·구청장(자치구의 구청장을 말함)은 맹견이 사람에게 신체적 피해를 주는 경우 소유자등의 동의 없이 맹견에 대하여 격리조치 등 필요한 조치를 취할 수 있습니다(「동물보호법」 제13조의2제2항, 「동물보호법 시행규칙」 제12조의3 및 별표 3).

② 맹견에 대한 격리조치 등에 관한 기준은 다음과 같습니다.

<격리조치 기준>

　가. 시·도지사와 시장·군수·구청장은 맹견이 사람에게 신체적 피해를 주는 경우 소유자등의 동의 없이 다음 기준에 따라 생포하여 격리해야 합니다.

　　1) 격리조치를 할 때에는 그물 또는 포획틀을 사용하는 등 마취를 하지 않고 격리하는 방법을 우선적으로 사용할 것

　　2) 1)에 따른 조치에도 불구하고 맹견이 흥분된 상태에서 계속하여 사람을 공격하거나 군중 속으로 도망치는 등 다른 사람이 상해를 입을 우려가 있을 때에는 수의사가 처방한 약물을 투

여한 바람총(Blow Gun) 등의 장비를 사용하여 맹견을 마취시
켜 생포할 것. 이 경우 장비를 사용할 때에는 엉덩이, 허벅지
등 근육이 많은 부위에 마취약을 발사해야 합니다.

나. 시·도지사와 시장·군수·구청장은 경찰관서의 장, 소방관서
의 장, 보건소장 등 관계 공무원, 동물보호센터의 장, 법 제
40조 및 제41조에 따른 동물보호감시원 및 동물보호명예감시
원에게 가목에 따른 생포 및 격리조치를 요청할 수 있다. 이
경우 해당 기관 및 센터의 장 등은 정당한 사유가 없으면 이
에 협조해야 합니다.

2. 보호조치 및 반환 기준

가. 시·도지사와 시장·군수·구청장은 제1호에 따라 생포하여
격리한 맹견에 대하여 치료 및 보호에 필요한 조치(이하 "보
호조치"라 한다)를 해야 합니다.

나. 보호조치 장소는 동물보호센터 또는 시·도 조례나 시·군·
구 조례로 정하는 장소로 합니다.

다. 시·도지사와 시장·군수·구청장은 보호조치 중인 맹견에 대
하여 등록 여부를 확인하고, 맹견의 소유자등이 확인된 경우
에는 지체 없이 소유자등에게 격리 및 보호조치 중인 사실을
통지해야 합니다.

라. 시·도지사와 시장·군수·구청장은 보호조치를 시작한 날부
터 10일 이내에 보호해제 여부를 결정하고 맹견을 소유자등에
게 반환해야 합니다. 이 경우 부득이한 사유로 10일 이내에
보호해제 여부를 결정할 수 없을 때에는 그 기간이 끝나는 날
의 다음 날부터 기산(起算)하여 10일의 범위에서 보호해제 여
부 결정 기간을 연장할 수 있으며, 연장 사실과 그 사유를 맹
견의 소유자등에게 지체 없이 통지해야 합니다.

4. 맹견 소유자 교육

① 맹견의 소유자는 맹견의 안전한 사육 및 관리에 관하여 다음과 같은 교육을 받아야 합니다(「동물보호법」 제13조의2제3항, 「동물보호법 시행규칙」 제12조의4제1항).

1. 맹견의 소유권을 최초로 취득한 소유자의 신규교육: 소유권을 취득한 날 부터 6개월 이내 3시간

2. 그 외 맹견 소유자의 정기교육: 매년 3시간

② 맹견 소유자에 대한 교육은 다음 어느 하나에 해당하는 기관으로 농림축산식품부장관이 지정하는 기관이 실시하며, 원격교육으로 그 과정을 대체할 수 있습니다(「동물보호법 시행규칙」 제12조의4제2항).

1. 「수의사법」 제23조에 따른 대한수의사회

2. 「동물보호법 시행령」 제5조 각 호에 따른 법인 또는 단체

3. 농림축산식품부 소속 교육전문기관

4. 「농업·농촌 및 식품산업 기본법」 제11조의2에 따른 농림수산식품교육문화정보원

③ 교육을 받지 않으면?

이를 위반하여 맹견의 안전한 사육 및 관리에 관한 교육을 받지 아니한 소유자는 300만원이하의 과태료를 부과합니다(「동물보호법」 제47조제1항제2호의5).

§3. 반려동물 관리 책임

1. 손해배상책임

반려동물이 사람의 다리를 물어 상처를 내는 등 다른 사람에게 손해를 끼쳤다면 치료비 등 그 손해를 배상해 주어야 합니다(「민법」 제750조 및 제759조제1항 전단). 이 때 손해를 배상해야 하는 책임자는 반려동물의 소유자뿐만 아니라 소유자를 위해 사육·관리 또는

보호에 종사한 사람(이하 "소유자 등"이라 함)도 해당됩니다(「민법」 제759조제2항).

2. 형사책임

① 반려견이 사람을 물어 다치게 하거나 사망에 이르게 될 경우에 는 ① 과실로 인하여 사람의 신체를 상해에 이르게 한 사람은 500만원 이하의 벌금, 구류 또는 과료에 처할 수 있고(「형법」 제266조제1항), ② 과실로 인하여 사람을 사망에 이르게 한 사 람은 2년 이하의 금고 또는 700만원 이하의 벌금에 처해집니다 (「형법」 제267조).

② 또한, 다른 사람의 반려견을 다치게 하거나 죽인 사람은 3년 이 하의 징역 또는 700만원 이하의 벌금에 처해집니다(「형법」 제 366조).

③ 반려동물의 소유자등은 등록대상동물을 동반하고 외출하는 경우 목줄 등 안전조치를 하지 않은 경우(「동물보호법」 제13조제2항), 맹견의 소유자 등이 「동물보호법」 제13조의2제1항의 준수사항을 위반하여 사람을 사망에 이르게 한 사람은 3년 이하의 징역 또는 3천만원 이하의 벌금에 처해집니다(「동물보호법」 제46조제1항제 2호).

④ 반려동물의 소유자등은 등록대상동물을 동반하고 외출하는 경우 목줄 등 안전조치를 하지 않은 경우(「동물보호법」 제13조제2항), 맹견의 소유자 등이 「동물보호법」 제13조의2제1항의 준수사항을 위반하여 사람의 신체를 상해에 이르게 한 사람은 2년 이하의 징역 또는 2천만원 이하의 벌금에 처해집니다(「동물보호법」 제 46조제2항제1호의3 및 제1호의4).

3. 처벌 및 범칙금

그 밖에도 ① 개나 그 밖의 동물을 시켜 사람이나 가축에게 달려들게 하면 10만원 이하의 벌금, 구류 또는 과료에 처해지거나 8만원의 범칙금이 부과되며(「경범죄 처벌법」 제3조제1항제26호), ② 사람이나 가축에 해를 끼치는 버릇이 있는 반려동물을 함부로 풀어놓거나 제대로 살피지 않아 나돌아 다니게 하면 10만원 이하의 벌금, 구류 또는 과료에 처해지거나 5만원의 범칙금이 부과됩니다(「경범죄 처벌법」 제3조제1항제25호, 제6조제1항 및 「경범죄 처벌법 시행령」 별표).

4. 책임이 면제되는 경우

다만, 소유자 등이 반려동물의 관리에 상당한 주의를 기울였음이 증명되는 경우에는 피해자에 대해 손해를 배상하지 않아도 됩니다(「민법」 제759조제1항 후단).

Q. 우리집 개가 집 앞을 지나가던 사람의 다리를 물어서 피가 살짝 났어요. 이 경우에 치료비를 물어줘야 하나요?

A. 반려동물이 사람을 물어 상처를 내는 등의 손해를 끼쳤다면 치료비 등 그 손해를 배상해 주어야 합니다. 그러나 소유자 등이 반려동물의 관리에 상당한 주의를 기울였음이 증명되는 경우에는 피해자에 대해 손해배상을 하지 않을 수 있습니다.

◇ 손해배상책임

반려동물이 사람을 물어 상처를 내는 등의 손해를 끼쳤다면 치료비 등 그 손해를 배상해 주어야 합니다. 이 때 손해를 배상해야 하는 책임자는 반려동물의 소유자뿐만 아니라 소유자를 위해 사육·관리 또는 보호에 종사하는 사람(이하 "소유자 등"이라 함)도 해당됩니다.

◇ **형사책임**

① 또한, 다른 사람의 개에게 물려 신체에 대한 피해(상해)가 발생한 경우 과실치상에 해당하는 경우로 점유자의 과실로 인하여 상해에 이르게 한 경우 500만원 이하의 벌금이나 구류 또는 과료에 처할 수 있고, 과실로 인하여 사람을 사망에 이르게 한 경우 2년 이하의 금고 또는 700만원이하의 벌금에 처해집니다.

② 실제로 집 마당에서 키우던 맹견인 핏불테리어의 목줄이 풀려 마당 앞길을 지나던 사람의 팔다리와 신체 여러 부위를 물어 상해를 입혔을 때 개주인을 관리소홀로 형사처벌한 사례가 있습니다(수원지방법원 2018. 2. 20. 선고 2017노7362 판결 참조).

③ 그리고 반려동물의 소유자등은 등록대상 동물을 동반하고 외출하는 경우 목줄 등 안전조치를 하지 않은 경우, 맹견의 소유자 등이 목줄 및 입마개 등 안전장치를 하지 않고 외출한 경우에 사람의 신체를 상해에 이르게 한 사람은 2년 이하의 징역 또는 2천만원이하의 벌금에 처해집니다.

◇ **반려동물을 시켜 사람이나 가축에 달려들게 한 경우**

10만원 이하의 벌금, 구류 또는 과료에 처해지거나 8만원의 범칙금을 부과받습니다.

◇ **사람이나 가축에 해를 끼치는 버릇이 있는 반려동물을 함부로 풀어놓거나 제대로 살피지 않아 나돌아 다니게 한 경우**

10만원 이하의 벌금, 구류 또는 과료에 처해지거나 5만원의 범칙금을 부과 받습니다.

Part E. 반려동물의 건강관리

§1. 사료표시제도

1. 반려동물 사료 선택하기

반려동물용 사료를 구입할 때는 반려동물의 월령, 발육, 영양상태, 건강 및 식습관 등을 충분히 고려해서 선택해야 합니다. 「사료관리법」에서는 사료용기나 포장에 원료, 성분 등 사료 정보를 표시하도록 정하고 있으므로 이를 확인하고 반려동물에 알맞은 사료를 선택해야 합니다.

2. 사료 표시제도

① 사료 표시제도란?

사료는 용기나 포장에 성분등록을 한 사항, 그 밖의 사용상 주의사항 등 사료 관련 정보를 표시하도록 정하고 있습니다(「사료관리법」 제13조제1항). 그러므로 사료에 반려동물에게 필요한 성분이 포함되어 있는지 알고 싶다면 사료용기나 포장을 확인해 보시기 바랍니다.

② 사료에 표시되는 사항

사료 용기나 포장에 표시되는 사항은 다음과 같습니다[「사료관리법」 제13조제1항, 「사료관리법 시행규칙」 제14조, 별표 4, 「사료 등의 기준 및 규격」 (농림축산식품부고시 제2021-99호, 2021. 12. 29. 발령·시행) 제10조 및 별표 15].

1. 사료의 성분등록번호
2. 사료의 명칭 및 형태
3. 등록성분량
4. 사용한 원료의 명칭
5. 동물의약품 첨가 내용(배합사료의 경우만 해당)

6. 주의사항

7. 사료의 용도

8. 실제 중량(kg 또는 톤)

9. 제조(수입) 연월일 및 유통기간 또는 유통기한

10. 제조(수입)업자의 상호(공장 명칭) 주소 및 전화번호

11. 재포장 내용

12. 사료공정에서 정하는 사항, 사료의 절감·품질관리 및 유통개선
　　을 위해　농림축산식품부장관이 정하는 사항

③ 그 밖의 사료에 표시되는 사항 그 구체적인 내용은 「사료 등의
　　기준 및 규격」 별표 15에서 자세히 확인할 수 있습니다.

④ 사업자가 사료 표시사항을 지키지 않으면?

　　이를 위반해서 제조업자 또는 수입업자가 표시사항이 없는 사료
　　를 판매하거나 표시사항을 거짓 또는 과장해서 표시하면 등록취
　　소, 영업의 일부 또는 전부정지명령을 받거나 영업정지처분을 대
　　신한 과징금을 부과받을 수 있으며(「사료관리법」 제25조제1항제
　　10호, 제26조제1항), 1년 이하의 징역 또는 1천만원 이하의 벌금
　　에 처해집니다(「사료관리법」 제34조제7호).

3. 사료 위해요소중점관리기준제도

① 사료 위해요소중점관리기준제도란?

　　농림축산식품부는 사료의 원료관리, 제조 및 유통과정에서 위해
　　(危害)한 물질이 사료에 혼입되거나 해당 사료가 오염되는 것을
　　방지하기 위해 각 과정을 중점적으로 관리하는 기준인 위해요소
　　중점관리기준(Hazard Analysis and Central Critical Points:
　　HACCP)을 정해서 HACCP 적용을 희망하는 사업자에게 이를 준
　　수하도록 하고 있습니다(「사료관리법」 제16조제1항·제2항, 「사료
　　공장　위해요소중점관리기준」(농림축산식품부고시　제2019-61호,

2019. 10. 24. 발령·시행) 제1조 및 제3조].

② HACCP 적용 표시

HACCP 적용 사료공장은 ① HACCP 적용 사료에 대해 HACCP
적용 사료공장임을 표시부착하거나, ② 해당 사료공장이 HACCP
적용 사료공장으로 지정된 사실에 대한 광고(하나의 영업자가 다
른 장소에서 같은 영업을 하는 경우 HACCP를 적용하지 아니하
는 사료공장에서 생산되는 제품은 제외함)를 할 수 있습니다(「사
료공장 위해요소중점관리기준」 제12조제1항제2호 및 별표 2).

§2. 사료 먹고 발생한 피해 배상받기

■ 반려동물이 사료 먹고 발생한 피해 배상기준

반려동물이 사료를 먹고 부작용이 있거나 폐사하였다면 「소비자분
쟁해결기준」의 보상기준에 따라 다음과 같이 그 피해를 배상받을
수 있습니다[「소비자분쟁해결기준」(공정거래위원회 고시 제2021-7
호, 2021. 5. 25. 발령·시행) 별표 Ⅱ 제12호].

피해유형	보상기준
중량부족	제품교환 또는 구입가 환급
부패, 변질	
성분이상	
유효기간 경과	
부작용	사료의 구입가 및 동물의 치료 경비 배상 ※ 수의사의 진단에 의해 사료와의 인과관계가 확인되는 경우에 적용함
동물폐사	사료 구입가 및 동물의 가격 배상 ※ 수의사의 진단에 의해 사료와의 인과관계가 확인되는 경우에 적용함

§3. 반려동물 예방접종 및 구충

1. 반려동물 예방접종

반려동물의 전염병 예방과 건강관리 및 적정한 치료, 반려동물의 질병으로 인한 일반인의 위생상의 문제를 방지하기 위해 예방접종이 필요합니다. 일반적으로 반려동물의 예방접종은 생후 6주부터 접종을 시작하는데, 급격한 환경의 변화가 있을 경우 적응기간을 가진 후 접종을 진행해야 하며, 예방접종의 시기와 종류를 반드시 확인해야 합니다.

2. 예방접종 실시하기

① 반려동물은 정기적으로 특성에 따른 예방접종을 실시해야 합니다(「동물보호법」 제7조제4항, 「동물보호법 시행규칙」 제3조 및 별표 1 제2호나목).

② 특히, 특별시·광역시·도·특별자치도·특별자치시(이하 "시·도"라

함) 조례로서 반려동물에 대한 예방접종이 의무화된 지역에 거주하는 경우에는 반드시 예방접종을 실시해야 합니다(「동물보호법」 제13조제3항).

③ 해당 지역의 지방자치단체 조례는 국가법령정보센터의 자치법규(www.law.go.kr) 또는 자치법규정보시스템(www.elis.go.kr)에서 확인할 수 있습니다.

3. 강아지 예방접종

혼 합 예 방 주 사 (DHP PL)	기초접종 : 생후 6 ~ 8주에 1차 접종	Canine Distemper(홍역), Hepatitis (간염), Parvovirus (파보장염), Parainfluenza (파라인플루엔자), Leptospira (렙토스피라) 혼합주사임.
	추가접종 : 1차 접종 후 2 ~ 4주 간격으로 2 ~ 4회	
	보강접종 : 추가접종 후 매년 1회 주사	
코로나바이러스성장염(Coronavirus)	기초접종 : 생후 6 ~ 8주에 1차 접종	-
	추가접종 : 1차 접종 후 2 ~ 4주 간격으로 1 ~ 2회	
	보강접종 : 추가접종 후 매년 1회 주사	
기관 ‚ 기관지염 (Kennel Cough)	기초접종 : 생후 6 ~ 8주에 1차 접종	-
	추가접종 : 1차 접종 후 2 ~ 4주 간격으로 1 ~ 2회	
	보강접종 : 추가접종 후 매년 1회 주사	
광견병	기초접종 : 생후 3개월 이상 1회 접종	-
	보강접종 : 6개월 간격으로 주사	

4. 고양이 예방접종

혼합예방주사 (CVRP)	기초접종 : 생후 6 ~ 8주에 1차 접종
	추가접종 : 1차 접종 후 2 ~ 4주 간격으로 2 ~ 3회
	보강접종 : 추가접종 후 매년 1회 주사
고양이 백혈병 (Feline Leukemia)	기초접종 : 생후 9 ~ 11주에 1차 접종
	추가접종 : 1차 접종 후 2 ~ 4주 간격으로 1 ~ 2회
	보강접종 : 추가접종 후 매년 1회 주사
전염성 복막염 (FIP)	추가접종 : 1차 접종 후 2 ~ 3주 간격으로 1회
	보강접종 : 추가접종 후 매년 1회 주사
광견병	기초접종 : 생후 3개월 이상 1회 접종
	보강접종 : 1개월 간격으로 주사

5. 토끼 예방접종

3개월령 이하	기초접종 : 구입 후 5일 뒤
	추가접종 : 1차 접종 후 1개월 뒤
	보강접종 : 매년 9월 중순까지 접종
3개월령 이상	기초접종 : 건강상태 양호할 때
	보강접종 : 매년 9월 중순까지 접종
바이러스성 출혈병	기초접종 : 생후 3개월 이상 1회 접종
	보강접종 : 매년 1회 접종

6. 예방접종을 하지 않으면?

특별자치시장·시장(특별자치도의 행정시장을 포함함)·군수·구청장(자치구의 구청장을 말함)은 광견병 예방주사를 맞지 않은 개, 고양이 등이 건물 밖에서 배회하는 것을 발견하였을 경우에 소유자의 부담으로 억류하거나 살처분 또는 그 밖에 필요한 조치를 할 수 있으므로(「가축전염병 예방법」 제20조제3항) 광견병 예방접종은 꼭 실시해야 합니다.

7. 반려동물의 구충

① 반려동물의 정기구충은 반려동물의 건강뿐 아니라 반려동물과 생활하는 사람들의 건강과도 밀접한 연관이 있으므로 정기적인 구충을 실시해야 합니다.

② 특히, 반려견은 분기마다 1회 이상 구충을 실시해야 합니다(「동물보호법」 제7조제4항, 「동물보호법 시행규칙」 제3조 및 별표 1 제2호나목).

8. 반려견의 질병

질환기	질환내용
호흡기	콧물, 계속되는 재채기, 기침, 구역질, 호흡 곤란, 심한코골이
눈	눈의 분비물, 시력 감퇴, 염증, 감염으로 인한 출혈, 흐린 테가 끼는 경우
귀	귀 고름, 머리를 흔들어 대는 경우, 귀가 부어 오르는 경우, 균형상실, 난청
입	침을 질질 흘리는 경우, 식욕 저하, 잇몸의 염증, 구취, 이빨이 부러지거나 흔들리는 경우
외부기생충	지나치게 핥는 경우, 기생충이 발견되는 경우, 비듬, 탈모, 긁적거림
피와 심장	지나친 기침, 빈혈, 무기력증, 지나친 기침, 운동을 기피하는 경우
뼈, 근육, 관절	감염된 부분의 부어 오름, 다리를 만지면 통증을 느끼는 경우, 마비, 절룩거림
신경성	발작이나 경련, 비틀거리는 걸음걸이 일부 또는 전신 마비
소화기	행동상의 변화, 균형의 상실, 체중의 과도한 변화, 식욕 상실, 변비, 설사 구토
피부 및 털	갑자기 씹어 대거나 핥는 경우, 염증 또는 종양, 탈모, 계속 긁어 대는 경우
생식기	유방의 통증, 생식 불능, 유산, 출산 후의 이상, 이상 분비물
비뇨기	배뇨가 힘든 경우, 혈뇨, 대소변 실금, 소변량의 증가, 배뇨의 감소
기생충	분비물에서 기생충을 발견하는 경우, 배가 부어 오르는 경우, 설사, 항문에서 이 물질을 발견 하는 경우, 체중 감소

§4. 동물병원 이용시 참고사항

1. 진료거부 금지

① 수의사는 반려동물의 진료를 요구 받았을 때에는 정당한 사유 없이 거부해서는 안 됩니다(「수의사법」 제11조).

② 이를 위반하면 1년 이내의 기간을 정하여 수의사 면허의 효력을 정지시킬 수 있고(「수의사법」 제32조제2항제6호), 500만원 이하의 과태료를 부과받습니다(「수의사법」 제41조제1항제1호, 「수의사법 시행령」 제23조 및 별표 2 제2호가목)

2. 진단서 등 발급 거부 금지 등

① 수의사는 자기가 직접 진료하거나 검안(檢案)하지 않고는 진단서, 검안서, 증명서 또는 처방전(「전자서명법」에 따른 전자서명이 기재된 전자문서 형태로 작성한 처방전을 포함)을 발급하지 못하며, 오용·남용으로 사람 및 동물의 건강에 위해를 끼칠 우려, 수의사 또는 수산질병관리사의 전문지식이 필요하거나 제형과 약리작용상 장애를 일으킬 우려가 있다고 인정되는 처방대상 동물용 의약품을 처방·투약하지 못합니다(「수의사법」 제12조제1항, 「약사법」 제85조제6항).

② 이를 위반하면 1년 이내의 기간을 정하여 수의사 면허의 효력을 정지시킬 수 있고(「수의사법」 제32조제2항제6호), 100만원의 과태료를 부과받습니다(「수의사법」 제41조제2항제1호·제1호의2, 「수의사법 시행령」 제23조 및 별표 2 제2호나목·다목).

③ 또한, 수의사는 직접 진료하거나 검안한 반려동물에 대한 진단서, 검안서, 증명서 또는 처방전의 발급요구를 정당한 사유 없이 거부해서는 안 됩니다(「수의사법」 제12조제3항).

④ 이를 위반하면 1년 이내의 기간을 정하여 수의사 면허의 효력을 정지시킬 수 있고(「수의사법」 제32조제2항제6호), 100만원의 과태

료를 부과받습니다(「수의사법」 제41조제2항제1호의3, 「수의사법
시행령」 제23조 및 별표 2 제2호라목).

3. 진료부 등 작성 및 보관 의무

① 수의사는 진료부와 검안부를 비치하고 진료하거나 검안한 사항을
기록(전자문서도 가능)하고 서명해서 1년간 보관해야 합니다(「수
의사법」 제13조, 「수의사법 시행규칙」 제13조).

② 이를 위반하면 1년 이내의 기간을 정하여 수의사 면허의 효력을
정지시킬 수 있고(「수의사법」 제32조제2항제6호), 100만원의 과태
료를 부과받습니다(「수의사법」 제41조제2항제2호, 「수의사법 시행
령」 제23조 및 별표 2 제2호아목).

4. 과잉진료행위 등 그 밖의 금지행위

① 수의사는 반려동물에 대한 과잉진료행위 등 다음의 행위를 해서
는 안 됩니다(「수의사법」 제32조제2항제6호, 「수의사법 시행령」
제20조의2, 「수의사법 시행규칙」 제23조).

1. 거짓이나 그 밖의 부정한 방법으로 진단서, 검안서, 증명서 또는
처방전을 발급하는 행위

2. 관련 서류를 위조·변조하는 등 부정한 방법으로 진료비를 청구하
는 행위

3. 정당한 이유 없이 「동물보호법」 제30조제1항에 따른 명령을 위
반하는 행위

4. 임상수의학적(臨床獸醫學的)으로 인정되지 않는 진료행위

5. 학위 수여 사실을 거짓으로 공표하는 행위

6. 불필요한 검사·투약 또는 수술 등의 과잉진료행위

7. 부당하게 많은 진료비를 요구하는 행위

8. 정당한 이유 없이 동물의 고통을 줄이기 위한 조치를 하지 않고

시술하는 행위

9. 소독 등 병원 내 감염을 막기 위한 조치를 취하지 않고 시술하여 질병이 악화되게 하는 행위

10. 예후가 불명확한 수술 및 처치 등을 할 때 그 위험성 및 비용을 알리지 않고 이를 하는 행위

11. 유효기간이 지난 약제를 사용하는 행위

12. 정당한 이유 없이 응급진료가 필요한 반려동물을 방치해 질병이 악화 되게 하는 행위

13. 허위 또는 과대광고 행위

14. 동물병원의 개설자격이 없는 자에게 고용되어 동물을 진료하는 행위

15. 다른 동물병원을 이용하려는 반려동물의 소유자 또는 관리자를 자신이 종사하거나 개설한 동물병원으로 유인하거나 유인하게 하는 행위

16. 진료거부금지(「수의사법」 제11조), 진단서 등 발급 거부(「수의사법」 제 12조제1항 및 제3항), 진료부 등 작성(「수의사법」 제13조제1항 및 제2항), 동물병원 개설(「수의사법」 제17조제1항) 규정을 위반하는 행위

② 이를 위반하면 수의사면허의 효력이 정지될 수 있습니다(「수의사법」 제32조제2항 전단, 「수의사법 시행규칙」 제24조 및 별표 2).

§5. 동물용 의약품 등의 사용에 따른 피해배상

■ 동물용 의약품 등의 사용에 따른 피해배상

※「소비자분쟁해결기준」에 따른 피해배상

① 유효기간이 경과한 동물용 의약품을 구매했다면 제품을 교환받거나 제품구입가격을 환불받는 방법으로 배상받을 수 있습니다 (「소비자분쟁해결기준」(공정거래위원회 고시 제2021-7호, 2021. 5. 25. 발령·시행) 별표 Ⅱ 제38호).

② 동물용 의약품·의약외품과 관련해서 입은 피해를 해결하기 위해 다음과 같이 「소비자분쟁해결기준」이 마련되어 있습니다(「소비자 분쟁해결기준」 별표 Ⅱ 제38호).

③ 동물용 의약품 등의 「소비자분쟁해결기준」

품 목	분 쟁 유 형	해 결 기 준
의약품, 의약외품	이물혼입	제품교환 또는 구입가 환급
	함량, 크기부적합	
	변질, 부패	
	유효기간 경과	
	용량부족	
	품질·성능·기능 불량	
	용기 불량으로 인한 피해사고	치료비, 경비 및 일실소득 배상
	부작용	
	수량부족	부족수량 지급

④ "동물용 의약품"이란 동물용으로만 사용함을 목적으로 하는 의약품을 말하여, 반려동물 의약품이 여기에 해당합니다(「동물용 의약품등 취급규칙」 제2조제1항제1호).

⑤ "동물용 의약외품"이란 다음 중 어느 하나에 해당하는 물품으로 농림축산검역본부장 또는 국립수산물품질관리원장이 정해서 고시하는 것을 말합니다(「동물용 의약품등 취급규칙」 제2조제1항제3

호 및 「동물용의약외품의 범위 및 지정 등에 관한 규정」(농림축산검역본부고시 제2015-27호, 2015. 10. 6. 발령·시행) 제2조).

1. 구강청량제·세척제·탈취제 등 애완용제제, 축사소독제, 해충의 구제제 및 영양 보조제로서의 비타민제 등 동물에 대한 작용이 경미하거나 직접 작용하지 않는 것으로 기구 또는 기계가 아닌 것과 이와 유사한 것

2. 동물질병의 치료·경감·처치 또는 예방의 목적으로 사용되는 섬유·고무제품 또는 이와 유사한 것

⑥ 동물용 의약외품의 범위는 다음과 같습니다.

■ 동물용의약외품의 범위

1. 동물질병 예방을 위한 소독제
 가. 동물질병 방역을 목적으로 축체(사체포함), 축사 및 축
    사주변, 가축운송 차량 및 기구, 오물, 동물용 음수
    (급수관 포함), 어류, 양어장, 축산기구 등에 사용하는 소
    독제
 나. 기타 동물용 소독.살균제
2. 동물용 해충의 구제제, 방지제, 기피제 및 유인살충제. 다
   만, 직접 동물에 적용하는 것으로써 동물체내로 흡수되
   어 작용하는 제제는 제외한다.
3. 애완동물용 제제
 가. 동물의 구중청량제, 치아세정제, 치약 및 치석염색
    제 등 구강 위생제제
 나. 삭제<2015.10.6>
 다. 동물의 귀세정제, 눈세정제 및 눈주위 세정제 등
    세정제
 라. 동물의 탈취제(모발 또는 피부에 직접 적용하는
    향수를 포함한다)
 마. 배변유도제, 짝짓기 방지제, 애완동물 기피제, 핥
    음방지제, 잠자리 유도제, 행동개선제, 생리적 행
    위유도제 등 동물행동 유인제
 바. 벼룩, 비듬, 진드기 등의 방지 목적으로 사용되는
    약용 샴푸제. 다만, 동물의 털과 피부에 직접 적용
    되는 세균성 피부병, 항진균용, 지루성 염증, 창상
    의 치료목적으로 사용되는 약용샴푸는 제외한다.
 사. 헤어볼컨트롤 제제
 아. 동물에서의 모발의 양모, 염색, 제모 등을 위한 외용제
    제
  1) 탈모의 방지, 양모, 모발의 영양공급, 코팅 또는 세팅제

2) 염색제 또는 염모제 (탈색제, 탈염제를 포함한다)

3) 이어파우더 등 털 제거를 목적으로 사용하는 제제

4) 기타 애완동물의 털에 직접 적용하는 제제

4. 동물용 유두 침지제

5. 동물의 창상부위 보호제, 관절보호제, 발굽보호제 등 신체보호 목적으로 사용되는 단순 외용제제

6. 동물의 영양보조제로서 동물약품 공정서 등에 등재된 비타민제, 효소제, 생균제, 효모제, 유기산제, 아미노산, 당류제, 지방산 및 미량광물질을 주성분으로 하는 단일 또는 복합제제 (사료첨가제, 정제, 캡슐제 등 고형제제와 액제에 한한다). 이 경우 사료관리법에 의하여 등록된 제품은 동물용의약외품으로 보지 아니한다.

7. 동물의 면역기능 개선 및 생리기능 촉진제로서 대한약전외한약(생약)규격집 등에 등재된 생약제제(서방의학적 입장에서 본 천연물 제제로서 한방의학적 치료목적으로는 사용되지 않는 제제에 한한다)

8. 항산화제, 항곰팡이제, 곰팡이독소제거제, 항살모넬라제 등의 보조적 사료첨가제. 이 경우 사료관리법에 의하여 보조사료로 등록된 제품은 동물용의약외품으로 보지 아니한다.

9. 동물용 정액희석제

10. 기타 이와 유사한 제품

■ 동물용의약외품(위생용품)의 범위

1. 동물용 감싸개
 가. 붕대
 나. 탄력붕대
 다. 석고붕대
 라. 원통형 탄력붕대(스터키넷)
2. 동물용 가리개

가. 마스크(수술용, 방역용)

나. 안대(수술용, 방역용)

3. 동물용 거즈

4. 동물용 외과수술포

5. 동물용 탈지면

6. 동물용 반창고

7. 동물 소독용 티슈

8. 동물의 세척용 샴푸, 린스, 컨디셔너 및 트리트먼트 등 용용제(다만, 「품질경영 및 공산품 안전관리법」제2조제10호에 따른 안전.품질표시대상 공산품 중 화장비누(고체비누만 해당)는 제외한다)

9. 기타 이와 유사한 물품

⑦ "일실소득"이란 피해로 인하여 소득상실이 발생한 것이 입증된 때에 한하며, 금액을 입증할 수 없는 경우에는 시중 노임단가를 기준으로 합니다.

⑧ 동물용 의약품 구입 시 주의사항

동물용 의약품은 동물약국과 동물병원에서만 판매할 수 있으며, 인터넷을 통한 판매는 금지되어 있습니다(「약사법」 제44조, 제50조제1항, 제85조제4항). 따라서 인터넷을 통해서 동물용 의약품을 사지 않도록 주의해야 합니다.

§6. 반려동물 미용실 이용시 참고사항

1. 동물미용업이란?

동물미용업은 반려동물의 털, 피부 또는 발톱 등을 손질하거나 위생적으로 관리하는 영업을 말합니다(「동물보호법」 제32조제1항제7호 및 제2항, 「동물보호법 시행규칙」 제36조제7호).

2. 동물미용업 등록 여부 확인하기

① 동물미용업 영업을 하기 위해서는 필요한 시설과 인력을 갖추어서 시장·군수·구청장(자치구의 구청장을 말함)에 동물미용업 등록을 해야 하므로(「동물보호법」 제32조제1항제7호, 제33조제1항「동물보호법 시행규칙」 제35조, 별표 9) 반드시 시·군·구에 등록된 업체인지 확인해야 합니다.

② 동물미용업자에게는 일정한 준수의무가 부과(「동물보호법」 제36조, 「동물보호법 시행규칙」 제43조 및 별표 10)되기 때문에 동물미용업 등록이 된 곳에서 반려동물 미용을 한 경우에만 나중에 분쟁이 발생했을 때 훨씬 대처하기 쉬울 수 있습니다.

③ 동물미용업 등록 여부는 영업장 내에 게시된 동물미용업 등록증으로 확인할 수 있습니다(「동물보호법 시행규칙」 제37조제4항, 제43조, 별표 10 제1호가목, 별지 제16호서식).

④ 이를 위반해서 동물미용업자가 동물미용업 등록을 하지 않고 영업하면 500만원 이하의 벌금에 처해집니다(「동물보호법」 제46조제3항제2호).

3. 반려동물 미용

① 반려견

반려견의 첫 미용 시기는 5차 예방접종을 마친 후에 하는 것이 좋습니다. 너무 어릴 때 미용을 해주면 강아지가 큰 스트레스를 받을 수 있고, 이는 곧 질환으로 이어질 수 있기 때문에 주의해야 합니다. 또한 면역이 떨어져 피부질환 등에 노출 될 염려가 있습니다. 특히나 털이 자라면서 엉켜버리면 피부병의 원인이 될 수 있습니다. 이런 경우는 엉킨 털을 조심조심 잘라주거나, 미용을 해주는 것이 좋습니다.

② 반려묘

털 관리가 꼭 필요한 장모 고양이는 미용을 해주는 것이 좋습니다. 하지만 고양이는 예민한 동물이기 때문에 미용이 굉장히 까다롭습니다. 마취미용도 있지만, 전신마취를 해야 하기 때문에 고양이 몸에 많은 무리가 가게 되므로 무마취로 미용을 하는 것이 좋습니다. 하지만 전문 미용사가 아니면 크게 다칠 수 있기 때문에 많은 주의가 필요합니다.

4. 미용 스트레스

미용 전문 샵의 낯선 환경과 갑자기 짧아진 털의 변화로 인해 스트레스를 느끼기도 하는데 몸 떨림, 식욕감소, 피부 가려움, 고열 등이 있을 수 있습니다. 스트레스는 3~4일 내에 사라지게 되므로 크게 걱정하지 않으셔도 됩니다.

5. 고양이 그루밍

고양이의 독특한 습관 중 하나인 그루밍. 고양이가 혓바닥으로 온몸을 핥고 털을 고르는 행위를 바로 '그루밍'이라고 합니다. 고양이는 혀에 돌기가 있어 몸 전체에 침을 묻혀 죽은 털을 뽑아내어 피부병을 예방합니다. 그루밍의 행위 자체가 고양이에게 중요한 일과이자 많은 에너지를 쓰는 행위입니다.

§7. 반려동물과 외출하기

1. 반려동물과 외출할 때 주의사항

※ 반려동물 외출 준비물, 이것만은 꼭 챙기세요!

1. 인식표: 반려동물과 외출 시 소유자의 성명, 전화번호, 동물등록 번호가 표시된 인식표 착용을 꼭 해주세요.
2. 목줄: 목줄 착용으로 반려견과 다른 사람의 안전을 지켜주세요.
3. 배변봉투: 공중위생을 위해 잊지 말고 배변봉투를 챙겨주세요.
4. 물통: 물은 반려견의 식수로도 사용하지만 소변 본 자리에 뿌려 주는 에티켓도 잊지마세요.

2. 인식표 부착하기

① 반려견의 분실을 방지하기 위해 소유자의 성명, 전화번호, 동물 등록번호(등록한 동물만 해당)를 표시한 인식표를 반려견에게 부 착시켜야 합니다(「동물보호법」 제13조제1항, 「동물보호법 시행규 칙」 제11조).

② 이를 위반하면 50만원 이하의 과태료를 부과 받습니다(「동물보 호법」 제47조제3항제3호, 「동물보호법 시행령」 제20조제1항 및 별표 제2호사목).

③ 인식표가 없이 돌아다니는 개를 발견하면 유기된 것으로 간주해 동물보호시설로 옮기는 등의 조치가 취해질 수 있습니다(「동물보 호법」 제14조제1항 본문).

Q. 내장형 무선식별장치로 등록하면 인식표 부착은 하지 않아도 되나요?

A. 최초등록 시에 내장형 무선식별장치로 등록한 경우 인식표 부착은 하지 않아도 되나, 등록대상동물을 기르는 곳에서 벗어나는 경우(외출 시)에는 마이크로칩 삽입 부착여부와 상관없이 소유자의 성명, 전화번호, 동물등록번호가 표시된 인식표를 부착해야 합니다.

3. 목줄 등 안전조치하기

① 소유자와 소유자를 위해 반려동물의 사육·관리 또는 보호에 종사하는 사람(이하 "소유자 등"이라 함)이 반려견을 동반하고 외출하는 경우 목줄 또는 가슴줄을 하거나 이동장치를 사용하여야 하고, 목줄 또는 가슴줄은 해당 동물을 효과적으로 통제할 수 있고, 목줄 또는 가슴줄은 2미터 이내의 길이여야 합니다.

② 또한 「주택법 시행령」 제2조제2호 및 제3호에 따른 다중주택 및 다가구주택, 「주택법 시행령」 제3조에 따른 공동주택의 건물 내부의 공용공간에서는 동물을 직접 안거나 목줄의 목덜미 부분 또는 가슴줄의 손잡이 부분을 잡는 등 동물이 이동할 수 없도록 안전조치를 해야 합니다(「동물보호법」 제13조제2항,「동물보호법 시행규칙」 제12조제1항, 제2항 및 제3항).

③ 다만, 소유자등이 월령 3개월 미만인 동물을 직접 안아서 외출하는 경우에는 해당 안전조치를 하지 않아도 됩니다(「동물보호법 시행규칙」 제12조제1항 단서).

④ 이를 위반하면 50만원이하의 과태료를 부과 받습니다(「동물보호법」 제47조제3항제4호, 「동물보호법 시행령」 제20조제1항 및 별표 제2호아목).

⑤ 또한, 사람이나 가축에 해를 끼치는 버릇이 있는 개나 그 밖의 동물을 함부로 풀어놓거나 제대로 살피지 않아 돌아다니게 한

사람은 「경범죄 처벌법」에 따라 10만원이하의 벌금, 구류 또는 과료에 처해지거나(「경범죄 처벌법」 제3조제1항제25호), 5만원의 범칙금을 부과 받습니다(「경범죄 처벌법」 제6조제1항, 「경범죄 처벌법 시행령」 제2조 및 별표).

⑥ 특히, 다음에 해당하는 월령이 3개월 이상인 맹견을 동반하고 외출할 경우에는 목줄과 함께 맹견이 호흡 또는 체온조절을 하거나 물을 마시는 데 지장이 없는 범위에서 사람에 대한 공격을 효과적으로 차단할 수 있는 크기의 입마개를 해야 합니다(「동물보호법」 제13조의2제1항제2호, 「동물보호법 시행규칙」 제12조의2제1항 및 제1조의3).

  1. 도사견과 그 잡종의 개
  2. 아메리칸 핏불테리어와 그 잡종의 개
  3. 아메리칸 스태퍼드셔 테리어와 그 잡종의 개
  4. 스태퍼드셔 불테리어와 그 잡종의 개
  5. 로트와일러와 그 잡종의 개

⑦ 맹견의 소유자는 맹견으로 인한 다른 사람의 생명·신체나 재산상의 피해를 보상하기 위하여 대통령령으로 정하는 바에 따라 보험에 가입해야 합니다(「동물보호법」 제13조의2제4항).

⑧ 다만, 맹견의 소유자등은 다음에 해당하는 사항을 충족하는 이동장치를 사용하여 맹견을 이동시킬 경우에는 맹견에게 목줄 및 입마개를 하지 않을 수 있습니다(「동물보호법 시행규칙」 제12조의2제2항).

1. 맹견이 이동장치에서 탈출할 수 없도록 잠금장치를 갖출 것
2. 이동장치의 입구, 잠금장치 및 외벽은 충격 등에 의해 쉽게 파손되지 않는 견고한 재질일 것

⑨ 이를 위반하면 300만원이하의 과태료를 부과 받습니다(「동물보호법」 제47조제1항제2호의3, 「동물보호법 시행령」 제20조제1항 및 별표 제2호카목).

4. 배설물 수거하기

① 반려견과 외출 시 공중위생을 위해 배설물(소변의 경우에는 공동 주택의 엘리베이터·계단 등 건물 내부의 공용공간 및 평상·의자 등 사람이 눕거나 앉을 수 있는 기구 위의 것으로 한정함)이 생기 면 바로 수거해야 합니다(「동물보호법」 제13조제2항).

② 이를 위반하면 50만원이하의 과태료를 부과 받습니다(「동물보호 법」 제47조제3항제4호, 「동물보호법 시행령」 제20조제1항 및 별 표 제2호자목).

③ 또한, 반려동물을 데리고 외출했을 때 배설물(대변)이 생기면 이 를 반드시 수거해야 합니다. 그렇지 않으면 10만원이하의 벌금, 구류 또는 과료에 처해지거나(「경범죄 처벌법」 제3조제1항제12 호), 5만원의 범칙금을 부과 받습니다(「경범죄 처벌법」 제6조제1 항, 「경범죄 처벌법 시행령」 제2조 및 별표).

§8. 반려동물과 공원이용하기

1. 입장제한 여부 확인하기

① 반려동물과 국립공원·도립공원·군립공원과 같은 정부 지정 자연 공원에 갈 때는 미리 가려는 장소의 공원관리청 홈페이지를 통 해서 반려동물의 출입이 허용되는지를 알아보는 것이 좋습니다. 해당 자연공원을 관리하는 공원관리청이 자연생태계와 자연경관 등을 보호하기 위해서 반려동물의 입장을 제한하거나 금지할 수 있기 때문입니다(「자연공원법」 제29조제1항, 「자연공원법 시행 령」 제26조제4호).

② 반려동물의 출입가능 여부는 홈페이지뿐만 아니라 공원 입구에 설치된 안내판에도 게시되어 있으니(「자연공원법」 제29조제2항 참조) 입장 전에 미리 확인하시기 바랍니다.

③ 특히, 국립수목원 또는 공립수목원에는 반려동물과 함께 입장하

는 것(장애인이 장애인 보조견과 함께 입장하는 행위는 제외함)을 금지하고 있습니다(「수목원·정원의 조성 및 진흥에 관한 법률」 제17조의2제3호, 「수목원·정원의 조성 및 진흥에 관한 법률 시행령」 제8조의2제1항제8호). 따라서 국립수목원이나 공립수목원을 가시는 경우에는 반려동물은 데리고 가지 말아야 합니다.

2. 위반 시 제재

① 입장이 금지나 제한된 공원에 반려동물과 출입하면 200만원이하의 과태료를 부과 받습니다(「자연공원법」 제86조제1항제6호, 「자연공원법 시행령」 제46조 및 별표 3 제2호카목).

② 출입이 금지된 국립수목원 또는 공립수목원에 반려동물과 함께 출입하면 5만원의 과태료를 부과 받습니다(「수목원·정원의 조성 및 진흥에 관한 법률」 제24조제2항, 「수목원·정원의 조성 및 진흥에 관한 법률 시행령」 제12조 및 별표 4 제2호타목).

3. 공원에 입장한 후 준수해야 할 사항

① 공원에서 금지되는 행동

자연공원뿐만 아니라 도시지역 내에 위치한 도시공원에서도 다음과 같은 행동을 하는 것을 금지합니다(「자연공원법」 제27조제1항제11호, 「도시공원 및 녹지 등에 관한 법률」 제49조제1항제3호·제4호, 제2항제2호).

1. 심한 소음 또는 악취가 나게 하는 등 다른 사람에게 혐오감을 주는 행위

2. 동반한 반려동물의 배설물을 수거하지 않고 방치하는 행위

3. 반려동물을 통제할 수 있는 줄을 매지 않고 입장하는 행위

② 공원에서 금지행위를 하면?

이를 위반해서 공원에서 위의 금지행위를 하면 10만원이하의 과

태료를 부과 받습니다(「자연공원법」 제86조제3항, 「자연공원법 시행령」 제46조 및 별표 3 제2호사목, 「도시공원 및 녹지 등에 관한 법률」 제56조제2항, 「도시공원 및 녹지 등에 관한 법률 시행령」 제51조제1항 및 별표 4).

4. 반려동물과 백화점 등 대중장소 출입하기

① 반려동물의 백화점, 대형마트 등 대중장소 입장여부는 각 업소마다 다를 수 있으므로, 가려는 업소에 전화문의 등을 통해 확인해 보시기 바랍니다. 백화점, 대형마트 등은 사람이 밀집한 장소의 반려동물 출입에 관한 사항은 각 업소에서 임의로 정한 지침에 따르고 있기 때문입니다.

② 실제로 대형마트 등은 영업점 지침에 따라 반려동물의 마트 내 출입을 금지하고, 입구 또는 고객센터 등에 보관하도록 하고 있습니다.

Q. 반려견이 목줄 없이 자유롭게 뛰어 놀 수 있는 장소는 없나요?

A. 반려동물 놀이터가 있습니다. 반려동물 놀이터는 도시 공원 내 반려견이 목줄 없이 자유롭게 산책이나 운동을 할 수 있도록 한 공간입니다. 반려동물 놀이터는 각 지방자치단체에서 설치하므로 거주 지역에서 반려동물 놀이터를 이용하고자 할 경우에는 해당 지방자치단체에 문의하셔야 합니다.

서울시의 경우 2018년 11월 현재 보라매공원, 월드컵공원, 어린이대공원, 초안산근린공원 4곳에 반려견 놀이터를 운영하고 있습니다. 반려동물 놀이터 이용은 「동물보호법」에 따른 동물등록이 된 반려견이 13세 이상의 사람(13세 미만의 어린이는 성인 보호자와 함께 입장가능)과 함께 입장할 수 있고, 규제「동물보호법 시행규칙」 제12조의2에 명시된 맹견,

사나운 개, 동물등록이 되지 않은 반려견, 질병이 있거나 발
정중인 경우는 이용을 제한합니다. * 서울시 반려견 놀이터
현황 및 문의 <대표전화: 02-2124-2835>

§9. 반려동물과 대중교통 이용하기

1. 자가운전

■ 반려동물을 안은 상태에서의 운전금지

① 차를 직접 운전해서 반려동물과 이동할 수 있습니다. 다만, 안전
운전을 위해 반려동물을 안은 상태로 운전해서는 안 됩니다(「도
로교통법」 제39조제5항).

② "차"란 자동차, 건설기계, 원동기장치자전거, 자전거, 사람 또는
가축의 힘이나 그 밖의 동력(動力)으로 도로에서 운전되는 것(다
만, 철길이나 가설(架設)된 선을 이용하여 운전하는 것, 유모차나
식품의약품안전처장이 정하는 의료기기의 규격에 따른 수동휠체
어, 전동휠체어 및 의료용 스쿠터의 기준에 적합한 것은 제외함)
을 말합니다(「도로교통법」 제2조제17호가목, 「도로교통법 시행규
칙」 제2조).

③ 차량 내에서 반려동물이 호기심으로 이리저리 움직이거나 갑작
스러운 돌발행동을 할 경우, 운전에 심각한 방해가 되어 직·간접
적으로 교통사고를 유발하게 됩니다. 그러므로 다른 운전자의 안
전을 위해서 반려동물을 안고 운전하는 행위를 해서는 안 됩니
다.

④ 이를 위반해 반려동물을 안은 상태로 운전하면 20만원이하의 벌
금이나 구류 또는 과료에 처할 수 있고(「도로교통법」 제156조제
1호), 범칙금(승합차 등 5만원, 승용차 등 4만원, 이륜차 등 3만
원, 자전거 등 2만원)을 부과받습니다(「도로교통법」 제162조,

「도로교통법 시행령」제93조제1항 및 별표 8 제33호).

2. 장애인 보조견 탑승 거부 제한

① 누구든지 장애인 보조견표지를 붙인 장애인 보조견을 동반한 장애인이 대중교통수단을 이용하려고 할 때에는 정당한 사유 없이 거부해서는 안 됩니다(「장애인복지법」제40조제3항 전단).

② 이를 위반해 장애인 보조견표지가 있는데 정당한 이유 없이 장애인 보조견의 탑승을 거부하면 200만원의 과태료를 부과받습니다(「장애인복지법」제90조제3항제3호, 「장애인복지법 시행령」제46조 및 별표 5 제2호다목).

3. 시내버스

■ 이동장비에 넣는 등 안전조치를 취한 후 탑승하기

① 시내버스를 이용해서 반려동물과 이동하는 것은 제한이 따를 수 있습니다. 버스운송회사마다 운송약관과 영업지침에 따라 약간씩 차이가 있긴 하지만, 대부분의 경우 반려동물의 크기가 작고 운반용기를 갖춘 경우에만 탑승을 허용하고 있기 때문입니다(「여객자동차 운수사업법」제9조, 「서울특별시 시내버스 운송사업 약관」제10조제3호).

② 따라서 이용하려는 시내버스의 운송회사에 미리 반려동물의 탑승가능 여부를 알아보시는 것이 좋습니다.

③ 이를 위반하면 탑승이 거절될 수 있습니다(「서울특별시 시내버스 운송사업 약관」제12조제1호 및 제2호).

4. 고속버스·시외버스

■ 이동장비에 넣는 등 안전조치를 취한 후 탑승하기

① 고속버스 또는 시외버스를 이용해서 반려동물과 이동하는 것은

제한이 따를 수 있습니다. 버스운송회사마다 운송약관과 영업지침에 약간씩 차이가 있긴 하지만, 대부분의 경우 전용이동장비에 넣은 반려동물은 탑승을 허용하고 있기 때문입니다(「여객자동차 운수사업법」 제9조, 「고속버스 운송사업 운송약관」 제25조제3호, 「경기도 시외버스 운송사업 운송약관」 제22조제3호).

② 따라서 이용하려는 고속버스와 시외버스의 운송회사에 미리 반려동물의 탑승가능 여부를 알아보시는 것이 좋습니다.

③ 이를 위반하면 탑승이 거절될 수 있습니다(「고속버스 운송사업 운송약관」 제20조제2호, 「경기도 시외버스 운송사업 운송약관」 제17조제2호 및 제27조제1호).

5. 전철(광역철도·도시철도)

■ 이동장비에 넣는 등 안전조치를 취한 후 탑승하기

① 광역전철 또는 도시철도를 이용해서 반려동물과 이용하는 것은 제한이 따를 수 있습니다. 반려동물을 이동장비에 넣어 보이지 않게 하고, 불쾌한 냄새가 발생하지 않게 하는 등 다른 여객에게 불편을 줄 염려가 없도록 안전조치를 취한 후 탑승해야 하기 때문입니다(「도시철도법」 제32조, 「광역철도 여객운송 약관」 제31조제2호, 제32조제1항, 「서울교통공사 여객운송약관」 제34조제1항제4호).

② 이를 위반하면 탑승이 거절될 수 있습니다(「광역철도 여객운송약관」제6조제3항제3호, 「서울교통공사 여객운송약관」 제36조).

6. 기차

■ 이동장비에 넣는 등 안전조치를 취한 후 탑승하기

① 철도를 이용해서 반려동물과 이동하는 것은 제한이 따를 수 있습니다. ⓐ 반려동물(이동장비를 포함)의 크기가 좌석 또는 통로

를 차지하지 않는 범위 이내로 제한되며, ⓑ 다른 사람에게 위해
나 불편을 끼칠 염려가 없는 반려동물을 전용가방 등에 넣어 외
부로 노출되지 않게 하고, 광견병 예방접종 등 필요한 예방접종
을 한 경우 등 안전조치를 취한 후 탑승해야 하기 때문입니다
(「철도안전법」 제47조제1항제7호, 「철도안전법 시행규칙」 제80
조제1호, 「한국철도공사 여객운송약관」 제22조제1항제2호).
② 이를 위반하면 탑승이 거절되거나 퇴거조치될 수 있으며(「철도안
전법」 제50조제4호, 「한국철도공사 여객운송약관」 제5조제1항제
2호), 위반 시 50만원 이하의 과태료를 부과받습니다(「철도안전
법」 제82조제5항제2호, 「철도안전법 시행령」 제64조 및 별표 6
제2호허목).

7. 비행기

■ 탑승가능 여부 문의하기

비행기를 이용해서 반려동물과 이동하는 것은 제한이 따를 수 있습
니다. 항공사마다 운송약관과 영업지침에 약간씩 차이가 있긴 하지
만, 국내 항공사들은 일반적으로 탑승 가능한 반려동물을 생후 8주
가 지난 개, 고양이, 새로 한정하고, 보통 케이지 포함 5~7kg 이하
일 경우 기내반입이 가능하며, 그 이상은 위탁수하물로 운송해야 합
니다(「항공사업법」 제62조제1항, 「대한항공 국내여객운송약관」 제
31조, 「대한항공 국제여객운송약관」 제10조제9호, 「아시아나 국내
여객운송약관」 제29조, 「아시아나 국제여객운송약관」 제9조제10호).

■ 케이지 준비하기

케이지는 잠금장치가 있고 바닥이 밀폐되어야 합니다. 항공사마다
특정 케이지를 요구할 수 있으므로 사전에 확인해야 합니다.

■ 항공사에 수하물서비스 신청하기

① 비행기를 이용해서 반려동물과 이동할 경우에는 이용하려는 항공사에 연락해서 미리 상담한 후 반려동물 수하물서비스를 신청하는 것이 좋습니다. 항공사마다 운송약관과 운영 지침에 약간씩 차이가 있어 일부 항공사의 경우 반려동물의 종(種) 또는 총중량(운반용기를 포함)에 따라 기내 반입 또는 수하물 서비스가 거절될 수 있습니다.

② 반려동물의 운반비용은 여객의 무료 수하물 허용량에 관계없이 반려동물의 총중량(운반용기를 포함)을 기준으로 초과 수하물 요금이 적용됩니다(「대한항공 국내여객운송약관」 제31조제2호다목, 「대한항공 국제여객운송약관」 제10조제9호라목, 「아시아나 국내여객운송약관」 제29조제2호다목, 「아시아나 국제여객운송약관」 제9조제10호다목).

8. 그 밖의 교통수단

■ 택시

① 택시에 반려동물과 함께 탑승할 수 있는지는 택시사업자가 정하는 운송약관 또는 영업지침에 따라 결정됩니다(「여객자동차 운수사업법」 제9조).

② 서울특별시의 경우 운반상자에 넣은 반려동물 및 공인기관에서 인증한 맹인 인도견은 택시 승차가 허용됩니다. 다만, 택시운송사업자(택시운수종사자 포함) 또는 다음에 승차할 여객에게 위해를 끼치거나 불쾌감을 줄 우려가 있는 동물은 탑승이 거절될 수 있습니다(「서울특별시 택시운송사업 운송약관」 제11조제6호 참조).

■ 연안여객선

연안여객선을 이용해서 반려동물과 이동하는 것은 제한이 따를 수 있습니다. 연안여객회사마다 운송약관과 영업지침에 약간씩 차이가 있긴 하지만, 대부분의 경우 전용이동장비에 넣은 반려동물은 탑승을 허용하고 있기 때문입니다(「해운법」 제11조의2, 「연안여객선 운송약관」 제29조제3항). 따라서 이용하려는 연안여객회사에 미리 반려동물의 탑승가능 여부를 알아보시는 것이 좋습니다.

■ 화물자동차

반려동물과 위의 대중교통수단을 이용하는 것이 어려운 경우에는 화물운송을 이용하는 것도 한 방법입니다. 반려동물의 중량이 20kg 이상이거나, 혐오감을 주는 동물인 경우에는 밴형 화물자동차에 반려동물과 동승할 수 있습니다(「화물자동차 운수사업법」 제2조제3호, 「화물자동차 운수사업법 시행규칙」 제3조의2).

§10. 반려동물과 해외가기

1. 외국 검역서류 준비하기

■ 국가별 검역조건 확인

① 반려동물을 데리고 입국하려는 국가가 동물 입국이 가능한 국가인지 확인해야 합니다. 일부 국가는 동물 입국을 금지하고 있으며, 견종에 따라 제한을 받을 수도 있습니다.

② 또한, 국가마다 반려동물 검역 기준과 준비해야 하는 서류가 다르므로 반려동물을 데리고 입국하려는 국가의 대사관 또는 동물검역기관에 문의해 검역 조건을 확인해야 합니다.

③ 반려동물의 국가별 검역조건은 입국하려는 국가의 대사관 또는 동물검역기관에 직접 문의하거나 농림축산검역본부(www.qia.go.kr) 국가별 검역조건에서 확인할 수 있습니다.

2. 검역증명서 발급받기

■ 검역증명서 발급

① 입국하려는 국가가 동물검역을 요구하는 국가인 경우 출국 당일 다음 서류를 갖춘 후 공항 내에 있는 동식물 검역소를 방문해서 검역을 신청하면, 신청 당일에 서류검사와 임상검사를 거쳐 이상이 없을 경우 검역증명서를 발급받을 수 있습니다[「가축전염병 예방법」 제41조제1항, 「가축전염병 예방법 시행규칙」 제37조제1항제1호, 「지정검역물의 검역방법 및 기준」 (농림축산검역본부고시 제2021-55호, 2021. 9. 30. 발령·시행) 제25조제1항 및 제29조제1호].

1. 동물검역신청서
2. 예방접종증명서 및 건강을 증명하는 서류
3. 상대국 요구사항(요구사항이 있는 경우에 한함)

② 광견병 예방접종은 1개월이 지나야 효력이 생기므로 미리 접종해야 하고, 주요 국가는 동물의 신상정보가 담긴 마이크로칩 이식이 의무인 경우가 있으므로 미리 확인하고 준비해야 합니다.

③ 이를 위반해서 검역을 받지 않고 출국하면 300만원이하의 과태료를 부과 받습니다(「가축전염병 예방법」 제60조제2항제9호, 「가축전염병 예방법 시행령」 제16조 및 별표 3 제2호포목).

④ 농림축산검역본부 수출애완동물 검역예약시스템에 회원가입을 하면 미리 검역예약을 할 수 있습니다.

Q. 반려동물을 데리고 외국에 가려면 어떻게 해야 하나요?

A. 반려동물을 데리고 입국하려는 국가가 동물 입국이 가능한 국가인지 확인해야 합니다. 일부 국가는 동물 입국을 금지하고 있으며, 견종에 따라 제한을 받을 수도 있기 때문입니다. 그리고 국가마다 반려동물 검역 기준과 준비해야 하는 서류

가 다르므로 반려동물을 데리고 입국하려는 국가의 대사관 또는 동물검역기관에 문의해 검역 조건을 확인해야 합니다. 또한 기내 탑승에 관하여는 항공사에 문의하여 해당 기준에 따르면 됩니다.

◇ **검역증명서 발급받기**

출국 당일 다음의 서류를 갖춘 후 공항 내에 있는 동식물 검역소를 방문해서 검역을 신청하면, 신청 당일에 서류검사와 임상검사를 거쳐 이상이 없을 경우 검역증명서를 발급받을 수 있습니다.

1. 동물검역신청서
2. 예방접종증명서 및 건강을 증명하는 서류
3. 상대국 요구사항(요구사항이 있는 경우에 한함)

◇ **항공사에 반려동물 수하물서비스 신청**

일부 항공사의 경우 반려동물의 종류 또는 총중량 등에 따라 기내 반입 또는 수하물 서비스가 거절될 수 있으므로 비행기를 이용해서 반려동물과 이동할 경우에는 이용하려는 항공사에 연락해서 미리 상담한 후 반려동물 수하물서비스를 신청하는 것이 좋습니다. 이 때 반려동물의 운송비용은 여객의 무료 수하물 허용량에 관계없이 반려동물의 총중량(운반용기를 포함)을 기준으로 별도로 부과됩니다.

◇ **검역검사**

외국에 도착하면 해당 국가의 검역검사를 받는데, 이를 위해서 검역증명서 등 상대국에서 요구하는 서류를 출국 전에 미리 준비해 두어야 합니다.

◇ **위반시 제재**

이를 위반해서 검역을 받지 않고 출국하면 300만원 이하의 과태료를 부과 받습니다.

§11. 반려동물 두고 여행하기

1. 동물위탁관리업이란?

① 동물위탁관리업은 반려동물 소유자의 위탁을 받아 반려동물을 영업장 내에서 일시적으로 사육, 훈련 또는 보호하는 영업을 말합니다(「동물보호법」 제32조제1항제6호 및 제2항, 「동물보호법 시행규칙」 제36조제6호).

② 동물위탁관리업에는 반려견 호텔, 반려견 훈련소, 반려견 유치원 등이 이에 포함될 수 있습니다.

2. 동물위탁관리업 등록 여부 확인하기

① 동물위탁관리업은 필요한 시설과 인력을 갖추어서 시장·군수·구청장(자치구의 구청장을 말함)에 동물위탁관리업 등록을 해야 하므로(「동물보호법」 제32조제1항제6호, 제33조제1항 「동물보호법 시행규칙」 제35조, 별표 9) 반드시 시·군·구에 등록된 업체인지 확인해야 합니다.

② 동물위탁관리업자에게는 일정한 준수의무가 부과(「동물보호법」 제36조, 「동물보호법 시행규칙」 제43조 및 별표 10)되기 때문에 동물위탁관리업 등록이 된 곳에 반려동물을 위탁한 경우에만 나중에 분쟁이 발생했을 때 훨씬 대처하기 쉬울 수 있습니다.

③ 동물위탁관리업자 준수사항은 「동물보호법 시행규칙」 별표 10에서 확인할 수 있습니다.

④ 동물위탁관리업 등록 여부는 영업장 내에 게시된 동물위탁관리업 등록증으로 확인할 수 있습니다(「동물보호법 시행규칙」 제37조제4항, 제43조, 별표 10 제1호가목, 별지 제16호서식).

⑤ 이를 위반해서 동물위탁관리업자가 동물위탁관리업 등록을 하지 않고 영업하면 500만원 이하의 벌금에 처해집니다(「동물보호법」 제46조제3항제2호).

3. 반려동물 위탁관리 계약서 받기

동물위탁관리업자는 위탁관리하는 동물에 대하여 다음의 내용이 담긴 계약서를 제공해야 합니다(「동물보호법 시행규칙」 제43조 및 별표 10 제2호바목6)).

1. 등록번호, 업소명 및 주소, 전화번호
2. 위탁관리하는 동물의 종류, 품종, 나이, 색상 및 그 외 특이사항
3. 제공하는 서비스의 종류, 기간 및 비용
4. 위탁관리하는 동물에게 건강 문제가 발생했을 때 처리방법

Q. 반려견 호텔에 애완견을 맡겼는데, 실수로 반려견이 죽었다고 합니다. 반려견 주인은 반려견의 죽음으로 인한 정신적 위자료를 받을 수 있나요?

A. 대법원은 이와 유사한 사건에서 동물 자체는 청구권의 주체가 되지 못하지만, 반려동물을 반려동물 위탁소에 맡겼는데 다치거나 죽은 경우 그 주인이 입었을 정신적 충격은 위자료 청구 대상이 될 수 있다고 보고, 반려견 주인이 반려동물 위탁소를 상대로 낸 위자료 청구소송에서 반려견 주인의 정신적 고통을 인정한 사례가 있습니다(서울중앙지법 2012. 11. 23. 선고 2012나27611 판결; 대법원 2013. 4. 25.선고 2012다118594 판결 참조).

Part F. 반려견 건강상식

§1. 기본상식

1. 운동

건강관리에 가장 좋은 방법으로는 칼로리 소모를 유도하는 운동이나 산책입니다. 초반에 너무 무리하게 운동을 하게 되면 강아지가 거부감을 일으키거나, 관절에 무리가 갈 수 있으므로 가볍게 산책을 시작으로 서서히 운동량을 늘리는 것이 중요합니다.

2. 식사량 조절

식이조절은 기본이라고 할 수 있습니다. 불필요한 간식은 자제하는 것이 좋습니다. 염분이 많은 음식이나 사람이 먹는 음식을 주셨다면 이 또한 끊어주어야 합니다.

3. 수의사 상담

강아지의 건강진단부터 식단 조절까지 도움을 줄 수 있기 때문에 수의사 상담을 먼저 받는 것이 좋습니다. 강아지의 건강상태를 확인 후, 무리한 식단조절이 아닌 적절한 영양공급과 운동으로 건강을 유지할 수 있습니다. 무분별한 번식과 질병 예방을 위한 중성화도 필요합니다.

§2. 예방접종

1. 시기

1차(6주) : 종합백신 1차 + 코로나 장염 백신 1차

2차(8주) : 종합백신 2차 + 코로나 장염 백신 2차

3차(10주) : 종합백신 3차 + 켄넬코프 백신(기관지염 백신)1차

4차(12주) : 종합백신 4차 + 켄넬코프 백신(기관지염 백신)2차

5차(14주) : 종합백신 5차 + 인플루엔자 백신 1차

6차(16주) : 광견병 + 인플루엔자 백신 2차

2. 종류

① 종합 백신 : 5회에 걸쳐 2주 간격으로 접종하게 되며, 디스템퍼(홍역), 간염, 파보장염, 파라인플루엔자, 렙토스피라증에 대한 예방입니다.

② 코로나 장염 백신 : 코로나 장염에 대한 예방입니다.

③ 켄넬코프 백신(기관지염 백신) : 마른기침으로 시작해 폐렴으로 발전하기 때문에 전염성이 매우 강하며, 한번 감염되면 치료가 오래 걸리는 질병입니다.

④ 인플루엔자 백신 : 인플루엔자는 노출 시 호흡기를 통해 100% 감염되기 때문에 미리 예방을 해주어야 합니다.

⑤ 광견병 : 생후 3개월부터 접종을 하며 모든 온혈동물에게 전파 가능한 질병으로 법정 2종 전염병에 해당합니다.

§3. 계절별 돌보는 법

1. 봄

봄은 생동하는 계절로써 야외활동이 많아지며 내. 외부 기생충에 대한 주의가 필요해 집니다. 털 관리 또한 여름털로 털갈이를 하는 시기이므로 매일 빗질을 해주어 털 관리를 해야 합니다.

2. 여름

① 반려견은 땀을 배출할 수 있는 경로가 없으므로 주로 혀를 내밀어 호흡을 통해 열을 식힙니다.

② 더운 날씨 탓에 털을 짧게 밀어주게 되면 뜨거운 직사광선에 피

부가 직접 닿기 때문에 피부가 상하게 됩니다.

③ 산책 또한 햇빛이 강한 낮보다는 비교적 선선한 아침이나 저녁에 하는게 좋습니다. 특히 여름철에는 반려견의 수분섭취에 신경을 써주어야 합니다.

④ 먹다 남긴 먹이는 상하기 쉽기 때문에 주의해야 하며, 장마철에는 특히 먹이 때문에 설사를 하는 강아지가 많기 때문에 평소보다 적은 양으로 횟수를 늘려 섭취하는 게 좋습니다.

3. 가을

지독한 더위에서 벗어나 식욕이 되살아나는 계절로 먹이를 자주 찾게 되는 계절입니다. 늦가을에는 겨울털이 돋아나는 털갈이 시기이므로 봄과 마찬가지로 매일 빗질을 해주어 털 관리를 해야 합니다.

4. 겨울

추운 겨울에는 강아지도 감기에 걸리는 계절입니다. 비교적 추위에 강한 동물이기는 하지만 잘 때는 따뜻한 담요를 깔아주는 게 감기를 예방하기에 좋은 방법입니다. 날씨가 추워져 전기담요나 난로와 같은 전자제품 사용이 잦게 되는데, 강아지의 감전이나 화상사고에 주의하여야 합니다.

§4. 올바른 먹이 선택 가이드

1. 질감

① 사료의 질감은 크게 건식과 습식으로 나뉩니다.

② 건식타입은 수분이 10%미만인 사료로 보존성이 높고, 사용하기 편리하며 비교적 가격이 저렴하다는 장점이 있습니다. 반려견의 치아 건강에도 많은 도움이 됩니다.

③ 습식타입은 수분을 많이 함유하고 있어 냄새가 강하고, 식감이

좋기 때문에 강아지들이 건식타입보다는 많이 좋아하는 편입니다. 딱딱하지 않아 노령견 등에게 적합한 사료입니다. 하지만 수분기가 많아 사료가 상하기 쉽 기 때문에 개봉 후 빠른 시간 안에 먹어야 합니다.

2. 기호성
강아지들 각자의 기호가 다르기 때문에 여러 가지 사료를 섭취시켜 본 후 잘 먹는 사료로 선택하는 것이 중요합니다.

3. 흡수율
사료의 성분함량이나 질보다 더욱 중요한 것이 바로 흡수율입니다. 무기질, 탄수화물 등의 기타 영양소가 많이 포함되며, 아무리 좋은 사료를 섭취하더라도 흡수율이 떨어진다면 영양불균형이 오게 됩니다.

4. 원료의 안정성
산업의 발전과 더불어 많은 종류의 프리미엄 사료들이 생산되고 있습니다. 원료의 질에 대한 문제로 시중 제품 구매 시 원료에 대한 정보를 알아보는 것도 중요합니다.

§5. 수명(연령표)
반려견의 평균 수명은 12년입니다. 하지만 견종에 따른 편차가 있으며 대체적으로 크기가 작은 반려견들의 수명이 큰 강아지에 비해 짧습니다. 반려견의 나이와 사람나이를 대략적으로 비교하여 살펴보겠습니다.

기준	반려견	사람
수유기	20일	0세
		1세
유아기	30일	2세
	60일	3세
소년기	80일	4세
	100일	5세
청년기	200일	10세
	300일	15세
	1년	18세
	1.5년	20세
	2년	22세
	3년	26세
	4년	30세
	5년	34세
장년기	6년	38세
	7년	42세
	8년	46세
	9년	50세
노년기	10년	54세
	11년	58세
	12년	62세
	13년	66세
	14년	70세
	15년	74세

§6. 급여해서는 안되는 음식

1. 초콜릿

초콜릿이 강아지에게 좋지 않다는 사실은 많은 분들이 알고 계실 것입니다. 초콜릿에 들어있는 독소는 테오브로민이라는 것인데, 이 성분으로 인하여 구토와 설사, 갈증과 심장에 부정맥을 일으킬 수 있습니다. 심한 경우 근육경련, 발작, 심장부정맥 등으로 강아지의 생명을 잃을 수도 있습니다.

2. 양파

양파는 강아지의 적혈구를 파괴시키는 독성작용이 일어납니다. 적혈구 파괴로 인해 빈혈증상이 생기며, 익힌 양파 또한 같은 증세를 일으킬 수 있으니 주의하여야 합니다. 증상으로는 구토, 설사, 식욕저하, 기력저하, 호흡곤란 등이 있으며, 심한 경우 생명에도 영향을 주게 됩니다.

3. 포도, 건포도

포도에는 신독성이 있어서 강아지에게 신부전을 일으켜, 포도 단 몇 알로 3~4시간 안에 강아지가 목숨을 잃을 수도 있습니다. 증상으로는 구토와 설사가 나타나고, 무기력과 식욕감퇴의 증상이 나타나게 됩니다.

4. 땅콩

땅콩이 들어있는 음식이나 땅콩 자체를 먹는 것은 강아지에게 치명적일 수 있습니다. 중독 증세로는 근육경련, 뒷다리 근육약화, 보행 이상 등이 나타날 수 있으며, 구토와 체온상승, 빠른 심장박동 등을 보입니다.

5. 카페인

카페인은 중추신경을 자극하여 많은 양의 카페인을 섭취할 시, 강아지를 바로 죽음으로 몰고 갈 수 있습니다. 증상으로는 초콜릿과 비슷한 설사, 구토, 근육경련, 출혈 등이 나타납니다. 커피, 홍차, 코코아, 초콜릿, 콜라 등에 카페인 성분이 함유되어 있기 때문에 주의하셔야 합니다.

6. 닭뼈

강아지에게 뼈를 주는 것은 자연스러운 행동으로 인식되어 있지만, 뼈는 소화기계에 걸릴 수 있고, 소화과정 중에 장기를 긁어 염증을 일으키기 쉽습니다. 때론 구멍이 뚫리는 천공까지 나타날 수 있어 강아지에게 뼈를 주는 행동을 주의하셔야 합니다.

§7. 연령별 성장과정

단계별	성장과정
1단계	- 신생아기 (출생 후 ~ 14일) - 미각과 촉각만 보유(미각과 촉각을 이용하여 모유를 먹음) - 체온조절이 매우 중요(동절기 출산직후 사망률 높음) - 어미견이 대소변을 처리해줌(모견이 혀를 이용하여 대소변을 처리 하여 먹음) - 생후 5일 이내에 사망률 높음(모견 출산 후 처리 및 포유미숙, 선천적 허약, 조산, 동사 등)
2단계	- 변화기 (15일~ 20일) - 눈을 뜸(생후15일, 처음에는 시각이 약시, 열등으로 보온 시에 시각에 좋지 않음) - 귀가 열림(생후20일, 소리에 반응을 보임) - 대소변을 본인의 의지로 봄(자견 스스로 구석진 곳에서 대소변을 봄)
3단계	- 사회화기 (21일 ~ 45일) 사람들과 사회화에 중요한 시기임, 손길에 긍정적으로 반응토록 할 것. - 21일-35일

	네발로 기어 다님(생후21-25일). 사람과 친숙해지려고 하는 시기로 떨어져 놀기 시작 - 반경이 좁음, 어미 먹이에 탐을 내고 이유식 하는 시기(생후 21-25일경) (팬 형태의 넓은 식기에 이유식을 먹임) 생후30일경부터 유치 중 앞니가 발달하기 시작함. - 36일-45일 모견과 격리하기에 최적기 · 자견용 사료를 건 사료 형태로 모견과 분리하여 먹임 · 자견들 사이에 서열싸움 시작: 반려견별 식기에 먹이를 줌 · 양질의 자견용 사료를 선택하여 1일 3-4회 급여함
4단계	- 아동기(46일 ~ 80일) · 호기심이 많고 물체에 대한 의구심이 생김 (행동반경이 넓음) - 7 ~ 8주 · 두뇌와 감각기능이 발달하기 시작하여 감정표시를 시작함 · 모견이 젖 주기를 거부함(유치 발달)
5단계	- 유년기 (10주 ~ 6개월) · 3~4개월경에는 경계심이 심하여 반려인과 낯선 이를 구별하고 낯선 이에게 쉽게 정을 주지 않음.(진돗개, 삽살개 분양 시 고려사항) - 습성이 반복과 경험으로 굳혀지는 단계이기에 칭찬과 교정을 분명히 해야 함 - 사람의 반응에 대하여 민감하게 반응하는 시기, 성품이 고정되어지는 시기 · 호기심이 왕성하고 성장이 완성되어지는 시기

6단계	- 청소년기(7개월~15개월) · 지적 호기심이 많고 환경적응능력이 좋아 본격적인 행동교정에 최적기(생후7~8개월경) - 사춘기로 성에 대한 관심이 많고 생식기능이 성립됨. (생후6~10개월 경) · 암캐 생후 9~10개월경 첫 발정
7단계	- 성견기(16개월~) · 가장 혈기왕성한 시기는 생후 2년부터 6년 사이임. · 견종에 따라 차이가 있지만 대형 견종의 경우는 중년의 연령은 7~8년으로 의욕과 운동력이 저하됨.
8단계	- 노년기(10년 이후~) 노령 견은 각종 질환에 노출되며 특히, 비만과 치아 질환, 백내장, 관절이상, 치매 등이 흔함. · 마스티프계열의 비만형 대형견종은 생후 8~9년부터 노령화되며 10년 이내에 사망하는 경우가 많음. · 소형견일수록 수명이 길고 15~16세가 되면 노령견이 되며 20년까지 장수하는 반려견도 있음.

§8. 하절기 질병관리

1. 열사병

① 열사병이란 체온의 급격한 상승으로 체온조절 불능상태로 되어 나타나는 질병이며, 일사병이란 체온의 상승과는 무관하게 머리에 직사광선을 받음으로써 뇌손상이 일어나는 질병입니다.

② 반려견은 온몸으로 땀을 흘리지 않습니다. 따라서 외부 온도가 급격히 올라가는 여름에는 입을 벌리고 혀를 내밀어 헐떡거리는 것으로 체내 온도를 조절하기 때문에 더위에 더욱 조심하여야 합니다.

③ 여름에 관리하기 편하려고 또는 반려견이 더울까봐 털을 완전히 밀어주는 경우가 있는데 이는 오히려 반려견에게 도움이 되지 않을 뿐만 아니라 옷을 입혀주지 않고 외출하거나 고온에 노출시 열을 직접 받음으로써 오히려 더 위험해 질수 있습니다. 따라서 적당한 털 길이와 적절한 반려견 휴식 장소는 항상 신경 써야 하는 부분입니다.

④ 예를 들어 반려견와 함께 차를 타고 외출한 뒤 반려인이 반려견을 잠깐 차에 두고 볼 일 보러 간다면, 요즘 같은 여름에 차 내부의 급격히 올라가는 온도를 견디지 못해 열사병으로 급사하는 경우가 발생할 수도 있습니다. 또한 털을 전부 밀고 따가운 햇볕 아래 장시간 세워둔다면 이 또한 일사병의 원인이 될 수 있습니다.

⑤ 열사병은 주로 위에 언급한 바와 같이 환기가 불량한 자동차 속에 방치하거나 통풍이 나쁜 장소에서 머물 때 발생하게 되며 급속한 체온 상승(40~42℃)과 함께 호흡곤란을 동반하게 됩니다. 이 증상이 지속되면 뇌손상 또는 신경손상과 더불어 기립불능, 경련 등이 발생하고 사망하게 됩니다.

⑥ 따라서 이 경우 가능한 신속하게 체온을 내리도록 하여야 하며, 냉수를 뿌려주거나 냉수를 직접 직장 내 관장하는 것도 도움이 되며, 적절한 응급처치를 위해 가까운 동물병원에 빨리 내원하는 것이 중요합니다.

2. 심장사상충

① 여름철 모기에 의해 매개되는 질병으로써 모기가 서식하는 모든 장소는 발병 위험이 있다고 할 수 있습니다.

② 이 심장사상충의 감염경로를 보면, 먼저 반려견의 심장 안에 살고 있는 성충이 반려견의 혈액으로 자충을 생산하여 보내고 이 혈액을 모기가 흡혈하여 모기 체내에서 다른 반려견에 감염될 수 있는 감염자충으로 성장합니다.

③ 이 감염자충을 보유하고 있는 모기가 다른 반려견을 흡혈할 때 그 반려견의 몸속으로 들어가 약 4개월 후 최종적으로 폐와 심장으로 이동하여 성충이 되며, 다시 자충을 생산하게 됩니다.

④ 이 심장사상충은 심장 내에 기생하기 때문에 나타나는 증상 또한 복잡합니다.

⑤ 감염초기의 경우 거의 증상이 나타나지 않으며, 서서히 가벼운 기침과 운동 시 쉽게 지치는 등의 변화가 나타나고, 체중이 감소하며, 털이 거칠어집니다. 심하면 식욕부진과 호흡곤란, 부종, 심한 기침 등의 증상이 나타날 수 있으며 손상장기에 따라 증상도 다양해지고 폐사에 이르기도 합니다.

⑥ 하지만 한 달에 한 번의 심장사상충 예방약으로 충분히 예방 가능하며, 감염 시에도 정도에 따라 치료가 가능하므로, 정기적인 예방과 세심한 관찰이 요구됩니다.

⑦ 만약 반려견의 나이가 생후 5개월 령 이상이고 심장사상충 투약을 한 번도 하지 않았으며, 여름을 지낸 적이 있으면, 예방약 투약에 앞서 반드시 심장사상충 감염여부를 동물병원에서 검사한 후 그 결과에 따라 투약하여야 합니다.

3. 외부기생충

① 여름에는 다른 계절보다 유난히 바깥 외출이 잦고 활동이 많은

계절입니다. 특히 휴가철을 맞아 우리 견공들이 반려인과 함께 산으로 들로, 또는 집 앞 산책로 등의 외출 후 반려견의 몸에 까만 점 같은 것이 다닥다닥 붙어있는걸 본적이 있을 것입니다. 이것은 진드기인데 반려견의 몸에 붙어 흡혈을 하므로 빈혈을 일으키거나 다른 전염성 질병을 옮기는 매개체 역할을 할 수 있습니다.

② 한편, 다른 반려견들과의 빈번한 접촉으로 반려견 옴이라는 피부병이 전염될 수 있는데 반려견 옴 역시 진드기의 일종으로 피부의 표피를 파고들어 알을 낳기 때문에 염증과 소양감(간지러움)이 심하게 나타납니다. 사람에게도 일시적이긴 하지만 감염될 수 있기 때문에 주의가 요구됩니다.

③ 이러한 진드기 등의 외부기생충은 많은 수가 정기적인 외부기생충약 투약으로 예방 될 수 있으며, 최근에 목덜미에 한번 바르는 것만으로도 예방효과가 한 달 이상 지속되는 약들도 출시되고 있어 반려견의 특성에 맞는 예방약을 동물병원에서 처방받아 사용하면 됩니다.

§9. 치아관리

① 생후 5개월 령부터 유치가 빠지기 시작하기 때문에 이빨이 빠져 피가 나기도 하므로 너무 놀라실 필요는 없습니다.

② 원활한 이갈이를 위해 껌이나 장난감 같이 씹으며 놀 수 있는 것을 주면 도움이 되며, 반려견 전용 치약과 칫솔로 양치질 훈련을 해주어야 합니다.

③ 양치질훈련은 처음부터 칫솔을 사용하기보다 헝겊에 손가락 검지를 끼워 반려견 입안에 넣고 치아를 살살 문질러주는 습관을 들인 다음, 서서히 칫솔사용을 하는 것이 스트레스가 적으며, 시중에 반려견들이 친숙한 닭고기 맛이 나는 반려견 전용 치약 등

이 시판되므로 이런 것을 선택해도 좋습니다.

④ 구취와 치과질환을 예방하기 위해서는 칫솔질뿐만 아니라 정기적인 스케일링이 필요합니다.

⑤ 또한 고기와 통조림 등의 간식 보다는 딱딱한 사료 위주의 식습관 정착과, 껌 또는 씹으면서 가지고 놀 수 있는 반려견 전용 장난감을 주어 유치의 탈락을 돕고 영구치가 자리 잡을 수 있도록 하여야 하며, 동시에 치석 발생을 억제하도록 해 줍니다.

§10. 질병관리 Q&A

Q. 평상시에는 잘 걷다가 가끔 다리를 절뚝거리며 들기도 해요.

A. ① 강아지가 파행을 보이는 이유는 매우 다양하므로 한 가지로 단정할 수 없습니다. 다리에 타박상을 입거나 심한 운동 중에 삐어서 일시적으로 며칠 정도 다리를 절거나 들고 다닐 수 있지만, 그 현상이 지속적으로 이어진다면 다른 질환을 의심해 봐야 하며 반드시 병원에 내원하여 골절 여부 및 인대, 관절의 이상 여부 등이 아닌지 확인하셔야 합니다.

② 어린 연령의 반려동물에서 뒷다리의 보행에 문제가 발생하는 경우에는 대부분 무릎관절과 골반관절의 선천적 이상인 경우가 많습니다. 또 급성장하는 시기의 강아지들에게 뼈의 성장과정 중에 원인불명으로 파행을 보일 수 있고, 노령견의 경우 사람과 유사한 퇴행성 관절질환이 존재할 수도 있는 등, 그 가능한 원인은 너무나 많으므로 동물병원에 내원하여 수의사의 진단을 받아보는 것이 바람직합니다.

③ 무릎관절의 경우 슬개골이 대부분 무릎관절의 내측으로 탈구되어 간헐적으로 혹은 지속적으로 뒷다리에 파행을 나타내거나 골반과 대퇴골과의 관절결합인 고관절이 저형성 되어 일어나기도

합니다. 이러한 원인들은 약물투여로 일시적인 효과를 볼 수는 있지만, 결국은 수술적인 교정만이 근본적인 해결방법입니다.

Q. 동물 등록 및 광견병 항체가 검사는 어디서 하나요?

A. ① 마이크로칩 이식은 국내의 경우 동물등록 대행업체로 등록된 동물병원 등에서 할 수 있습니다.
- 지역별 동물등록 대행업체는 www.animal.go.kr 에서 조회 가능합니다.

② 광견병 중화항체가 검사는 수출국 정부기관 또는 광견병 국제공인검사기관에서 선적 전 30일에서 24개월 사이에 실시합니다.
- 광견병 중화항체가 검사결과 0.5IU/㎖ 이상이어야 합니다.
- 광견병 국제공인검사기관은 다음 사이트에서 조회 가능합니다.

③ 국제공인검사기관
(http://ec.europa.eu/food/animal/liveanimals/pets/approval_en.htm)

Q. 강아지가 갑자기 밥을 안 먹는데 왜 안 먹는지 이유가 궁금해요.

A. 강아지가 밥을 먹지 않는데는 여러 가지 원인이 있습니다.

① 그중 가장 흔한 것은 바이러스나 세균성 전염병에 감염되었을 때, 식이성, 세균성, 바이러스성 장염에 걸렸을 때, 이물질을 섭식했을 경우 식욕 부진으로 이어집니다.

② 또한 계절적으로는 주로 여름철에 식욕부진이 오기 쉽고, 연령별로는 노령의 반려동물들이 식욕부진이 오는 경우가 많고, 특히, 임신 후, 출산 후에도 식욕저하가 흔히 나타나게 됩니다.

③ 따라서 단순히 밥을 안 먹는 것에 대한 명쾌한 해답은 있을 수 없으며 가장 중요한 사실은 갑자기 밥을 안 먹는다는 것은 명백한 신체의 이상신호라는 겁니다.

④ 모든 질병에는 각 질병의 특이증상이 따로 있지만, 이런 모든 질

병들의 공통적인 증상은 바로 식욕부진입니다.

⑤ 따라서 수의사의 올바른 진찰 없이 강아지가 왜 밥을 안 먹는지
에 대해서는 단적으로 설명할 방법은 없습니다.

Q. 심장사상충 겨울에는 안전할까요?

A. ① 일반적으로 심장사상충은 여름에만 검사하고 예방해야 하는
것으로 알고 있습니다. 하지만 1년 내내 관리해 주는 것이 좋습
니다. 특히 최근 이상기후 현상 및 실내 주차장, 보일러실 등의
증가로 모기가 겨울철에도 기생하기 때문에 겨울철에도 심장사
상충에 걸릴 수 있습니다.

② 심장사상충은 모기를 통해 자충이 동물의 체내로 들어가 6개월
간의 성장 기간을 통해 성충이 된 후 심장과 폐동맥 쪽으로 모
이게 되고, 그 곳에서 번식하여 많은 자충을 만들어 내면서 반려
동물의 몸에 해를 가하게 됩니다.

③ 여름철에 모기에 의해 심장사상충이 감염되었다면 그 모기는 겨
울철에 많은 자충을 배출하게 되는 거라고 생각하시면 됩니다.

④ 심장사상충 예방약은 자충이 성충으로 자라는 것을 막아주는 역
할을 합니다. 즉, 모기를 통해 반려동물의 몸속에 들어간 자충을
한 달에 한 번씩 예방약을 넣어줌으로 인해 몸속에서 사멸시키
는 겁니다.

⑤ 겨울, 날씨가 추워서 모기가 없을 것 같지만 매달 심장사상충예
방을 실시해야 하는 가장 큰 이유가 바로 이것입니다.

Q. 피부병이 생겨 계속 치료를 하는데도 잘 낫지 않는데요.

A. 피부질환은 다양한 원인을 가지고 있습니다.

① 크게 그 원인을 기생충, 세균, 곰팡이, 식이성, 내분비, 면역, 특
발성 원인으로 나눌 수 있는데 고질적이고 잘 낫지 않는 피부질

환은 보통 단독으로 질환이 발생하기 보다는 이러한 원인들이 동시 다발적으로 오는 경우가 많고 이러한 피부는 피부 고유의 기능을 상실하여 쉽게 질병에 노출되고 완치가 어렵게 됩니다.

② 가장 중요한 것은 근본적인 원인을 제거하는 것입니다. 하지만 이렇게 합병 증상으로 피부질환이 왔을 경우, 특히 식이성, 내분비성, 면역성의 원인이 복합적으로 왔을 경우에는 완치가 어려운 경우가 많습니다.

③ 보호자가 보통 완치가 되었다고 생각했더라도 신체 상태, 계절 요인, 알러지원 등에 대한 노출여부에 따라 재발하는 경우가 많습니다.

④ 한번 파괴된 피부의 고유기능은 그 기능을 회복하는데 많은 시간과 노력이 필요하고 때때로 다시는 그 기능을 회복할 수 없는 경우도 발생하게 됩니다.

⑤ 따라서 지속적인 관심을 두고 반려동물의 피부에 증상이 나타나면 초기에 치료를 하여 질병이 진행되는 것을 막는 것이 중요합니다.

Part G. 반려묘 건강상식

§1. 기본상식
① 고양이의 적정 체중은 일반적으로 생후 2개월에 520~800g, 생후 6개월 정도는 1,800~2,600g입니다.
② 작은 고양이는 성묘가 됐을 때 3~4kg, 중대형묘는 4~6kg정도 됩니다.
③ 고양이는 먹는 양에 비해 개보다 운동량이 적기 때문에 살이 찌기 쉽습니다.
④ 고양이 살을 빼기 위해서는 운동량을 늘리고, 사료의 양과 칼로리를 줄이는 방법이 있습니다.

1. 섭취 열량 조절하기
① 건강관리의 기본은 사료량을 조절하는 방법입니다.
② 중성화를 하였다면 체중 조절을 위한 다이어트 사료를 바꾸어 주면 체중관리에 도움을 줄 수 있습니다.
③ 고단백, 저탄수화물, 저지방의 사료를 섭취하게 되면 건강을 해치지 않고 체형을 조절할 수 있게 됩니다.

2. 간식 조절하기
① 간식은 적은 양일지라도 칼로리가 높습니다.
② 간식을 끊기 힘들다면 서서히 줄여가는 것이 좋습니다.
③ 고양이가 먹이로 인한 스트레스가 생길 때에는 장난감으로 놀아주고, 활동량을 늘려주는 것이 효과적입니다.

3. 운동량 늘리기

먹는 양에 비해 운동량을 늘리게 되면 살이 빠지는 건 당연하겠죠. 하지만 강아지와 다르게 고양이는 산책을 할 수 없기 때문에 실내에서 장난감으로 많이 놀아주고, 캣 타워를 이용하여 운동을 시켜주는 것이 좋습니다.

4. 수의사 상담

반려묘의 건강진단부터 비만의 원인, 식단 조절까지 도움을 줄 수 있기 때문에 수의사 상담을 먼저 받는 것이 좋습니다. 반려묘의 건강상태를 확인 후, 무리한 식단조절이 아닌 적절한 영양공급과 운동으로 건강관리에 성공할 수 있습니다.

§2. 예방접종

1. 시기

1차 (9주) : 종합백신
2차 (12주) : 종합백신 예방접종
3차 (15주) : 종합백신 + 광묘병 예방접종
추가접종(1년마다) : 종합백신 + 광묘병 예방접종

2. 종류

① 종합 백신 : 종합백신은 1차(생후 9주), 2차(생후 12주), 3차 (생후 15주), 3주 간격으로 3차까지 접종 후, 매년 1회씩 추가로 접종을 합니다. 범백혈구 감소증, 전염성 비 기관지염, 클라미디아, 칼라시 바이러스를 예방합니다.

② 광묘병 : 예방접종광묘병 예방접종은 16-18주에 1회 접종 후, 6개월에서 1년 사이로 한 번씩 추가접종을 해야 합니다.

§3. 계절별 돌보는 법

1. 봄

4-6월에는 봄의 털갈이 시기라고 볼 수 있습니다. 두꺼운 겨울털이 빠지고 가벼운 여름털이 나오는 시기로, 빗질을 자주 해주어 털 관리에 더욱 신경을 써주어야 합니다. 날씨가 좋아 고양이의 몸도 안정적인 계절이므로 건강검진 및 예방접종을 실시하는 것도 좋습니다.

2. 여름

장마철 곰팡이가 생기기 쉬운 날씨로 사료와 물의 위생적인 관리에 신경을 많이 써야 합니다. 상한 음식을 먹지 않도록 먹다 남은 사료는 즉각 버리셔야 합니다. 너무 더운 날씨로 인하여 열사병에 걸리기 쉬우니 쿨매트를 활용하는 것도 좋은 방법입니다. 벼룩이 증가하기 때문에 벼룩 발견 시 구충제를 먹이고 청소를 깨끗이 해주어야 합니다.

3. 가을

10월-12월에는 가을 털갈이를 하는 시기로, 가벼운 여름털이 빠지고 두꺼운 겨울털이 자라나오는 시기입니다. 봄철과 마찬가지로 빗질을 자주 해주어 털 관리에 많은 신경을 써야 합니다. 식욕이 증기하는 시기로 사료의 양을 갑자기 늘리지 말고, 필요한 열량만큼 급여해주는 것이 중요합니다. 또한 감기에 걸리기 쉬운 계절이므로 예방접종도 해주는 것이 좋습니다.

4. 겨울

추운 날씨로 인해 물을 섭취하지 않는 고양이를 위해 사료를 불려주는 등의 수분섭취에 대한 관리가 필요합니다.

§4. 올바른 먹이 선택 가이드

1. 건식, 습식

① 건식사료는 모든 재료를 혼합한 후 수분이 없는 알갱이 형태로 보관이 쉽고, 고양이의 치아 발달에 도움이 됩니다.

② 습식사료는 익힌 고기나 생선 조각이 들어있는 형태로, 대부분의 고양이는 물을 잘 먹지 않기 때문에 습식사료를 먹이는 것도 좋습니다. 하지만 치석이 생기기 쉽고 변이 물러질 수 있으니 주의가 필요한 사료입니다.

2. 성장별 선택

① 자묘, 성묘, 노령묘용으로 나뉘는 사료가 많이 있으니, 반려묘에 맞는 적정한 사료의 선택이 중요합니다.

② 자묘용 사료는 영양이 성묘 사료보다 많고 열량도 높으며, 2~12개월의 고양이에게 먹이는 것이 좋습니다.

③ 성묘용 사료는 12개월 이상의 고양이에게 먹이는 사료로 교체를 해주어야 하고, 노령묘용 사료는 생후 7년 이상 된 고양이가 섭취하는 사료로 교체해 주어야 합니다.

3. 기호성

반려묘 각자의 기호가 다르기 때문에 여러 가지 사료를 섭취시켜 본 후 잘 먹는 사료로 선택하는 것이 중요합니다.

4. 흡수율

사료의 성분함량이나 질보다 더욱 중요한 것이 바로 흡수율입니다. 무기질, 탄수화물 등의 기타 영양소가 많이 포함되며, 아무리 좋은 사료를 섭취하더라도 흡수율이 떨어진다면 영양불균형이 오게 됩니다.

5. 원료의 안정성

산업의 발전과 더불어 많은 종류의 프리미엄 사료들이 생산되고 있습니다. 원료의 질에 대한 문제로 시중 제품 구매 시 원료에 대한 정보를 알아보는 것도 중요합니다.

§5. 수명(연령표)

① 보통 반려묘의 수명은 평균 15년 정도입니다. 하지만 묘종에 따라 편차 는 있으며, 무려 30년 이상 사는 장수 고양이도 있습니다.
② 반려묘는 어릴 때 성장이 매우 빠르고, 사람보다 빠른 성장속도를 보입니다. 반려묘의 나이와 사람나이를 대략적으로 비교하여 살펴보겠습니다.

기준	반려묘	사람
유아. 소년기	1개월	3세
	2개월	5세
청년기	3개월	6세
	6개월	10세
	9개월	14세
	1년	16세
	2년	24세
	3년	28세
	4년	32세
	5년	36세
장년기	6년	40세
	7년	44세
	8년	48세
	9년	52세
	10년	56세
노년기	11년	60세
	12년	64세

13년	68세
14년	72세
15년	76세
16년	80세
17년	84세
18년	88세
19년	92세
20년	96세

§6. 급여해서는 안되는 음식

1. 날 음식

익히지 않은 육류에서 발견되는 살모넬라 박테리아는 장내의 이상을 일으키며 심한 복통을 유발할 수 있습니다. 충분히 가열하여 익히면 살모넬라 박테리아를 사멸시킬 수 있으므로, 익힌 고기와 생선을 먹이는 것이 좋습니다.

2. 뼈

반려묘가 뼈를 먹게 되면 목에 걸릴 수 있고, 위벽이나 장기의 벽을 찌를 수 있기 때문에 위험합니다. 크고 단단한 뼈를 씹다가 고양이 치아가 부러지거나 위벽에 천공을 낼 수 있으니 주의하여야 합니다.

3. 초콜릿

초콜릿에 함유되어 있는 oxalic acid는 칼슘의 체내 흡수를 방해합니다. 디오브로민 성분 또한 고양이에게 유독성분으로 발작을 일으킬 수 있고, 심할 경우 죽음에 이를 수 있습니다.

4. 날계란

살모넬라 감염증이나 기생충에 감염될 가능성이 있으며 췌장염에 걸릴 수도 있으니, 꼭 익혀서 먹여야 합니다.

5. 토마토

토마토의 솔라닌 성분은 고양이에게 치명적입니다. 솔라닌은 스테로이드 알칼로이드의 일종으로 적혈구를 파괴하는 독소이기 때문에 주의하여야 합니다.

6. 양파

고양이는 양파를 먹게 되면, 양파의 티오황산염 성분 때문에 용혈성 빈혈이 생기게 됩니다. 심한 경우 고양이가 죽음에 이를 수도 있으니 주의하여야 합니다.

§7. 질병관리 Q&A

Q. 고양이인데 광견병 접종이 필요한가요?

A. ① 사람은 주로 너구리, 오소리, 족제비 등의 광견병 바이러스를 가지고 있는 동물에게 물려 발생하며, 사람·개·고양이 등 모든 온혈동물은 광견병에 감염될 수 있습니다.

② 사람에게 광견병을 일으키는 가장 주된 원인은 집에서 기르는 개·고양이이며, 국내에서는 1999년부터 2004년까지 6명이 광견병에 감염되었고, 2012년 4월에는 한강 이남지역에서는 13년 만에 처음으로 경기도 화성 지역에서 광견병에 감염된 개가 발견된 바 있습니다.

Q. 중성화 수술은 꼭 해야 하나요?

A. ① 반드시 해야 하는 것은 아니지만 그 이점을 따져본다면, 번

식을 원하지 않는 경우라면 해주어야 할 수술이라고 할 수 있습니다.

② 수컷의 경우 4개월부터 수술이 가능하며 예방접종이 끝난 후 항체가 검사에서 충분한 항체가가 형성되었을 때 중성화수술을 실시합니다.

수술을 한 경우 나이가 들어가면서 많이 생기는 전립선염, 전립선비대, 고환질환 등과 같은 비뇨기계의 질병을 예방하게 됩니다. 또한 성격이 많이 온순해지고 수컷 특유의 오줌을 뿌리는 행동과 같은 나쁜 배뇨 습관을 고칠 수 있으며 오줌의 악취를 줄여줍니다.

③ 암컷의 경우 예방접종이 끝나는 4~5개월 령이 적절하며 첫 생리 이전에 수술을 하여야 유방암이나 생식기의 질병을 크게 예방할 수 있습니다. 나이가 들면서 비뇨생식기계에 질환이 생기게 되는데, 특히 자주 발생하는 난소암이나 자궁암, 자궁내막염, 자궁축농증, 유방암과 같은 질환을 예방할 수 있는 장점이 있습니다.

④ 수컷이나 암컷에게 발정의 시기는 스트레스를 많이 받는 시기로 교배가 이루어지지 않을 경우 심한 감정적인 변화나 식욕부진 등의 증상을 나타내며 때로는 상상임신(임신이 되지 않았음에도 임신과 동일한 증상을 보임) 등의 상태도 겪을 수 있는데, 중성화수술로 이러한 증상을 예방할 수 있습니다.

Q. 보호자가 미리 알아야 할 고양이 건강검진 체크 사항

A. 동물 병원에 가면 수의사는 고양이에 대한 신체 검사를 꼼꼼히 해서 이상이 의심되는 부분을 찾아내지만, 사랑하는 고양이의 건강을 지키기 위해서 보호자가 해야할 몫이 큽니다. 기본적으로 보호자는 고양이가 정해진 날짜에 접종을 받았는지, 기생충에 대한 예방은 되어 있는지 확인해야 합니다.

다음은 매년 확인해야 하는 건강 체크 항목입니다.

1) 예방 접종 상태 (Vaccination)

① 모든 고양이는 광견병, 고양이 백혈병 (FeLV), 고양이 면역결핍 바이러스 감염증 (FIV)에 대해 예방 접종을 해야 합니다. 또, 원한다면 고양이 칼리시바이러스 (calicivirus), 고양이 장염 (feline enteritis), 고양이 클래미디아 (Chlamydia) 에 대해서도 예방 접종이 가능합니다.

② 예방 접종은 고양이의 건강을 유지하는데 필수입니다.

많은 고양이 질병들이 매우 전염력이 높고 치료하는데 비용이 많이 듭니다. 고양이 백혈병과 고양이 면역결핍 바이러스 같이 만성적으로 병을 일으켜 아주 오랜 시간 동안 치료해야 하는 경우도 있습니다. 전염성 질병이 생명을 위협할 수 있으므로, 예방 접종으로 완벽하게 예방하는 것이 추천됩니다.

2) 체중과 전신 상태

① 수의사는 기본적인 신체검사를 합니다.

② 체중과 체온을 재고 복부를 촉진해서 배 안에 이상 여부를 확인하고 구강과 치아, 귀, 눈을 검사합니다.

③ 보호자는 고양이의 체온과 체중이 정상적으로 유지되고 있는지 알아야 합니다.

3) 심장 박동수와 호흡수

① 동물병원에 가면 청진기로 심장 박동수와 호흡수를 측정합니다. 다 자란 고양이는 심장이 분당 145-200회 정도 뜁니다. 하지만, 어린 고양이는 200회 이상 뜁니다.

② 호흡수는 다 자란 고양이는 분당 20-40회, 어린 고양이는 15-35회 정도 입니다.

4) 기생충 구제

① 기생충이 감염되었는지 확인합니다.

벼룩과 귀 진드기는 귀 안쪽으로 갈색의 찌꺼기를 만들며, 고양이가 머리를 흔들고 귀를 손으로 긁는 증상을 보입니다. 장내에도 기생충이 있는지 확인합니다. 분변을 가지고 동물병원에서 검사를 받는 것도 좋은 방법입니다.

② 기생충에 감염되면 비교적 치료는 쉽습니다. 하지만, 기생충에 감염되는 것을 예방하는 것이 더 효과적입니다.

③ 특히, 심장 안에 사는 심장사상충은 예방이 매우 중요한데, 심장사상충에 감염되면 치료도 매우 어렵고 죽을 수도 있는 무서운 병이기 때문입니다.

5) 행동과 성격

① 행동과 성격에 변화가 있는지를 수의사에게 알려주는 것이 건강 검진에 도움이 됩니다.

② 행동이나 성격이 변한 것으로 심각한 질병에 걸린 것인지 힌트를 얻을 수 있기 때문입니다.

6) 치과 치료

① 치아 이상이나 잇몸에 염증이 있는지 체크합니다.

치아가 빠졌는지, 부러졌는지도 확인합니다. 고양이는 적어도 일년에 한 번은 동물병원에서 마취하고 스켈링과 치아 검진을 받아야 합니다. 이렇게 하면 치석이 생기는 것을 예방해 잇몸 염증(치주염)이 생기는 것을 예방할 수 있습니다.

② 치료하지 않고 방치하면, 치은염이 더 악화되어 치주염(잇몸과 주변 조직에 모두 염증이 생기는 병)으로 진행합니다.

③ 세균이 감염되어 다른 부위로도 퍼질 수 있어 예방해야 합니다.

7) 노령 고양이의 경우

① 만일 노령 고양이라면, 그에 맞는 성인병 체크가 필요합니다.

노령 고양이는 내장 이상, 관절염, 귀먹음, 시력이 떨어지거나 없어지는 실명 증상, 기억력 감소, 치매가 발생할 수 있습니다.

② 자세한 내용에 대해서는 수의사 선생님과 상담이 필요합니다.

Q. 고양이는 어느 시기에 발정하나요?

A. ① 암고양이는 생후 5~11개월정도에 최초의 발정을 시작합니다. 계절적으로 여러번 발정이 옵니다. 장모 품종보다 단모 풍종의 고양이가 일반적으로 성성숙이 빨리 온다고 알려져 있답니다.

② 발정한 암고양이의 호르몬 냄새는 꽤 먼 곳까지 퍼지므로 어떤 집에서는 숫고양이만 키우고 있다 하여도 어딘가의 암고양이가 발정을 했다면 숫고양이도 그 영향 때문에 발정을 합니다.

③ 암고양이가 발정하는 계절은 정해져 있어 그 시기를 발정기라고 하는데 최대의 발정기는 2월쯤 이른 봄이며 다음으로 큰 발정기는 9월쯤이지만 2월과 9월사이인 4월-7월 에도 작은 발정기가 있습니다. 즉, 1월-3월, 4월-7월, 8월-9월에 발정이 여러번 오며 한번 발정이 오면 7-10일 간 지속되며 2-3주 후에 발정이 다시 올 수 있습니다.

④ 암고양이가 발정이 오면 숫고양이를 찾는 등 고양이가 안절부절 못하며 "야옹"하며 자주 울고 밖에 나가 교미를 위한 기회를 찾으려 하고 사람의 다리나 팔에 몸을 자주 문지르는 행동을 합니다. 또한 소변을 자주 누고, 고양이의 등이나 꼬리 부위를 손으로 살짝 문지르면 고양이는 엉덩이를 들고 꼬리를 살짝 옆으로 비껴 줍니다. 낯설은 숫고양이가 집주위를 서성이는 것도 하나의 표시가 될 수 있습니다.

⑤ 고양이가 갑자기 발정증상을 멈추거나 3 주 이상 이 되어도 발정이 다시 오지 않을 경우에 는 고양이 임신을 의심할 수 있으며 임신기간은 약 9주입니다. 고양이는 교미를 하면 그 자극으로 배란하는 동물로, 거의 확실히 임신합니다.

⑥ 교미 후 24시간 정도내에 수정과 착상이 이루어져 임신을 하게

되며, 임신을 하면 발정은 진정되고, 임신기간에 들어가게 됩니다. 교미를 하지 않은 고양이는 발정상태가 7-10일 정도 계속되어 진정되지만, 2~3주가 지나면 또 발정상태가 됩니다. 발정기에는 이처럼 2~3회의 발정상태를 반복한다.

⑦ 한편, 숫고양이는 가까운 곳에 발정한 암고양이가 있는 한 숫고양이의 발정상태는 계속됩니다. 숫고양이는 성(性)성숙후는 언제라도 발정가능한 상태가 됩니다.

Part H. 반려동물과의 교감과 예절

§1. 사람과 동물과의 유대

1. 정의

인간과 동물 사이의 끈끈한 상호작용과 감정을 말합니다. 인간의 가장 가까운 곳에 있는 반려동물인 개나 고양이가 가장 끈끈한 유대를 가지고 있을 것이며, 오늘날 인간과 동물의 유대는 개나 고양이 같은 반려동물들 뿐만 아니라 말이나 돌고래 같은 다양한 동물 종에서도 접촉하는 인간과 동물 간에 이루어지고 있습니다. 인간과 동물의 유대를 한 단어로 표현하자면 '얽음'이라고도 표현할 수 있을 것입니다.

2. 반려동물이 주는 정신 건강 향상 효과

① 여러 연구 결과들이 반려동물들과의 상호반응이 사람의 정신 건강 향상에 도움을 주는 것으로 보고하고 있습니다.
② 반려동물 돌보기와 같은 작은 활동을 통하여 성취감이나 자아존중감 향상, 스트레스 감소, 우울감 감소, 불안감 감소, 신체의 변화에 대한 적응력 증가 등과 같이정신 건강에 이점을 주는 효과들이 유도된다는 것입니다.

3. 마음의 문을 열게 하는 반려동물

① 정신분석학 분야에서 저명한 오스트리아의 지그문트 프로이트 박사는 환자와의 심리치료를 실시할 때 자신의 반려견 조피와 함께 한 것으로 알려져 있습니다.
② 치료 세션을 진행할 때, 조피가 한 쪽에 가만히 앉아 있는 것만으로도 치료실 안의 긴장 분위기를 감소시키고 환자들이 쉽게 마

음을 열게 하여 치료 효과를 높여주는 역할을 했기 때문입니다.

4. 전 연령층의 정신 건강에 도움을 주는 반려동물

① 사람과 동물 간의 관계를 연구하는 학술지인 'Society & Animals'에 발표된 연구 결과에 따르면 정신 건강의 정도를 평가하는 고독감 같은 지표를 반려동물이 개선할 수 있다고 합니다.

② 호주 서부에 거주하는 339명을 대상으로 조사한 결과 반려견 기르기가 사회적 교류와 호의 주고받기, 시민적 참여, 근린에 대한 호의적 인식, 커뮤니티 인식의 증가에 도움을 준다고 밝혔습니다.

③ 캘리포니아대학 데이비스 캠퍼스 수의과 대학 연구진이 발표한 연구 결과에 따르면 반려견을 기르는 노년층은 '사회적, 정서적, 신체적 상태에 대한 불만이 현저하게 낮다'고 합니다.

④ 노년층뿐만 아니라 어린이들도 반려동물을 키우는 환경에서 신체 건강과사회성 및 정신 건강에 도움을 받습니다.

⑤ 미국 질병관리 본부에서도 반려동물을 키우는 것이 아이들의 정신 건강에 도움이 될 뿐 아니라 자존감도 높여 준다고 발표한 바가 있습니다.

5. 주인을 향한 무조건적인 사랑이 정신 건강에 도움을 줍니다.

① 인간의 가장 기본적인 욕구는 상대방으로부터 사랑 받고 싶은 마음이라 할 수 있는데, 주변의 사람들로부터 조건 없는 사랑을 받기란 여간 어려운 일이 아닙니다.

② 대인 관계에서 사람들은 무의식 중에 늘 상대방에게 잘 보여야 한다는 생각과 평가 받고 있다는 강박관념에 일종의 긴장 상태를 유지하고 있습니다.

③ 반려동물들은 그들의 주인에게 무조건적인 애정과 사랑을 보여주기 때문에, 반려동물과의 상호작용은 사람들과의 일상에서 느끼는 다른 사람들로부터 거부되거나 부정적 비판을 받을 수 있다는 불안감과 스트레스를 해소시켜줄 수 있습니다.

④ 또한 반려동물은 다른 사람에게 털어놓기 어려운 비밀을 나눌 수 있는 친구가 되며 슬픔을 나눌 수 있는 친구가 될 수 있어 결과적으로 정신 건강에 도움을 줍니다.

6. 동물교감치유

① Animal-assisted activity (AAA)와 animal-assisted therapy (AAT)의 목적은 사람과 동물의 유대(human-animal bond, HAB)를 통하여 환자의 질병을 개선 및 보완 또는 대체 요법의 효과를 얻는 것입니다.

② 심각한 질병에 시달리며 병원에 입원한 환자의 경우에 그들의 무료한 일상생활의 탈출로서 AAA/AAT 활동 동물들은 매우 중요한 의미를 부여하며 '희망과의 연결'로서 서술되어지기도 합니다.

③ AAT는 지각 능력 및 사회성 향상을 비롯한 신체 및 정신에 끼치는 이점을 가지고 있으며, 환자에게 집중력 및 가동성, 대화능력, 감정조절 능력을 향상시키고 상황을 바르게 인식하는 능력인 정위력을 개선하는 것으로 알려져 있어 소아부터 노인까지 모든 환자들에게 적용될 수 있는 보조 치료법으로써 또한 각종요양소에서 적용되고 있습니다.

§2. 반려견 예절

반려견은 보호자와의 유대감 형성과 사회화 학습을 통해 인간사회에 보다 안정적으로 적응할 수 있습니다. 보호자는 반려견의 학습을 위해 심리상태와 의사표현 방식을 올바르게 이해하여 반려견에게 적절한 도움을 줄 수 있어야 합니다.

1. 반려견의 사회화

반려견의 사회화란 감각기관이 발달하는 생후 2주부터 주변 환경에 대해 배우고 살면서 필요한 경험과 대처법을 터득하는 과정을 말합니다. 특히 생후 3주~14주는 일상의 자극에 대한 반응의 형태을 형성하는 중요한 역할을 하기 때문에 사회화 훈련 이 꼭 필요한 시기입니다.

① 입양 시 모견 및 형제견과 충분한 시간을 보낼 수 있도록 입양 시기를 결정합니다.

② 어린 강아지를 입양한 보호자는 빠른 시일에 다양한 자극에 대한 사회화교육 계획을 수립해야 합니다.

③ 사회화 교육은 보상을 활용 하는 등 긍정적인 방법과 상황에서 수행해야 합니다.

2. 반려견과 규칙 만들기

① 반려견은 반복과 보상을 통해 규칙을 습득 할 수 있습니다. 특히 기다리기 규칙은 반려견을 보다 차분하고 안전하게 행동하도록 도와줍니다.

② 기다리기 규칙은

1. 산책 전 현관문 앞에서,

2. 엘리베이터 탑승 시,

3. 건널목에서 적용하면 좋습니다.

③ 반려견과 만들 규칙을 정합니다.

④ 반려견이 규칙과 관련된 행동 시 보상합니다.

⑤ 반복적인 상황연출과 규칙 행동에 대한 보상을 통해 규칙을 강화합니다.

3. 반려인이 지켜야 할 예절(펫티켓)

공공장소에서는 반려견 보호자의 예절(펫티켓)이 더욱 요구된다.

① 반려견의 배설물 직접 수거 하기

 - 대변 수거를 위한 용품(봉투, 휴지, 비닐장갑 등)챙기기

② 상황에 따라 적정 길이로 리드줄(목줄)을 조정하여 반려견 보호·관리하기

 - 짧게 조정 : 주위에 사람·동물 또는 차량 통행이 많을 때, 좁은 공간에서 등

 - 길게 조정 : 반려견의 안전한 활동이 보장된 장소

③ 엘리베이터에서 펫티켓

1. 리드줄(목줄) 등 안전조치 후 탑승하기

2. 동승자가 있다면 탑승 전 괜찮은지 의견 묻기

3. 동승자가 있는 경우 반려견을 벽 쪽으로 하고 보호자가 가로막아 사고 예방하기

4. 반려견이 탑승, 하차 시 달려들지 않도록 교육하기

5. 탑승, 하차 시 반려견이 완전히 탑승 및 하차하였는지 확인하기

§3. 반려묘 예절

보통 반려묘의 행동교정에 대해서는 사람들이 반려묘의 기본적인 습성에 만족하며 살기 때문에 추가 행동교정에 대한 필요성을 느끼지 못합니다. 하지만 반려묘도 행동교정이 제대로 되어 있다면 사람과의 유대관계가돈독해지고, 행복하게 살아가기 위한 지름길이 될 것입니다.

1. 사회화 행동교정

① 사회화 행동교정 방법은 자묘 때부터 사람에게 익숙해지도록 만

들어야 한다는 것입니다.

② 하루 일정 시간을 안고 쓰다듬어 주며 놀아주면 사람과 접촉을 두려워하지 않고,

③ 쾌활하고 온순한 성격의 고양이로 성장할 수 있습니다.

2. 배변 행동교정

흙이나 모래에 구덩이를 파고 배변을 본 후, 묻는 본능적인 습성이 있어 자연스러운 배변 행동교정이 가능합니다.

3. 중성화 수술

반려묘는 발정기가 되면 암, 수가 매우 심하게 울어댑니다. 이웃간의 다툼의 소지가 있고 발정기에 자주 분실되는 경우가 많아집니다. 무리한 번식 등을 막기 위해서도 중성화 수술을 권장하고 있습니다.

§4. 예절교육 정보

1. 실내에서 절대 대소변을 보려하지 않을 때 교정방법

① 실내에서 대소변을 보지 않기 때문에 하루에도 몇 번씩 반려견을 데리고 밖으로 나가기가 힘들어요. 비가 오나 눈이오나 늘 날씨와 관계없이 나가려하니 어렵습니다.

② 대소변을 실내가 아닌 실외에서 보던 반려견은 실내에서는 잘 보려 하지 않습니다. 그 이유는 실내보다 실외에서 충분한 배변을 하기 때문입니다. 실내에서 70%정도 배변을 한다면 실외에서는 90%이상 배설을 하기 때문에 실내에서는 참게 되는 것입니다.

③ 실내에서 변을 다시 보게 하기 위해서는 한번 변을 보기 전 까지는 외출을 삼가시기 바랍니다. 처음 시작할 때 평상시보다 반려견이 좋아하는 간식이나 사료량을 늘려주세요. 배가 부르도록

만들어 주는 것은 조금 더 빠른 시간에 변을 보도록 유도를 하는 것입니다. 먼저 실내의 화장실 공간을 만들어 주세요. 그래야 실내에서 화장실 교육이 실패하지 않습니다. 화장실을 정한 뒤 화장실공간에서 생활을 하도록 합니다.

④ 교육 중에 거실과 방에 반려견을 꺼내서는 안 됩니다. 그리고 하루 이틀 지나도 대소변을 보지 않으면 짖거나 침을 흘리거나 불안해하는 행동을 합니다. 그리고 변을 참게 되면 변비가 걸리기도 합니다. 이때 아랫배 마사지와 자극을 통해서 변비도 예방하고 대소변도 빨리 보도록 유도할 수 있습니다. 보통 오래 변을 참는 경우 2~3일 정도 참기도 하지만 자극을 주면 좀 더 빠르게 대소변을 보게 됩니다. 한번 변을 보기 시작을 하면 그 다음부터는 자연스럽게 변을 보게 됩니다.

⑤ 변을 보기 시작을 한다고 해서 바로 실외로 반려견을 데리고 나가면 안 됩니다. 몇 일간 반복을 하고 실내에서 대소변을 보고난 후에 하루에 1~2 번 정도 산책을 시켜 주도록 합니다.

⑥ 처음이 중요합니다. 한번 시작하면 그다음에는 자연스럽게 행동으로 옮겨집니다. 2~3일정도 하다가 포기하지 마시기 바랍니다. 반려인이 강하게 마음을 갖는다면 배변교육은 해결이 가능합니다.

2. 여기저기 소변을 보고 다닐 때 교정방법

① 소변을 여기저기 보고 다녀서 온 집안에 냄새가 배고 있는 것 같아 고민 입니다. 소변을 보는 것을 고치는 방법이 없을까요?

② 반려견들의 본능 중에 마킹행동은 영역표시는 물론 자기의 힘을 나타내는 것이기도 합니다. 어린 자견시기에 화장실 훈련교육을 실패를 하였다면 다시 교정을 하기는 쉽지 않습니다.

③ 훈련교육 중에 소변가리는 교육이 제일 어렵기 때문입니다. 소변을 보는 순간에 강하게 반려견을 통제를 하거나 제재를 통해서

소변을 보지 못하도록 하는 방법도 있지만 대부분 사람이 없을 때 행동을 많이 하므로 현장을 체크하기가 어렵습니다.

④ 마킹이 심하거나 반려견을 두 마리 이상 기를 때 수컷용 소변 판을 만들어서 반려견이 마킹하는 공간에 설치하면 도움이 됩니다.

⑤ 수컷용 소변 판 만드는 방법

나무판. 기둥 .망치. 못. 패드. 고무줄. 1.5 리터 패트 빈병. 얇은 나무판을 A3 용지 크기 정도로 판을 만들고 그 위에 기둥을 만들어 세워 줍니다. 기둥높이는 50센티 정도입니다. 다른 방법으로 빈 페트병에 물을 가득 채워 쓰러지지 않도록 한 후 패드를 물병에 감아주고 고무 밴드로 아랫부분과 윗부분을 고정시켜줍니다. 바닥에 패드 한 장을 깔아주시고 그 위에 페트병을 올려놓습니다.

3. 화장실을 이용한 대소변 교육방법

① 준비물

육각 장. 배변 판. 신문이나 배변 패드. 밥 그릇. 물그릇

화장실 공간 앞에 거실의 공간을 육각 장으로 연결을 합니다.

② 거실 쪽으로는 반려견이 언제든지 들어갈 수 있도록 문을 개방시켜 줍니다. 반려견들은 본능적으로 사람과 가까운 곳에서 노는 습성을 갖고 있기 때문에 거실과 가까운 곳에 반려견집을 설치를 해주시기 바랍니다.

③ 반려견집 옆에는 반려견이 먹을 수 있는 밥그릇 과 물그릇을 설치하고 패드를 설치를 할 때는 거실에서 가장 먼 곳에, 넓게 패드를 깔아 주시기를 바랍니다. 거실과 가까운 곳에 깔아 주면은 대소변을 보고 난후 발로 밟고 다니는 경우가 있습니다.

④ 반려견은 본능적으로 지면보다 높을 곳을 좋아하기 때문에 약간

높은 단상을 만들어 주는 것도 좋은 방법입니다.

⑤ 먹이를 주는 시간은 아침저녁 시간을 정해 주시고 먹이를 먹는 시간은 3~5분 안에 먹을 수 있도록 합니다. 정해진 시간 안에 먹지 않으면 먹이는 바로 치워 주도록 합니다. 먹지 않은 사료는 다음 식사 시간으로 옮겨 주세요.

⑥ 화장실 교육을 시키는 동안에는 거실과 방에서 반려견을 꺼내 주어서는 안됩니다. 만일 훈련 교육 중에 반려견을 다시 꺼내게 되면 반복적인 행동에 의해서 다시 실 패를 하는 경우가 많습니다. 가두어 둔 것이 불쌍하다면 놀이의 보상을 합니다.

⑦ 놀이의 보상은 거실과 방이 아닌 실외로 반려견을 데리고 나가서 충분히 산책이나 운동을 시켜 주고 실내로 들어 갈 때는 반드시 화장실 공간으로 이동을 합니다. 그리고 패드를 깔아 주거나 치워 줄때는 반드시 "화장실"이라는 명령어를 인지 시켜줍니다.

⑧ 처음에는 명령의 내용이 무엇인지 모르지만 시간이 지나면 화장실이라는 명령어의 의미를 이해할 것입니다. 일정공간의 패드에다가 변을 본다면 깔아준 패드의 개수를 줄여 나갑니다. 패드의 화장실 개념을 이해했다면 화장실 공간에 설치 된 육각장를 좀 더 넓게 설치하기 바랍니다.

⑨ 넓게 설치를 하는 이유는 패드위에 잘 본다고 하여 바로 육각장을 치워 버리면 다시 실패를 할 수 있기 때문입니다. 육각 장을 넓히는 것은 화장실 패드를 이해하고 있는 가를 아는 과정입니다.

⑩ 육각 장을 넓혀도 정해진 패드위로 이동을 한다면 반려견이 화장실공간을 이해하는 것입니다. 화장실을 이해했다면 잠자리 공간은 반려인이 원하는 곳으로 이동을 하여도 반려견이 화장실로 스스로 찾아가게 됩니다.

⑪ 화장실을 옮겨주는 과정은 어렵지만 화장실을 이해했다면 반려견

집을 바꾸는 것은 어려운 것이 아닙니다. 반려견집을 정해 줄때도 화장실에서 가까운 곳에서 시작을 하며 나중에는 잠자리 공간을 반려인이 원하는 곳에 설치를 하는 것이 가능합니다.

4. 문제 행동교정 7가지 핵심 포인트

교육을 하기 전에 반려견들이 지니고 있는 습성을 올바르게 이해하는 것이 중요합니다. 교육을 시킨다고 해서 반려견에게 복종을 강요하기 보다는 반려인의 인식의 변화를 먼저 가져야 한다는 생각이 중요합니다. 꾸준한 반복교육과 반려인의 강인한 마음이 반려견의 행동변화를 가져오게 합니다.

■ 훈련과 놀이를 구분 할 것

훈련과 놀이의 구분은 반려견이 하는 것이 아니라 반려인 판단에 의해서 결정을 지어야 합니다. 반려견이 원하는 것을 들어 주는 것이 아니라 사람이 원하는 것을 반려견이 따라오도록 만들어 줘야 합니다.

- 교육 : 복종 교육의 의미보다는 사람이 요구하는 것을 반려견이 따르도록 이끄는 것입니다.
- 놀이 : 놀이의 의미는 반려견에게 자율성을 주는 것을 말합니다. 반려견이 하고 싶은 대로 할 수 있도록 자율성을 주는 것입니다.

■ 칭찬과 야단의 비율(8 : 2)

반려견을 변화 시키는 과정 중에 칭찬이 중요하다는 것을 잊어서는 안 됩니다. 흔히 훈련 행동교정 할 때 잘못 이해하는 것 중 하나가 야단으로 반려견를 제압하는 것으로 알고 있습니다. 그러나 문제견은 야단이 아니라 칭찬으로 교정을 한다는 사실입니다.

○ 칭찬의 비율 : 8 (칭찬은 문제견의 행동을 변화 시켜줍니다)

○ 야단은 비율 : 2 (야단은 문제해결의 수단이 아니라 훈련과정입니다)

■ 즉벌. 즉상 (잘했을 때 바로 "칭찬" 잘못된 행동을 했을 때 바로 "야단")

교육에 있어서 즉벌,즉상의 원칙은 매우 중요 합니다. 올바른 행동과 잘못된 행동은 행동을 하고 있는 장소에서 반려견이 빨리 이해하도록 만들어주는 것이 중요합니다. 이미 잘못된 행동을 하고 난후에 나중에 야단치는 것은 교육 효과가 떨어집니다.

■ 꾸준한 반복 교육(반려견이 한 단어를 익히는데 소요되는 기간은 보통 일주일)

반려견은 사람의 말을 알아듣는 것이 아니라 그 사람의 일정한 억양이나 행동을 이해하게 됩니다. "즉 교육도 한번 했다고 해서 마무리가 되는 것이 아닙니다." 꾸준한 반복 교육이 필요합니다.

■ 반복 교육(똑같은 훈련을 여러 번 반복)

예를 들어 초인종 소리에 민감한 반려견이 짖는다고 해서 초인종을 누르지 않는 것이 아니라 여러 번 더 눌러서 교정을 합니다. 반려견이 잘못된 문제행동을 한다면 그 과정을 인위적으로 만들어 다시 반복 교육을 시키는 것을 말합니다.

■ 반려인은 강인한 마음 필요 (하고자 하는 의욕)

반려견이 변화를 바란다면 반려인의 마음 변화가 정말 중요합니다.
반려인이 강인한 마음을 갖고 교육을 하면 반려견은 스트레스는 덜 받으면서 행동 교정 또한 빠를 것입니다. 하지만, 반려인이 약한 마음을 갖는다면 교정은 어려워지고 반려견은 더 많은 스트레스를 받을 뿐입니다. 빠른 교정을 원한다면 강한 마음을 잊어서는 안 됩니다.

§5. 행동교정 Q&A

Q. 너무 짖어서 손님이 집에 들어 올수가 없어요.

A. ① 반려인과 반려견의 행동

손님이 집안으로 들어 올 때 반려인이 반려견을 안는 것은 잘못된 행동입니다. 반려견을 안으면 반려인을 지키려는 본능에 의해서 더욱 강렬하게 짖는 행동을 합니다. 사람이 들어 올 때 반려견을 가두는 것은 호기심 본능을 유도하므로 반려견은 나오려고 문을 긁거나 더욱 짖는 행동을 합니다. 그러므로 사람을 바라보며 행동교정을 하는 것이 바람직합니다.

② 손님과 관련된 반려견의 문제행동

○ 엘리베이터 소리에 짖어댄다.

○ 밖에서 나는 소리나 발자국 소리에 짖어댄다.

○ 초인종소리가 나면 짖는다.

○ 사람이 문을 열고 들어오면 짖거나 달려든다.

○ 사람이 들어와도 멈추지 않고 짖어댄다.

○ 앉았다 일어서려거나 움직이려 하면 짖어댄다.

○ 방안에 가두어도 짖어댄다.

○ 사람이 돌아 갈 때 까지 짖어댄다.

◆ 교정방법 1 ◆

① 초인종이 울리고 문을 열고 들어온 손님에게 반려견이 달려들면서 짖게 되면 '안돼'명령을 내리며 리드 줄로 제압을 합니다. 손님이 들어오면 반려인은 반려견을 당겨 왼쪽다리 옆에 두면서 "옆에"라는 명령을 내리고, 손님이 다가오면 "기다려" 명령을

함께 내려줍니다. 이때 반려견이 반려인 앞으로 나가려하면 다시 한 번 강하게 제제를 하며 움직이지 못하도록 합니다.

② 손님이 서있는 상태에서 반려견을 손님 앞으로 이동을 시킨 다음 반려견이 반응을 보이거나 관심을 가지려 하면 강하게 반려견을 뒤로 당겨 1~2미터 정도 뒤로 이동시킨 후 다시 손님에게로 이동합니다. 3~5회 정도 반복하여 반려견이 관심을 갖지 않으면 자연스럽게 거실로 이동을 합니다. 줄을 당길 땐 강하게 "안 돼" 명령을 하며 뒤로 이동을 하는 것 이 핵심입니다. 반려견이 앞으로 나가려거나 움직이려 하면 강하게 리드줄을 당겨 움직이지 못하도록 하며 가만히 있을 때 "칭찬"을 합니다. 처음에는 달려들거나 강렬하게 짖지만 2~3회 반복을 하면 사람에 대한 관심보다는 먼저 반려인에게 순응과 복종을 하게 됩니다. 즉 반려인의 서열이 서서히 강해지는 것을 볼 수가 있습니다.

③ "들어온 손님에게 반응을 하며 짖는 것은 당연하지만 들어온 손님은 반려인이 들어오는 것을 허용한 것이기 때문에 반려견이 짖다가 멈추어야 합니다. 하지만 짖는 것이 멈추지 않는 것은 반려인을 무시하는 행동이며 방문한 손님의 눈살을 찌푸리게 하는 것입니다. 반려인이 통제를 할 경우 반드시 반려인의 명령어를 따라오도록 만들어 주시기 바랍니다.

④ 행동의 변화

첫 번째 달려들며 짖습니다.

두 번째 달려들지만 짖는 행동이 약하게 변합니다.

세 번째 관심을 보이며 탐색을 합니다.

네 번째 손님 곁에 가지 않으려 합니다.

다섯 번째 관심을 갖지 않습니다.

반복교육을 통해서 반려견들의 짖는 교정해 나가는 것입니다.

여기서 중요한 것은 반려견들이 올바른 행동을 할 때 마다 칭찬으로 바른 행동에 따른 보상을 해야 한다는 것입니다.

◆ **교정방법 2** ◆

① 방문한 손님이 친구이거나 아랫사람이라면 반려인은 반려견을 좌측 다리 옆에 붙게 만들어 줍니다. 반려견이 움직이려하면 리드 줄을 당겨 '옆에', "기다려" 명령어를 내려 줍니다.

② 그 다음, 손님이 반려인에게 다가갑니다. 왔다갔다 3~5회 반복을 하며 반려견이 짖지 않는다면 충분한 보상을 하여 반려견에게 손님은 해가 되지 않는다는 것을 인지 시켜 줍니다.

③ 짖지 않는 상태에서 인위적으로 손님은 반려인의 어깨에 손을 올리거나 악수를 하며 반려견을 자극 합니다. 반려인은 반려견의 행동을 살펴보며 올바른 행동을 할 때 많은 보상을 합니다.

④ 반려인 옆에 있을 경우 반려견을 통제 하는 방법은 반려견이 움직이거나 짖으려 하면 "안 돼" 강하게 리드를 하며 반복을 합니다. 강하게 통제를 하며 올바른 행동을 할 때는 "칭찬"으로 마무리 짓습니다.

◆ **교정방법 3** ◆

'기다려'명령을 응용하는 것입니다. '기다려'교육은 모든 동작에서의 정지 상태를 말합니다. 정지 상태란 반려인이 명령을 내리기 이전에는 움직이지 않는 것입니다. '기다려'교육은 훈련의 기본이며 실내견 예절교육에 없어서는 안 되는 요소입니다. 반려인은 기본적으로 '기다려' 교육법을 알고 있어야 합니다.

◆ **훈련방법** ◆

○ 일상생활에서 반려견이 쉬는 공간을 만들어 주시기를 바랍니다. (크레이트 .방석. 쇼 파. 개방형침대)

○ 일상생활을 하며 반려인의 명령에 의해서 '올라 기다려' 교육을 시켜 줍니다.

○ 일정공간을 정하는 것은 그 공간이 반려인의 명령에 따라 가만히 기다리는 공간이라는 것을 인식시켜 주기위한 것입니다.

○ 정해진 공간에서 수시로 훈련교육을 시켜주며 자기만의 공간이라는 인식을 시켜줍니다.

○ 유혹훈련을 통해 '기다려' 명령을 내린 반려인의 말 외에는 듣지 않도록 만들어 줍니다.

○ 다른 사람이 불러도 자기만의 공간에서 기다릴 수 있게 되었다면 이제는 손님이 들어오도록 합니다.

○ 손님이 들어 왔을 때 반려견을 정해진 공간으로 올라가서 기다리도록 합니다.

○ 만일 반려견이 일어서거나 짖으려 하면 '안 돼', '기다려' 명령을 강하게 내려 줍니다.

○ 손님은 거실과 방 부엌 등 원하는 곳으로 이동을 합니다.

○ 반려인은 반려견의 행동을 관찰하며 일어서거나 짖으려 하면 강하게 통제합니다. 또한 반려견이 가만히 기다린다면 많은 보상을 합니다.

○ 집안에 들어온 손님은 경계대상이 아니란 것을 인식시켜줍니다.

○ 야단과 칭찬은 "즉벌즉상" 원칙에 의해서 바로바로 해주어야 합니다.

○ 손님과 대화를 하는 동안 차분히 기다리게 함으로써 훈련을 마무리 합니다.

Q. 집을 이사했는데 짖지 않던 반려견이 짖어요.

A.

◆ 개요 ◆

① 환경의 변화는 반려견에게 많은 자극을 줄 수가 있습니다.

② 새로운 장소는 반려견에게도 낯선 환경이 됩니다. 또한 반려인은

이사하느라 바쁜 나머지 반려견에게 무관심하게 되는 경우가 많습니다.

③ 새로운 공간이나 낯선 장소는 반려견에게 호기심과 두려움을 느끼게 합니다. 반려견이 환경에 두려움을 갖는 것은 분리불안의 원인이 되기 때문에 새로운 공간으로 이동 한다면 반려견 스스로가 적응하는 동안에 안정을 심어 주어야 합니다. 새로운 공간에 대한 불안 때문에 짖는 버릇이 생겨날 수도 있는 것입니다.

◆ 반려견들의 행동 ◆

○ 이사하는 동안의 낯선 소리나 움직임에 대해 불안감을 나타냅니다.

○ 익숙하지 않은 주변 환경에 낯설어합니다.

○ 반려인에게 안기려는 하거나, 숨으려 합니다.

○ 침을 흘리거나 벌벌 떨기도 합니다.

○ 두려움의 표현으로 짖습니다.

◆ 교정방법 1 ◆

① 낯선 장소나 새로운 환경에서 반려견을 이동을 한다면 제일 먼저 영역의 표시 행동이나 두려움과 관련된 행동을 합니다.

② 잠시 새로운 장소로 이동을 한다면 별문제가 되지 않으나 이사는 달리 생각을 하셔야 합니다. 새로운 환경에서 반려견이 짖는다고 반려견을 감싸거나 안아주게 되면 반려인 곁에서 떨어지려 하지 않습니다. 분리불안을 부추기는 결과를 가져오므로 주의해야 합니다. 새로운 집에 도착하면 우선적으로 반려견이 있을 만한 공간을 먼저 정하시기를 바랍니다. 화장실 공간도 함께 마련해 주는 것이 이상적입니다.

③ 평상시에 반려견이 쓰던 물품을 제공해주고, 익숙한 자기 집안에 반려견을 가두어 안정적으로 쉴 수 있도록 만들어 주는 것이 좋

습니다. 여기서 지나친 관심을 갖는 것 보다 스스로 적응을 하도록 만들어 주는 것이 좋습니다. 이사짐 정리가 끝났다면 반려견을 데리고 방 구석구석 반려견 스스로가 탐색을 할 수 있도록 만들어 주시기를 바랍니다.

④ 여기서 지켜야 하는 것은 반드시 배변을 하고 난후에 반려견을 풀어 주시기 바랍니다. 반려견이 보채거나 사람에게 안기려 하면 외면하는 것이 좋습니다. 새로운 낯선 환경에서는 본능적으로 사람에게 의지하려는 습성이 있으므로 안는 것은 또 다른 분리불안의 원인이 됩니다. 사람만 졸졸 따라 다니면 반려견을 밀어내어 스스로 새로운 환경에 적응하도록 합니다.

◆ 교정방법 2 ◆

① 새로운 환경에 불안 해 한다면 크레이트 안에 반려견을 가두시기 바랍니다.

② 반려견을 안거나 불쌍한 마음으로 반려견과 함께 잔다면 사람과 떨어지는 것을 두려워하는 불안감을 키우게 됩니다.

③ 이사하는 첫 날부터 정리가 되는 동안에는 대소변 보는 시간, 먹이 주는 시간외의 시간에는 크레이트 안에 가두시기를 바랍니다.

④ 그리고 좋아하는 장난감, 먹이 등을 이용해서 새로운 환경에서 놀아 주시기를 바랍니다. 만일 반려견이 지속적으로 짖거나 울게 되면 리드 줄로 제재를 하여 못 짖게 합니다. 낯선 환경에서 반려견을 안거나 잠자리를 같이하는 것은 분리불안의 가장 큰 원인이 된다는 것을 기억하시기 바랍니다.

Q. 저밖에 몰라요.

A.

◆ 개요 ◆

"우리 집 반려견은 저만 보이지 않으면 엄마아빠 누가 있어도 소용이 없어요. 울어대고 짖는 바람에 어떻게 해야 할지 모르겠어요."

특정인에 대한 분리불안 증상은 반려견을 기르는 사람이라면 쉽게 공감하는 내용 중 하나일 것 입니다.

왜 이런 결과를 보일까요. 반려견은 아무리 먹이를 주고 놀아 주더라도 좋아하는 사람 중에 특히 좋아하는 사람은 따로 있기 때문입니다. 모든 사람이 자기를 좋아 하더라도 반려견은 본능적으로 각 사람에 대한 호감의 정도에 순서를 정한다는 사실을 기억하시기 바랍니다.

◆ 반려견들의 행동 ◆

○ 특정인만 찾게 되며 한사람에게만 의지하려 합니다.

○ 애착관계의 반려인이 보이지 않으면 짖는 행동으로 불안감을 호소합니다.

○ 반려인이 눈에서 보이지 않으면 불안해하거나 벌벌 떱니다.

○ 혼자 있기를 두려워하므로 반려인이 늘 곁에 있기를 바랍니다.

○ 반려견집에 가두게 되면 나오려고 문을 긁거나 열어 줄때까지
　 짖는 행동을 합니다.

◆ 원인 ◆

반려견들이 특정인에 집착하는 경우는 늘 함께하는 시간이 많아서입니다. 안아주거나 잠자리를 같이하며 늘 둘만이 시간을 보내거나, 사회성을 길러줘야 하는데 일정공간이나 실내에서 오랜 시간 특정인만 반려견을 보살피게 되면 한사람 외에 다른 사람은 두려움의

대상이 되며 반려견 스스로 사회화 과정에 적응 할 수 없게 됩니다. 이러한 행동이 반려견을 두고 외출이나 반려인만의 생활을 할 수 없는 원인이 됩니다.

◆ **교정방법** ◆

① 특정인 한 사람만 좋아 하는 것이 아니라, 가족 모두를 좋아하게 만들어 주는 것입니다. 반려견은 본능적으로 자신이 처해있는 과정을 빨리 이해 할 수 있는 능력이 있습니다. 특정인에 대한 애착을 줄이는 데는 가족 구성원들의 역할이 중요합니다. 일반적으로, 사람들은 누군가 나만을 좋아하길 원하지만 특정인을 좋아하는 것은 반려견에게 있어서 분리불안의 원인이므로 반드시 교정이 필요합니다.

② 실내에서 가족들이 둘러 앉아 있을 때 특정인에 대한 집착을 줄여 주기위해서 무관심과 밀어 내기를 합니다. 좋아하는 사람이 강하게 반려견을 밀어내고 다른 가족이 반려견을 불러들이는 교육을 시켜 나갑니다.

③ 애착관계에 있는 사람은 반려견과 떨어지는 연습을 해야 합니다. 크레이트를 활용하여 잠자리 영역부터 서서히 정해줍니다. 반려인 옆에서 잠자리를 시작하여 점점 잠자리 영역을 멀어지게 합니다. 사람과 떨어지는 좋은 방법입니다. 사람과 반려견이 가족 구성원이 되어 살아가기 위해서는 가족모두가 함께 반려견을 돌보며 사람이 서열의 상위로 올라가도록 해야 합니다.

서열이 바뀌는 것은 집착을 줄이는 좋은 방법입니다.

Q. 초인종 소리에 민감합니다.

A.

◆ 개요 ◆

초인종소리는 반려견들의 호기심 본능 중에 가장 민감한 부분입니다.

초인종 소리가 울리게 되면 반드시 누군가가 들어온다는 것을 반려견은 알고 있기 때문에 누군가가 자기영역 안으로 들어온다는 것은 짖어서 표현 합니다. 자기가 좋아하는 사람이나, 낯선 사람에게 짖는 행동은 자연스러운 행동입니다.

그러나 들어오는 사람이 누구인가를 확인한 후에는 조용히 기다려야 하지만, 그 사람이 보이지 않을 때까지 짖어서 문제가 됩니다.

요즘 사회적으로 제일 문제가 되는 것 중 하나가 짖는 것 입니다. 반려견이 짖는 것은 이웃에게 직접적인 많은 피해를 가져오므로 이에 대한 예절교육을 반드시 시켜줘야 합니다.

◆ 원인 ◆

초인종소리가 나면 자기가 좋아하는 가족이든, 새로운 사람이든 누군가가 반드시 들어오기 때문에 반려견이 짖게 됩니다. 이것은 좋은 감정의 표현인 동시에 경계 본능의 표현입니다. 반려견이 반려인의 말을 무시하고 계속적으로 짖는다는 것은 결국은 반려인과의 서열이 무시되었다는 뜻입니다. 또한 이것은 사회성 부족이 원인 이기도 합니다. 사회성 교육 중 경계심이 강하다는 것은 반려견이 다른 사람들과 어울려 놀 수 있는 환경을 반려인이 만들어 주지 못해서입니다.

◆ 교정방법 ◆

○ 초인종을 누르면서 반려견이 반응을 보이거나 하면 리드 줄을

강하게 재제를 하며 초인종 소리에 반응하지 않도록 합니다.

○ 다른 사람이 문을 열기를 반복하며 초인종을 눌러줍니다.

○ 사람이 들어오면서 좋아하는 먹이를 반려견에게 주며 보상합니다.

○ 경계심보다도 좋은 보상이 따라 온다는 것을 인식시켜 주는 것입니다.

○ 초인종과 발자국 소리를 인위적으로 들려주며 반복교육을 시켜줍니다.

○ 시작한 날로부터 일주일 정도의 기간을 잡고 꾸준하게 반복하시기 바랍니다.

○ 짖는 것은 3회 이상 넘어가지 않도록 만들어 주세요.

○ 어느 정도 교정이 된다면 초인종 소리가 들리면 짖는 것을 허용합니다.

○ 단 반려인이 누구인지를 확인하고 문을 열었다면 반려견은 절대 짖어서는 안 됩니다.

○ 리드 줄을 활용을 하여 즉석에서 통제와 칭찬을 합니다.

○ 초인종 소리는 반려인이나 방문자 모두가 똑같은 방법으로 교정을 합니다.

○ '기다려'명령을 응용하면 효과적으로 교정할 수 있습니다.

Q. 소리에 민감합니다.

A.

◆ 개요 ◆

생후 3주가 되면 소리를 들을 수 있는 시기가 됩니다. 어린 자견시기에 소리에 놀란 반려견은 성장을 하면서 작은 소리에도 민감한 반응을 보이기도 합니다. 소리에 민감하게 반응을 하는 견일수록 소리에 대한 적응훈련 및 사회적 환경에서 접할 수 있는 모든 소리의 노출 시키는 것이 중요합니다.

◆ 원인 ◆

어린 시기에 소리에 놀란 경험이 가장 큰 원인이며, 성격적으로 여린 반려견에게서 나타나는 본능적 행동입니다. 때로는 사람에게 야단을 맞은 기억이 강해서 나타나기도 합니다. 천둥소리 바람소리 등, 사물에 대해 민감한 경우도 있습니다. 소리에 대한 공포와 스트레스는 자연적으로 반려견에게 불안감을 일으킵니다.

◆ 반려견들의 행동 ◆

○ 반려견들은 소리에 민감하게 반응합니다.

○ 침을 흘리거나 안전부절 합니다.

○ 반려인이 반려견을 감싸 안으려하면 반려인 어깨 위나 곁을 파고들어 숨으려는 행동을 합니다.

○ 울거나 강렬하게 짖는 행동을 하며 좁은 공간으로 몸을 숨기려 합니다.

○ 불안감이 심한경우는 공격적인 성향을 보이기도 합니다.

○ 심지어 날씨의 변화에도 두려워합니다.

◆ 교정방법 1 ◆

① 소리에 놀란 견은 소리를 들려주면서 교정을 하는 것을 원칙으로 합니다.

② 대개의 반려견은 천둥소리. 비. 바람. 사물의 움직임. 함성 등에 민감한 반응을 보입니다. 반려견이 놀란 경우 반려견을 감싸 안거나 긴장하거나 안타까운 행동을 보여서는 안 됩니다.

③ 반려인이 불안해하면 반려견들은 소리에 적응을 하기 보다는 사람에게 의지 하려는 행동이 강하게 나타나므로 도리어 반려견을 무시하기 바랍니다. 또한 소리보다 강한 것이 반려인이라는 것을 인식을 시켜 주도록 합니다. 소리에 놀라게 되면 반려견을 좌측 다리 옆에 앉게 만들어 줍니다. 반려견이 움직이려하면 리드를

강하게 하며 움직이지 못하도록 합니다. 의도적으로 반려견을 끌고 다니며 소리를 적응 시켜주도록 합니다.

④ 소리가나는 공사장이나 교통량이 많은 시끄러운 장소로 반려견을 데려가 적응을 하도록 합니다. 천둥소리는 화약총 소리를 들려주며 적응을 시켜주면 도움이 됩니다. 반려인이 약한 행동을 하면 반려견은 더욱 강하게 반응을 하므로, 반려인에게 복종을 하게 함으로써 소리에 대한 반응을 줄일 수 있습니다.

⑤ '기다려' 교육과 반려인 옆을 따라 걷는 훈련으로도 교정이 가능합니다. 가장 많은 소리를 들려주고, 복종에 대한 인식을 더욱 강하게 하며 소리보다 반려인의 명령에 복종해야 한다는 것을 인식 시켜 주시기를 바랍니다.

◆ 교정방법 2 ◆
○ 크레이트 교육을 시켜 줍니다.
○ 크레이트는 반려견이 편안하게 쉴 수 있는 공간이 되기 때문입니다.
○ 반려견집의 크기는 반려견이 들어가서 서있을 정도가 적당합니다.
○ 크레이트 훈련교육 시 비나 천둥소리 가 날 때 가두어서 편안하게 쉬도록 합니다.
○ 크레이트를 평상시에 사람과 떨어져 자는 공간으로 활용을 하면서, 소리에 민감한 반응을 보일 때 반려견이 안정을 얻을 공간으로 활용하는 것입니다.
○ 크레이트 교육은 분리불안과 불안정한 행동에 활용하면 좋은 효과를 봅니다.

◆ 소리교육의 포인트 ◆
○ 소리에 놀란 경우는 소리로서 교육을 합니다.

○ 소리에 노출 될 수 있는 사회적 환경에 적응시켜 나갑니다.

○ 반려견이 불안해하는 소리공간에 적극적으로 데리고 다닙니다.

○ 크레이트 훈련교육으로 안정감을 심어줍니다

○ 크레이트 교육은 분리불안 증상에서 가장 편안한 공간입니다.

○ 소리보다 사람이 강하게 통제를 하여 적응을 시켜줍니다.

○ '기다려'명령으로 소리에 적응하게 합니다.

○ 분리불안의 동작을 보일수록 반려인은 반려견을 감싸는 행동을 하여서는 안됩니다.

Q. 먹이나 간식을 주려하면 짖어서 난리입니다.

A.

◆ 개요 ◆

반려견들은 먹고자 하는 의욕을 어느 본능 못지않게 강하게 표현합니다.

식사시간이나 간식을 먹을 때 또는 사람의 식사 시간에 반려견들도 먹이를 얻기 위해 짖어서 표현을 합니다. 먹는다는 것은 자기생명의 욕구이기 때문입니다.

◆ 원인 ◆

① 반려견들이 좋아하는 간식이나 먹이에 집착을 보이는 행동을 하는 것은 반려인이 잘못된 식생활 습관을 들인 것입니다.

② 보통 외출 시 짖거나 반려인과 떨어질 때 육포 같은 간식을 던져주고 외출을 하는 경우가 많습니다. 사람이 옷을 갈아입으려면 반려견들도 흥분을 하고 짖는 이유 중 하나가 간식을 원하기 때문입니다.

③ 또한 짖을 때 마다 짖는 것이 시끄럽기 때문에 반려인 생각에 먹이를 주면 조용하다는 생각을 하여 간식을 줍니다. 먹이를 먹

고 있는 시간만큼은 조용히 있는 것에 만족을 하는 것입니다. 하지만 반려견들은 자신이 짖으면 반려인이 무엇인가 자기가 원하는 것을 준다는 것을 알고 자기가 원하는 것이 있을 경우 신나게 짖는 행동을 합니다.

◆ **반려견들의 행동** ◆
○ 반려견이 원하는 것이 있으며 얻고자 짖게 됩니다.
○ 사람이 외출을 하려면 부산하게 움직이며 짖게 됩니다.
○ 사료를 개봉하는 소리에 짖는 행동을 합니다.
○ 사람이 음식을 먹으려 하면 짖는 행동을 합니다.
○ 반려견이 짖는 것은 일종의 의사 표현이며, 짖어서 원하는 것을 가지려 하는 것입니다.

◆ **교정방법** ◆
① 반려견에게 먹이를 주기 전에 먼저 '앉아', '기다려' 교육을 시킵니다. 반려견이 올바르게 앉아 있을 때 또는 '기다려' 명령을 하고 난 후에 먹이를 주도록 합니다. 조용히 기다리면 칭찬과 동시에 먹이를 주는 시간을 늘려나갑니다.
② 먹이를 줄때 짖으면 절대 먹이를 주어서는 안 됩니다. 먹이를 줄 때는 반드시 조용히 기다리게 하고 반려인의 명령을 따르면 먹이를 줍니다.
③ 반려인의 통제 하에 조용히 기다리게 한 후 먹이를 주게 되면 기다리는 것이 자연스럽게 훈련됩니다. 처음에는 목줄을 사용하는데, 간식을 명령 없이 먹으려하면 리드 줄로 제재를 하여 먹지 못하도록 하며 반려인의 명령과 동시에 먹도록 합니다.
④ 처음에는 달려들지만 먹이를 주는 방법에 반려견이 학습이 된다면 스스로 기다리게 됩니다. 마무리 단계에 이르게 되면 간식이나 먹이를 먹으려할 때 짖는 것이 아니라 반려인이 먹으라고 명

령을 할 때까지 앉아서 기다리게 됩니다.

Q. 물어요.(반려견을 만지려하면 으르렁 거려요)

A. ① 반려견이 무는 행동은 야생시대에서부터 내려오는 습성입니다. 무는 행동은 위험에서 자기 자신을 보호하는 수단이며, 사냥본능에 의한 무기이기도 하며, 자기 자신의 서열을 강하게 표현하기 위한 수단이며 자기방어본능의 한 영역입니다.

② 왜 반려견이 무는 행동을 하는가를 생각해 봅시다. 평소 가족구성원 가운데서 어떠한 역할을 하고 있는 가를 생각을 하여보면 문제의 원인을 찾을 수가 있을 것입니다.

③ 어느 특정부위에 민감한 반응을 보인다면 아픈 기억이 강하게 남아 있는 경우입니다. 고통스러웠던 경험에 대한 반사적 행동입니다. 또한 사람에게 공격 성향을 보이는 것은 사람과 반려견의 관계에서 올바르게 서열정리가 되지 않아서입니다. 즉 사람을 무시하는 것은 서열에서 반려견에게 밀렸기 때문입니다. 사람을 물게 되는 데는 여러 원인이 있습니다. 원인을 알고 교정을 한다면 문제의 해결점도 쉽게 찾을 수가 있을 것입니다.

④ 예) 장난감을 빼앗으면 달려들어 공격적 행동을 합니다.

좋아하는 것을 빼앗기지 않고 지키는 행동입니다. 자기가 좋아하는 물건을 빼앗긴다는 생각보다 반려인이 갖게 되면 자기가 가지고 있는 것 보다 더 많은 보상이나 놀이의 즐거움이 있다는 것으로 바꿔준다면 반려인이 가지려해도 문제가 되지 않을 것입니다.

반려견은 이유 없이 사람을 무는 경우는 없습니다. 사람을 물게 되는 원인은 반드시 있기 때문에 그것을 찾는 것이 중요합니다.

Q. 침대 위에 있거나 쇼파에 있을 때 옆에 있으면 물려고 합니다.
A.

◆ 개요 ◆

① 보통침대나 쇼파에서 오랫동안 생활한 반려견들의 특징은 자기 영역이라는 관념이 강하다는 것입니다. 자기만의 공간이라고 여기는 곳에 외부인이 오는 것을 싫어하는 것입니다.

② 자기 보금자리에서는 자기본능을 강하게 표현을 하기 때문에 더욱 사납고 공격적으로 바뀌게 되는 것입니다. 침대를 반려견이 차지하면 다른 가족이 옆에 오지 못하도록 입을 실룩 거리거나 으르렁 거리며 심하면 짖으며 달려드는 행동을 하게 됩니다.

③ 사람과 함께 잠을 자는 것이 습관화 되면 침대나 쇼파를 자기 공간 영역으로 받아들입니다. 자기만의 공간이 형성된다는 것은 반려견의 서열이 사람보다 위로 올라가는 것을 뜻합니다.

◆ 원인 ◆

① 늘 사람 다리위에 올려놓고 텔레비전을 시청하거나 사람과 대화를 나눌 때 항상 반려인 옆에 있게 되면 반려인 보호본능이 강하게 형성이 됩니다.

② 반려견과 함께 잠을 자는 습관이 형성되면 침대는 자기 영역이 됩니다. 이는 자기가 먼저 차지한 침대에서 내려놓으려 할 때 으르렁 거리거나 덤벼드는 행동을 하는 원인이 됩니다.

③ 잠자리는 반려견들에게 있어서 공격적이거나 분리불안의 원인을 제공하는 공간이기도하며 잠자는 동안에 움직이다 반려견을 건드려 자극을 주게 되면 반사 행동으로 공격적으로 바뀌게 되기도 합니다.

◆ **반려견들의 행동** ◆

○ 방으로 들어가면 먼저 침대위로 올라갑니다.

○ 침대위에 먼저 올라가면 짖거나 으르렁 거리는 행동을 합니다.

○ 좋아하는 사람은 허용을 하되 나중에 들어오는 사람은 곁에 오지 못하도록 합니다.

○ 누워 있다 하더라도 움직이려 하면 으르렁 거립니다.

○ 이불을 잡으려 하면 으르렁 거립니다.

○ 잠을 자다 다른 사람이 들어오면 공격적으로 돌변합니다.

○ 침대 아래로 내리려 하면 물려고 달려듭니다.

○ 반려견과 함께 잠을 잘 수가 없습니다.

◆ **교정방법 1** ◆

① 사람과 반려견의 잠자리 영역을 반드시 구분을 하셔야 합니다.

② 사람과 함께 잔다고 하여 모든 반려견이 문제가 되는 것은 아니지만 문제 견은 잠자리에서부터 시작이 되므로 교정을 해야 하는 것입니다. 침대위에 올라간 반려견이 으르렁 거린다면 강하게 야단을 치며 거실로 쫓아버립니다.

③ 다시 문안으로 들어오면 강하게 "안 돼" 명령을 하며 밖으로 몰아냅니다. 어떠한 경우라도 침대 위로 올라가는 것을 막아 줍니다. 침대위에서 강하게 밀어 내는 것도 좋은 방법입니다. 저리가 명령을 하며 다시 눈치를 보고 올라오려고 하면 다시 반복을 합니다. 명령어와 밀치는 방법입니다.

◆ **교정방법 2** ◆

① 믿는 사람에게 배신당하게 하는 방법입니다.

② 먼저 침대에 반려견과 함께 앉아있고 다른 가족을 옆으로 다가오게 합니다. 반려견이 으르렁 거리거나 짖으면 좋아하는 사람이 일어서서 "안 돼"하고 통제를 합니다. 좋아하는 사람 옆에 있으

면 반려견은 그 사람으로 인해서 대담한 행동을 하는 것인데, 이러한 행동을 좋아하는 사람이 제재를 한다면 마음의 상처를 갖게 됩니다. 마음의 상처는 놀이 보상으로 쉽게 풀리기 때문에 큰 걱정은 안하셔도 됩니다.

③ 누군가 내 곁으로 다가올 때 옆에 있는 반려견이 짖으면 대개는 그 행동을 은근히 즐기게 됩니다. 사람이 들어오고 나가고 반응을 보일 때 마다 칭찬과 야단을 적시적기에 하면 교정이 되며, 이를 3~5회 반복하여 교육 합니다.

◆ 교정방법 3 ◆

① 목줄과 리드 줄을 하여 주시기를 바랍니다.

② 반려견들은 본능적으로 리드 줄을 잡은 사람이 우선 반려인이 되는 습성이 있습니다. 좋아하는 사람이 반려견을 잡고 있다가 가족이 방으로 들어올 때 짖으려 하면 리드 줄을 넘겨줍니다. 그리고 짖으면 상대방에게 다시 리드 줄을 넘겨주시기를 바랍니다. 받은 리드 줄로 반려견을 강하게 침대에서 내려오도록 리드 줄을 당겨 줍니다. 그러고 난후에 강하게 나가라는 명령을 내려 줍니다.

③ 힘으로 반려견을 끌어내며 문의 경계에 이르면 다시 한 번 '저리가' '기다려' 명령을 합니다. 들어오려 하면 '안 돼' 명령을 내줍니다.

④ 좋아하는 사람은 반려견에게 아무런 관심을 주지 말고 무시를 하고 조용히 기다리면 됩니다.

◆ 교정방법 4 ◆

① 침대에 먼저 올라가면 도저히 만질 수가 없다면 방법을 바꿔 주세요.

② 반려견이 있는 영역에서 반려견을 통제하기가 어렵다면 장소를 바꿔 주는 것입니다.

③ 좋아하는 장난감이나 간식으로 거실로 이동을 하세요. 새로운 공
  간에서는 반려견을 통제하기가 쉬워지기 때문입니다. 목줄을 하
  고 난후에는 온 가족 모두가 침대나 쇼파에 올라 가도록 합니다.
  한사람은 반려견의 반응을 살피면서 반려견을 리드합니다.
④ 마지막으로 모든 가족이 리드 줄을 잡고 바꿔가며 교육을 합니
  다.

◆ **교정방법 5** ◆

① 잠자리 영역은 반드시 구분을 하여 주시기를 바랍니다.
② 침대위에서 으르렁 거리면 '하우스' 명령을 하며 크레이트 안으
  로 들어가도록 교육을 시켜줍니다. 처음에는 눈치를 보지만 시간
  이 지나면 침대 위나 쇼파 위에 있더라도 '집으로'하면 자연스럽
  게 크레이트로 이동합니다. 크레이트 안은 반려견을 위한 공간입
  니다.
③ 놀이 시에는 침대에서 잠을 자고 놀아도 되지만 잠을 자는 밤
  시간에는 사람은 침대에서 반려견은 크레이트 안에서 잠을 자는
  것을 원칙으로 합니다. 아침에 사람이 일어남과 동시에 반려견의
  문을 열어서 화장실로 가도록 유도를 합니다. 잠자리 영역만큼은
  반려견과 사람이 따로 하는 것으로 합니다. 무는 원인과 분리불
  안의 원인이 가장 큰 것이 잠자리 영역 이란 것을 인식하시기
  바랍니다.
④ 안아주거나 잠자리를 같이 한다고 해서 모든 반려견이 문제견이
  되는 것은 아닙니다. 반려견들이 짖거나 무는 유형을 보면 스스
  로가 새로운 환경에 적응 할 수 있는 사회성을 길러야 할 때에
  반려인의 과잉보호로 적절한 학습기회를 갖지 못한 경우가 많습
  니다. 올바르게 행동을 하기 위해서는 사람과 반려견의 영역은
  반드시 구분이 되어야 합니다.

Q. 반려견의 발을 만지려하면 물려고 으르렁거려요.

A.

◆ 개요 ◆

"발톱을 잘랐는데 너무 짧게 잘라 피도 나고 고통스러워했습니다. 그때부터는 발을 만지려 하면 으르렁 거리거나 물려고 합니다. 무서워요!"

아픈 기억이 있는 반려견은 특정부위에 민감한 반응을 보입니다. 특히나 자기 방어 본능에 의해서 먼저 공격적인 형태를 취하게 됩니다.

아픈 기억은 반려견에게 있어서 오랜 시간 기억되며, 그 기억과 관련된 행동에 대해서는 민감하게 반응을 하는 것입니다. 발 같은 경우 가장 예민한 부분이며 사람에게 공격적인 모습을 보이기 가장 쉬운 부위이기도 합니다.

발을 만지다 물리게 되는 일이 반복되면 결국 서열에서 사람이 밀리게 되어 반려견은 습관적으로 으르렁거리는 행동을 하게 됩니다. 이빨을 드러내 보일 때 바로 제재를 하여 사람이 서열을 바로 잡아주면 문제가 되지 않지만 반려견에게 밀리는 순간 반려견의 눈치를 보게 됩니다. 눈치를 보는 순간부터는 반려인을 무시하는 행동을 합니다.

◆ 원인 ◆

반려견들은 아픈 기억은 오랫동안 기억하는 능력이 있고 비슷한 상항에 처하면 본능적으로 경계심을 보이게 됩니다. 즉 "발톱 깍자"란 말이나 발톱을 자르려 하면 벌써부터 입을 실룩 거리거나 도망을 치려합니다. 산책도중에 반려견의 발을 밟아서 아팠던 기억이 원인이 되는 경우도 있습니다.

◆ **반려견들의 행동** ◆

○ 발을 보자 하면 입이 실룩 거립니다.

○ 만지려하면 으르렁거리며 싫은 표현을 합니다.

○ 심하면 달려듭니다.

○ 발을 만지려 하면 구석으로 도망가려 합니다.

○ 반려인도 경계를 하며 물려고 합니다.

◆ **교정방법** ◆

① 발을 먼저 만지려는 행동을 하는 것보다 우선적으로 서열을 먼저 가려주는 것이 중요 합니다. 반려견을 인위적으로 배를 보이는 교육을 시킵니다.

② 반려견이 배를 보이는 것은 복종을 의미 합니다. 배를 보이게 한 후에 평상시에 발을 만져가면서 다시적응을 시켜나갑니다. 발을 만져도 이상이 없다는 것을 알려주고 칭찬으로 반려견의 긴장된 것을 풀어주도록 합니다. ③ 앞발. 뒷발 손으로 잡았다 났다 반복을 하며 칭찬하고 적응을 시켜줍니다.

④ 발톱 깍기를 보여주고 거부 반응을 줄여주도록 합니다. 교정은 평상시에 발톱을 깍지 않더라도 발톱 깍기를 가지고 놀아주며 발톱 깎기에 대한 두려움을 줄여 주도록 합니다. 마지막으로 쵸크체인을 건 후 가볍게 앞발이 들리도록 합니다. 들린 발 한쪽을 손으로 잡아주고 가볍게 눌러주세요. 반대 발을 잡아서 발에 대한 거부 반응을 줄여주도록 합니다.

⑤ 발을 만지려는 순간에 으르렁 거리거나 이빨을 보이면 바로 줄을 당겨 제압을 합니다. (3~5회 반복훈련) 제압을 하고 난후에 칭찬으로 마무리를 합니다.

Q. 저 말고 온가족을 무시합니다.

A.

◆ 개요 ◆

"저밖에 몰라요 집에 들어오면 저만 졸졸 따라다니고 옆에는 아무도 옆에 오지 못하게 합니다. 제가 없을 때는 엄마아빠 다 잘 따른다고 하는데 저만 있으면 왜 그런지 모르겠습니다."

반려견들의 행동습성 중에는 특정인만 좋아하는 집착인 행동이 있습니다. 오로지 한사람에게 집착을 하는 것은 모든 가족 구성원에서 함께 살아가는 데 문제가 됩니다.

◆ 원인 ◆

① 보통 잠자리를 함께 하거나 반려견을 늘 안고 있는 한사람의 유난히 감싸는 행동 때문에 도리어 여러 사람과 어울리지 못하게 됩니다.

② 결국은 반려견들의 행동습성도 한 사람에게 치우치게 되는 결과를 가져오는 것입니다. 문제는 특정인만 좋아하게 되면 그 사람이 있을 때 다른 가족은 곁에 오지를 못하게 으르렁거리거나 무는 행동을 한다는 것입니다.

③ 좋아하는 사람 옆에 반려견이 같이 있으면 가족들은 옆에 있지 못하는 결과를 가져옵니다. 반려견도 문제가 있지만 반려인이 이러한 상황을 즐기는 경향도 문제가 됩니다. 잘못하였거나 으르렁거리려 하면 반려인이 강하게 제재를 하여야 하나 자기 말고 다른 사람이 다가 올 때 짖는 행동을 은근히 부추기는 사람도 있습니다. 반려견이 이런 행동을 하는 것을 즐기므로 반려견은 잘못 된 행동을 학습하게 되고 결국은 통제를 하지 못하는 결과를 가져옵니다.

◆ **반려견들의 행동** ◆

○ 좋아하는 사람이 없으면 다른 가족 중 한사람에게 의지합니다.

○ 좋아하는 사람이 들어오면 가족은 무시를 합니다.

○ 좋아하는 사람 옆에 누가 오는 것을 싫어합니다.

○ 싫은 감정의 표현으로 으르렁거리거나 짖는 행동을 합니다.

○ 좋아하는 사람 옆에 누가 오면 심한 경우는 물려고 달려듭니다.

◆ **교정방법** ◆

① 반려인이 들어오면 반려견을 먼저 아는 체와 감싸는 행동을 하기 보다는 냉정하게 대해주시기를 바랍니다. 냉정하게 되면 반려인의 변화에 따라서 반려견의 행동도 변하기 때문입니다.

② 이때 다른 가족이 리드 줄을 활용하여 반려견을 불러 들이고 칭찬을 하며 반려견을 보상합니다. 좋아하는 사람은 한동안 반려견이 없는 것으로 연출을 하며 무시를 합니다.

③ 그리고 어느 정도 시간이 지나고 흥분이 가라 앉게 되면 반려견을 불러들여 칭찬을 합니다. 가족 중 한명이 좋아하는 사람 옆에 가까이 가세요. 이때 반려견이 짖으려 하면 반려견을 밀어 내거나 저리가란 명령을 내려 냉정하게 뿌리칩니다.

④ 리드 줄을 다른 가족이 줄을 잡고 인위적으로 반려견을 당겨 줍니다. 처음엔 오려 하지 않으면 좀 더 강하게 리드를 하여 옆으로 다가 오도록 합니다. 안온다고 포기를 해서는 안 됩니다. 믿고 있는 사람이 냉정하게 대하면 새로운 사람을 찾는 것은 반려견들의 심리입니다.

⑤ 반려견이 다가오면 칭찬을 해 줍니다. 이렇게 해서 모든 가족이 반려견보다 높은 서열에 올라가게 됩니다. 서열이 위로 올라가는 것은 중요하며 이를 통해 강제성을 띄지 않아도 반려견을 리드할 수 있습니다. 반려견과 친화가 되는 것은 반려견이 그 사람을 믿는 다는 것이며, 자연히 서열도 위로 올라가게 됩니다.

⑥ "자기가 좋아하는 특정인에게만 반응을 한다면 함께 사는 가족에게는 문제가 될 수 있습니다. 믿는 사람이 자기를 냉정하게 대하면 반려견들은 본능과 습성에 따라 새로운 자기 방패 막을 찾기 마련입니다. 이렇게 되면 다른 가족에게도 빨리 순응과 복종을 하게 됩니다."

Q. 서열다툼이 심해요.(두 마리가 너무 싸워요)
A.

◆ 개요 ◆

" 두 마리이상 반려견을 기르고 있는데 처음엔 한쪽이 일방적으로 이기다가 어느 날 부터는 서로 양보 없이 싸움을 하기 시작을 했습니다. 이제는 말리기도 무섭고 어찌 할 바를 모르겠습니다."

◆ 원인 ◆

① 서열은 원시 시대로부터 반려견에게 매우 중요한 것입니다. 서열은 자기의 생명과 직결되기 때문입니다.
② 동물은 힘에 원리에 의해서 강한 것만이 살아남기 때문에 자기자신이 힘이 생기게 되면 서열의 위로 올라가기 위해서 싸움을 하게 됩니다. 싸움을 멈추기 위해서는 반려견들 스스로가 우두머리가 가려 지기까지 기다려야 하지만 서열을 가리기 이전에 사람이 계속해서 말리는 행동으로 서열이 가려지지 않기 때문입니다.
③ 또한 약자는 냉정하게 서열에서 진 것을 인정해야 하는데 보통 사람은 물린 견을 감싸고 강한 견을 야단을 치므로 약한 견은 반려인으로 인해서 서열을 인정 하지 않는 결과가 되는데 이것이 다툼의 가장 큰 원인입니다.

◆ 반려견들의 행동 ◆

○ 둘만이 같이 있으면 서로 경계를 하고 으르렁 거립니다.

○ 둘만이 있을 땐 싸우지 않고 반려인만 나타나면 싸웁니다.

○ 반려인이 나타나면 더욱 흥분을 합니다.

○ 반려인 옆에 서로 붙어 있으려 합니다.

○ 간식이나 먹이를 주면 더욱 날카로워 집니다.

○ 눈만 마주치면 싸우려 달려듭니다.

○ 같이 데리고 산책을 나갈 수가 없습니다.

○ 하나를 안으면 물려고 달려듭니다.

○ 한 공간에 같이 놓을 수가 없습니다.

◆ 교정방법 1 ◆

① 반려인이 서열 상위를 차지해야 합니다.

반려인이 서열이 높으면 서열 다툼을 해결할 수가 있습니다. 사람도 반려견 보다 서열이 밀리면 물리기도 합니다.

② 훈련을 통해서 반려견이 서로 얼굴을 보고 으르렁 거리도록 만들어 주세요. 그리고 난후 서로 으르렁 거리거나 싸우려 하면 강하게 야단을 치도록 합니다. 야단을 칠 때는 아주 강하게 두 마리가 반려인 앞에서는 복종과 순응을 할 수 있도록 만들어 주는 것이 중요합니다. 반려인이 강하면 반려인 앞에서 서로 싸움을 할 수 없기 때문입니다.

③ 리드 줄을 서로 묶어서 양손에 잡아 주시기를 바랍니다. 줄을 가볍게 당겨 서로 얼굴이 마주 보도록 한 다음 공격적 표현을 하게 되면 순간적으로 줄을 당겨 반려견이 포기하도록 합니다. 인위적으로 싸움을 유도한 후에 재제를 합니다. 반복을 하게 되면 반려견들 간에 싸움을 하려는 것이 아니라 반려인에게 순응과 복종을 하게 됩니다. 이때 두 마리를 한 공간 안에 올려놓고 '기다려' 교육을 실시하는 것이 좋습니다.

④ '기다려' 교육은 모든 동작의 정지 상태를 말합니다. 반려인이 강하면 반려견들의 서열은 자연스럽게 해결이 됩니다.

◆ 교정방법 2 ◆

① 반려견들 간에 냉정하게 서열 정하기
   반려견이 서열을 가려주기 위해서 서로 싸우는 것을 말리기보다는 서로간의 서열이 정해 질 때까지 반려인이 냉정하게 기다리는 것이 좋습니다.

② 방안 공간에 반려견이 좋아하는 간식을 넣어 주며 두 마리를 한 공간 안에 넣어 주시기를 바랍니다. 처음에 반려견이 싸우게 되면 반려인은 냉정하게 한마리가 질 때 까지 기다려 주세요.

③ 같은 방법으로 좋아하는 간식이나 먹이를 넣어 주고 다시 기다리세요. 몇 일간 반복을 하게 되면 서열에서 밀리게 되는 견은 음식을 피하고 한쪽에 피해 있을 것입니다.

④ 여기서 중요한 것은 반려견들 간에 서열이 정해진다고 해도 반드시 반려견보다 사람이 서열의 위에 있어야 한다는 사실입니다. 사람이 아래 이면 사료를 일정 공간에서 먹이를 줄때 으르렁 거리거나 간식을 줄때 반려인 옆에 있을 때 강한견이 따라 다니며 시비를 걸게 됩니다. 두 마리가 서열이 정리가 되고 난후 사람이 서열이 위로 올라가게 하는 교육이어야 합니다.

⑤ 서열이 정해지면 한 울타리 공간에서 서로 잠을 자도록 만들어 주세요.

⑥ 싸운다고 떨어뜨려 놓게 되면 마주 칠 때 마다 싸움을 하게 됩니다.
   같이 있는 시간이 많아지면 서열에 의해서 서로 의지하는 모습으로 변합니다.

⑦ "서열이라는 것은 반려견들이 두 마리 이상 살아갈 때 매우 중요합니다."

Q. 집안에 남아나는 게 없어요.(물어 뜯어요)

A.

◆ 개요 ◆

"집안에 있는 벽지. 장판. 가전기구 가구 등 할 것 없이 물어뜯어서 남아나는 게 없습니다. 외출했다 들어오면 온 집안이 폭탄 맞은 것처럼 난리입니다. 어떻게 해야 할지 모르겠습니다."

보통 반려견들이 호기심이 많은 시기는 생후 3개월이 지나면서부터입니다. 특히 생후 5개월 령에 들어가면 이갈이 시기로 들어갑니다. 이시기는 물어뜯고 당기며 가장 말썽이 많은 시기이지요.

이 시기에 잠시만 한눈을 팔더라도 집안에 남아나는 것이 없습니다. 물어뜯고 말썽을 부리는 것은 나이가 들어가면서 서서히 줄어듭니다.

하지만 간혹 본능적 행동이 습관으로 발전 할 수 있습니다.

◆ 원인 ◆

① 자견시기에 집안에 대한 탐색을 시작하면서 서서히 반려견들은 장난기가 발동을 합니다. 물어뜯고 뛰어놀며 반려인의 발 자락이나 움직이는 것을 따라다니는데 자견들은 이것을 놀이로 즐깁니다.

② 반려견들은 놀이를 통해서 자기 자신의 힘을 기르고, 물어뜯는 행동을 통해 자신감을 갖게 됩니다. 또한 자기 영역을 형성하며 스트레스도 해소하게 됩니다.

③ 특히나 이갈이 시기가 다가오면 가장 많은 말썽을 부리는데, 이 시기에 반려견들만의 공간을 정해주어야 하며 크레이트 훈련을 실시해야 합니다. 그런데 이 시기에 반려견만 홀로 두고 외출을 하거나 자유스럽게 집안에서 혼자 놀게 함으로써 문제행동이 나타나게 됩니다.

171

◆ 반려견들의 행동 ◆

○ 반려견만 두고 외출을 할 수가 없습니다.

○ 화장지 쓰레기통 남아나는 것이 없습니다.

○ 장판벽지. 가구. 가전기구 남아나는 것이 없습니다.

○ 물어뜯고 노는 것이 습관이 되어있습니다.

○ 패드를 깔아 줄 수가 없습니다.

○ 물고 뜯는 것이 생활입니다.

○ 손가락이나. 머리 가락 물고 당겨요.

○ 움직이려 하면 바지 자락을 물고 다녀요.

○ 인형 장난감 남아나는 것이 없습니다.

○ 밤새 무엇인가를 물어뜯고 있습니다.

◆ 교정방법 1 ◆

① 반려견만의 공간을 만들어 줍니다. 보통 3~8개월령의 시기에 전용 공간을 운영하며 별도관리를 한다면 화초, 장판, 벽지, 가전기구, 가구 같은 것을 물어뜯어 파손하는 것을 방지 할 수 있습니다.

② 또한 이 시기는 크레이트 훈련을 통해서 앞으로 성장하면서 생길 수 있는 이상행동을 예방할 수 있는 좋은 시기입니다.

③ 사람이 있을 때는 반려견을 꺼내서 일상생활을 같이하며 즐기고 잠자리 시간이나 사람이 외출 시에는 반려견들만의 공간에서 쉬도록 만들어 줍니다.

④ 반려견들만의 공간에 반려견 전용 껌이나 오랜 시간 물고 뜯을 수 있는 애견 간식이나 장난감을 넣어줍니다.

⑤ 장난감을 가지고 노는 것은 사람이 시간을 정해서 놀자 라는 명령을 내려주고 충분히 놀아준다면 놀고 난 장난감은 바로 치워주시기 바랍니다.

⑥ "놀이는 별도로 정해진 시간에 반려인과 함께 논다"라는 인식을 심어 줍니다.

◆ **교정방법 2** ◆

① 반려견들은 본능적으로 움직이는 물건에 대한 관심이 큽니다. 보통 반려견들이 호기심이 많은 시기에 많은 장난감을 주는 경우가 많습니다. 늘 반려견 옆에 장난감이 항상 있다는 것은 호기심 유발을 시키는데 큰 도움이 되지 않습니다.

② 즉 호기심의 행동이 무관심으로 바뀌게 됩니다. 무관심해지면 대신 새로운 것을 찾게 되어 있습니다. 반려견들이 바지 자락을 물거나 진공청소기 청소를 할 때 짖으며 따라다니고 물고 많은 호기심을 보이는 이유입니다.

③ 번지 형 장난감을 만들어 설치해 주세요. 번지 형 장난감 이란 껌이나 반려견이 좋아하는 장난감등을 고무줄에 묶어놓은 것입니다. 가만히 있는 장난감은 조금만 가지고 놀면 호기심이 줄어들지만 고무줄을 이용한 장난감은 물고당기면 계속 움직이므로 놀이의 즐거움과 호기심을 지속적으로 유지시켜주는 역할을 합니다.

◆ **교정방법 3** ◆

① 물어도 되는 것과 물지 말아야 하는 것을 인식 시켜주는 교육입니다. 반려견들이 많은 호기심을 보이는 물건을 사람이 관찰을 하여 물어도 되는 것은 신나게 함께 놀아주며 물지 말아야 하는 것을 물려고 하거나 관심을 가지려하면 강하게 야단을 쳐줍니다.(특히 슬리퍼나. 화초. 화장지 등)

② 반복교육을 하면 서서히 무는 것과 물지 말아야 하는 것을 구분을 하며 사람이 없을 때는 크레이트 안에 가두거나 반려견들만의 공간을 만들어서 생활을 하도록 만들어 줍니다.

③ "반려견들이 물고 뜯는 행동은 즐거운 놀이이며, 행복을 즐기는 과정입니다"

④ 물고 노는 놀이는 행동으로 힘을 기르며 장난을 통해 서열을 상

위로 올라가기 위한 과정으로 발전을 합니다. 이갈이 시기에 문제가 되는 행동이 습관으로 발전 한다면 물건에 대한집착, 사람에 대한공격성, 반려견과의 서열다툼 등 문제행동이 됩니다. 이 시기는 모든 것을 매우 빠르게 받아들이는 시기이므로 올바른 예절교육을 시켜 주어야 합니다.

Q. 장난감, 간식 대해 집착이 심합니다.
A.

◆ 개요 ◆

자기가 좋아 하는 것에 대한 집착이 강하면 빼앗길지도 모른다는 생각으로 자기가 가진 물건은 주려하지 않습니다. 자기 소유욕이 강하게 나타나면 공격적이거나 물려는 행동으로 이어질 수 있습니다. 자기물건이라는 것에 대한 집착은 반려견이 특히 좋아하는 장난감, 먹이, 간식, 반려인에까지 이르며 소유욕이 강해지는 것은 결국은 반려견의 서열이 상위로 올라갔기 때문입니다. 집착이 심해지면 분리불안의 원인이 되기도 하며, 심지어 출산한 반려견이 자기 새끼보다도 장난감이나 사람에 대한 집착을 더 강하게 나타내는 경우도 있습니다.

◆ 원인 ◆

① 보통 어린시기 반려견들에게 생기는 것으로 먹이에 대한 욕심이 강하게 나타납니다. 간식이나 먹이를 가지고 반려견에게 장난을 치는 경우가 있습니다.

② 줄까. 말까 약을 올리며 장난을 치지요. 또한 장난감도 가지고 놀다가 반려인이 빼앗는다는 인식을 심어주게 되면 반려인에게 주지 않으려고 자기 집으로 장난감을 가지고 숨게 됩니다. 이 과정에서 장난감을 빼앗으려 하면 달려들거나 서서히 으르렁 거리

174

는 행동이 시작됩니다.

③ 반려인 역시 물건을 주지 않으면 약이 올라 반려견을 자극하는 행동을 하거나 소리를 지르게 됩니다. 반려견이 좋아하는 물건을 취할 때는 반려견으로 하여금 그것을 주어도 보다 좋은 보상이 돌아온다는 것을 느끼게 해주어야 합니다. 그러나 반려인이 자기 것을 빼앗는 사람으로 인식이 될 때는 시간이 지나면서 강한 집착을 가지게 됩니다.

◆ 반려견들의 행동 ◆

○ 자기가 좋아하는 것이 있으면 숨기려 합니다.

○ 장난감 놀이를 하면 바로 가져 오는 것이 아니라 반려인에게 주지않으려는 행동을 합니다.

○ 좋아하는 장난감이나 간식을 주면 바로 자기 집으로 갑니다.

○ 물건을 입에 갖게 되면 반려인을 피하는 행동을 합니다.

○ 빼앗으려하면 으르렁 거립니다.

○ 물건에 손을 대면 달려듭니다.

○ 좋아하는 물건을 보면 흥분을 하거나 달라고 보챕니다.

○ 꼬리를 치고 짖거나 애교를 부립니다.

○ 물건을 쟁취하면 표정은 달라집니다.

○ 좋아하는 것을 가지려 하면 순간적으로 달려듭니다.

◆ 교정방법 ◆

① 집착을 심하게 보이는 것이 있다면 그 물품 목록을 작성해 보시기 바랍니다.

② 강제로 반려견의 물건을 빼앗는 것은 반려견들의 성격을 날카롭게 만듭니다.

③ 또한 먹이나 장난감을 가지고 입에 물고 있는 것을 인위적으로 빼앗으려 한다면 빼앗기지 않으려고 이리저리 피하게 되며 서서

히 사람을 경계합니다. 결국은 반려견의 성격을 예민하게 만들게
됩니다.

④ 물건에 대한 집착이 강한 경우에 쵸크체인을 걸어주고 좋아하는
장난감이나 간식을 줍니다. 그리고 "놔"라는 명령을 내리고 목
줄을 들어 줍니다. 목줄을 들고 있을 때 스스로 장난감을 내려놓
게 되면 칭찬을 합니다. 여기서 반려인이 장난감을 **빼앗는다는**
인식을 심어 주는 것이 아니라 스스로 장난감을 놓쳤다고 인식
하게 하는 것이 중요합니다.

⑤ 바닥에 떨어진 물건을 손으로 잡고 다시 반려견이 갖게 만들어
줍니다.

⑥ 같은 방법으로 반려견이 입에 물면 다시 놔라는 명령으로 반려
견이 장난감을 포기하도록 하는 것을 반복 합니다.

⑦ 좋아하거나 집착이 심한 것에 대해서는 좀 더 강하고 확실하게
제재를 하거나 반려견이 좋아하는 놀이를 통해 반려인과 함께하
는 것이 물건에 집착하는 것보다 더 즐겁다는 것을 인식시켜 줍
니다.

⑧ 먹이를 먹을 때는 **빼앗는** 행동을 하지마세요.

⑨ 장난감 놀이는 놀고 난 후에는 반드시 치워 주시기를 바랍니다.
그래야만 다음 놀이를 기대하게 되고, 싫증을 내지않게 되며 장
난감은 집착의 대상이 아니란 것을 알게 됩니다.

Part I. 반려동물 분실·유기·학대

§1. 잃어버린 반려동물 찾기

1. 분실신고

① 동물등록이 되어 있는 반려동물을 잃어버린 경우에는 다음의 서류를 갖추어서 등록대상동물을 잃어버린 날부터 10일 이내에 시장·군수·구청장(자치구의 구청장을 말함)·특별자치시장(이하 "시장·군수·구청장"이라 함)에게 분실신고를 해야 합니다(「동물보호법」제12조제2항제1호 및 「동물보호법 시행규칙」제9조제2항).

1. 동물등록 변경신고서(「동물보호법 시행규칙」 별지 제1호서식)

2. 동물등록증

3. 주민등록표 초본(「전자정부법」제36조제1항에 따른 전자적 확인에 동의 하지 않는 경우에만 첨부)

② 동물보호관리시스템(www.animal.go.kr)에서도 분실신고가 가능합니다.

③ 잃어버린 반려동물에 대한 정보는 동물보호관리시스템(www.animal.go.kr)에 공고됩니다(「동물보호법 시행규칙」 별지 제1호서식 변경신고 안내란).

2. 반려동물 찾기

■ 주변 탐문

① 반려동물을 잃어버렸다면, 먼저 잃어버린 장소를 중심으로 그 주변에 있는 사람들에게 도움을 청하고, 근처 동물병원과 반려견센터 및 반려견 샵을 확인해 보는 것이 좋습니다.

② 또한 개인적으로 전단지를 만들어 탐문조사 시 사람들에게 나누어 줄 수 있으며, 반려동물을 잃어버린 지역에서 발행되는 지역정보지 등에 반려동물을 찾는 광고를 할 수도 있습니다.

■ 인터넷 사이트 활용

① 주변 탐문 후에도 찾지 못했을 경우에는 동물보호관리시스템 (www.animal.go.kr)을 통해 분실신고를 해야 합니다. 또한 동물 보호관리시스템을 통해서 전국에서 구조된 동물들을 확인할 수 있습니다.

② 지역에 따라 자체관리로 동물보호관리시스템(www.animal.go.kr) 에 포함되지 않을 수 있으니, 자세한 것은 해당지역 지방자치단 체의 동물보호담당자에게 문의하는 것이 좋습니다.

③ 또한, 해당 시·군·구의 인터넷 홈페이지 공고란 또는 해당 시·군· 구에 소재하는 동물보호센터를 찾아보아야 하고, 동물보호를 목 적으로 하는 법인이나 단체의 홈페이지도 확인해 보는 것이 좋 습니다.

■ 동물보호센터

① 지방자치단체에서는 도로·공원 등의 공공장소를 돌아다니는 반려 동물을 발견하면 그 동물을 해당 지방자치단체에서 운영 또는 위 탁한 동물보호센터에서는 구조한 동물을 일정기간 보호하면서 소 유자와 소유자를 위해 반려동물의 사육·관리 또는 보호에 종사하 는 사람(이하 "소유자 등"이라 함)이 반려동물을 찾을 수 있도록 7일 이상 공고하고 있습니다(「동물보호법」 제17조 및 「동물보호 법 시행령」 제7조제1항).

② 따라서, 해당 지방자치단체의 인터넷 홈페이지 공고란 또는 해당 지방자치단체에 소재하는 동물보호센터를 찾아보아야 합니다.

■ 경찰서

① 반려동물이 다른 사람에 의해 구조되었다면 그 사람이 경찰서(지 구대·파출소·출장소를 포함) 또는 자치경찰단 사무소(제주특별자

치도의 경우)에 습득사실을 알렸을 수 있습니다(「유실물법」 제1
조제1항, 제12조, 「유실물법 시행령」 제1조제1항).

② 반려동물의 습득신고를 받으면 해당 경찰서 등 게시판에 습득사
실이 공고되므로 관할 경찰서 등도 확인해 보아야 합니다(「유실
물법」 제1조제2항 후단, 「유실물법 시행령」 제3조제1항).

§2. 반려동물 주인 찾기

1. 반려동물 주인 찾아주기

① 길을 잃고 방황하는 반려동물을 보면, 주변에 소유자와 소유자를
위해 반려동물의 사육·관리 또는 보호에 종사하는 사람(이하 "소
유자 등"이라 함)이 있는지 먼저 확인해야 합니다. 소유자 등이
그 동물을 잠시 풀어놓은 것일 수도 있고, 반려동물이 없어진 사
실을 알고 찾는 중일 수도 있기 때문입니다.

② 만일, 소유자 등을 찾지 못했다면 다음과 같은 방법을 통해 주인
을 찾아줍니다.

1. 동물보호상담센터(☎ 1577-0954)에 전화해서 동물 발견사실을
신고하거나 관할 지방자치단체, 해당 유기동물 보호시설에 신고
해야 합니다.

2. 해당 지역의 동물보호센터에 전화해서 동물을 맡깁니다.

3. 경찰서(지구대·파출소·출장소를 포함) 또는 자치경찰단 사무소(제
주특별자치도의 경우)에 동물을 맡깁니다(「유실물법」 제1조제1항
및 제12조, 「유실물법 시행령」 제1조제1항).

2. 유기 및 유실동물의 신고

① 누구든지 버려지거나(유기된) 주인을 잃은(유실된) 동물을 발견한
경우에는 관할 지방자치단체의 장 또는 동물보호센터에 신고할
수 있습니다(「동물보호법」 제16조제1항제2호).

② 또한, 다음에 해당하는 사람은 그 직무상 유실 및 유기된 동물을 발견한 경우에는 지체 없이 관할 지방자치단체의 장 또는 동물보호센터에 신고해야 합니다(「동물보호법」 제16조제2항).

1. 「민법」 제32조에 따른 동물보호를 목적으로 하는 법인과 「비영리민간단체 지원법」 제4조에 따라 등록된 동물보호를 목적으로 하는 단체의 임원 및 회원
2. 「동물보호법」 제15조제1항에 따라 설치되거나 동물보호센터로 지정된 기관의 장과 그 종사자
3. 동물실험윤리위원회를 설치한 동물실험시행기관의 장과 그 종사자
4. 동물실험윤리위원회의 위원
5. 동물복지축산농장으로 인증을 받은 사람
6. 동물장묘업(動物葬墓業), 동물판매업, 동물수입업, 동물전시업, 동물위탁관리업, 동물미용업, 동물운송업으로 등록하여 영업하는 사람과 종사자, 동물생산업의 허가를 받아 영업하는 사람과 그 종사자
7. 수의사, 동물병원의 장과 그 종사자

§3. 반려동물 유기(遺棄) 금지

1. 유기 금지

① 반려동물을 계속 기를 수 없다고 해서 그 반려동물을 버려서는 안 됩니다(「동물보호법」 제8조제4항).
② 버려진 반려동물은 길거리를 돌아다니다가 굶주림·질병·사고 등으로 몸이 약해져 죽음에 이를 수 있고, 구조되어 동물보호시설에 보호조치 되더라도 일정 기간이 지나면 관할 지방자치단체가 동물의 소유권을 취득하여 기증 및 분양하거나 경우에 따라서는 수의사에 의한 인도적 방법에 따른 처리가 될 수 있습니다(「동물보호법」 제20조, 제21조, 제22조 참조).

③ 반려동물의 유기를 막기 위해서는 무엇보다도 반려동물이 죽음을 맞이할 때까지 평생 동안 적절히 보살피는 등 소유자가 보호자로서의 책임을 다하는 자세가 필요하며, 부득이한 경우에는 동물보호단체 등과 상담해 보시기 바랍니다.

2. 반려동물을 유기하면?

① 이를 위반하여 반려동물을 버리면 300만원 이하의 벌금에 처해집니다(「동물보호법」 제46조제4항제1호).

② 또한, 맹견을 버리면 2년 이하의 징역 또는 2천만원 이하의 벌금에 처해집니다(「동물보호법」 제46조제2항제1호의2).

3. 유기된 반려동물 보호 등

■ 유기된 반려동물에 대한 조치

① 동물보호센터의 보호조치

도로·공원 등의 공공장소에서 소유자 없이 배회하거나 사람으로부터 내버려진 반려동물 중 관할 지방자치단체장에 의해 구조되어 관할 지방자치단체에서 설치·운영 또는 위탁한 동물보호센터로 옮겨집니다(「동물보호법」 제14조제1항 및 제15조제1항 참조).

② 유기 및 유실동물의 처리절차

유기 및 유실동물은 관할 지방자치단체장에 의해 구조되어 관할 동물보호센터로 옮겨진 후 다음과 같은 절차를 따르게 됩니다.

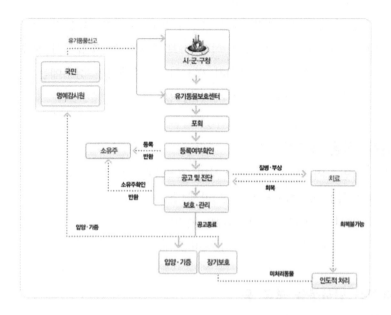

■ 유기동물 공고

관할 지방자치단체에서 운영 또는 위탁한 동물보호센터에서는 구조한 동물을 보호하고 있는 경우에는 동물의 소유자와 일시적 또는 영구적으로 동물을 사육·관리 또는 보호하는 사람(이하에서는 "소유자 등"이라 함)이 보호조치 사실을 알 수 있도록 동물보호관리시스템에 7일 이상 그 사실을 공고하여야 합니다(「동물보호법」 제17조, 「동물보호법 시행령」 제7조제1항).

■ 유기동물 공고 이후 주인을 찾은 경우

① 유기동물 공고 이후 소유자가 그 동물에 대하여 반환을 요구하는 경우 그 동물을 소유자에게 반환하여야 합니다(「동물보호법」 제18조제1항제1호).
② 다만, 소유자에게 동물의 보호비용이 청구될 수 있습니다(「동물보호법」 제19조제1항).

■ 유기동물 공고 이후 주인을 찾지 못한 경우

① 유기동물 공고가 있는 날부터 10일이 지나도 소유자 등을 알 수 없는 경우에는 「유실물법」 제12조 및 「민법」 제253조에도 불구하고 해당 지방자치단체장이 그 동물의 소유권을 취득하게 됩니다(「동물보호법」 제20조제1호).

② 동물의 소유권을 취득한 지방자치단체장은 동물이 적정하게 사육·관리될 수 있도록 특별시·광역시·도 및 특별자치도의 조례로 정하는 바에 따라 동물원, 동물을 애호하는 사람, 민간단체 등에 기증되거나 분양할 수 있습니다(「동물보호법」 제21조제1항).

③ 또한, 보호조치 중인 동물에게 질병 등 다음과 같은 사유가 있는 경우에는 인도적인 방법으로 처리됩니다[「동물보호법」 제22조제1항, 규제「동물보호법 시행규칙」 제22조, 「동물보호센터 운영지침」 (농림축산식품부 고시 제2021-89호, 2021. 12. 8. 발령, 2022. 1. 1. 시행) 제20조, 제21조, 제22조].

1. 동물이 질병 또는 상해로부터 회복될 수 없거나 지속적으로 고통을 받으며 살아야 할 것으로 수의사가 진단한 경우

2. 동물이 사람이나 보호조치 중인 다른 동물에게 질병을 옮기거나 위해를 끼칠 우려가 매우 높은 것으로 수의사가 진단한 경우

3. 기증 또는 분양이 곤란한 경우 등 관할 지방자치단체장이 부득이한 사정이 있다고 인정하는 경우

4. 길고양이의 중성화(TNR) 조치

■ 길고양이는?

도심지나 주택가에서 자연적으로 번식하여 자생적으로 살아가는 고양이(이하 "길고양이"라 함)로서 개체수 조절을 위해 중성화(中性化)하여 포획장소에 방사(放飼)하는 등의 조치 대상이거나 조치가 된 고양이로 구조·보호조치의 대상에서 제외된 동물입니다(「동물보호

법」제14조제1항 단서, 「동물보호법 시행규칙」제13조제1항).

■ **길고양이 중성화란?**

① 길고양이는 주인을 찾기 위한 목적으로 운영되는 동물보호센터에서 보호조치하는 대신 포획(Trap)해 중성화 수술(Neuter)을 한 뒤 제자리에 방사(Return)합니다[「동물보호법 시행규칙」제13조제1항, 「고양이 중성화사업 실시 요령」(농림축산식품부고시 제2021-88호, 2021. 11. 30. 발령, 2022. 1. 1. 시행) 제5조, 제6조, 제7조].

② 길고양이 중성화사업은 길고양이의 개체 수를 조절해 길고양이 발정이나 영역다툼으로 인한 소음을 줄여 사람과 길고양이가 함께 공존하기 위함입니다.

③ 길고양이 중성화사업은 특별시장·광역시장·도지사 및 특별자치도지사·특별자치시장 또는 시장·군수·구청장(자치구의 구청장을 말함)이 시행 또는 위탁합니다(「고양이 중성화사업 실시 요령」제2조). 그러므로 길고양이를 발견하면 해당 지역 지방자치단체에 신고하시면 됩니다.

<길고양이 중성화(TNR) 시행 절차>

§4. 반려동물에 금지되는 학대행위

1. 동물학대의 개념

"동물학대"란 동물을 대상으로 정당한 사유 없이 불필요하거나 피할 수 있는 신체적 고통과 스트레스를 주는 행위 및 굶주림, 질병 등에 대하여 적절한 조치를 게을리 하거나 방치하는 행위를 말합니다(「동물보호법」 제2조제1호의2).

2. 금지되는 학대행위

① 반려동물 학대 금지

누구든지 반려동물에게 다음의 학대행위 등을 해서는 안 됩니다(「동물보호법」 제8조제1항부터 제3항까지, 「동물보호법 시행규칙」 제4조제1항·제2항·제3항·제6항).

1. 목을 매다는 등의 잔인한 방법으로 죽음에 이르게 하는 행위

2. 길거리 등 공개된 장소에서 죽이거나 같은 종류의 다른 동물이 보는 앞에서 죽음에 이르게 하는 행위

3. 고의로 사료 또는 물을 주지 아니하는 행위로 인하여 동물을 죽음에 이르게 하는 행위

4. 사람의 생명·신체에 대한 직접적 위협이나 재산상의 피해를 방지하기 위하여 다른 방법이 있음에도 불구하고 동물을 죽음에 이르게 하는 행위

5. 동물의 습성 및 생태환경 등 부득이한 사유가 없음에도 불구하고 해당 동물을 다른 동물의 먹이로 사용하는 경우

6. 도구·약물 등 물리적·화학적 방법을 사용하여 상해를 입히는 행위. 다만, 질병의 예방이나 치료, 동물실험, 긴급한 사태가 발생한 경우 해당 동물을 보호하기 위하여 하는 행위는 제외합니다.

7. 살아 있는 상태에서 동물의 신체를 손상하거나 체액을 채취하거나 체액을 채취하기 위한 장치를 설치하는 행위. 다만, 질병의

예방이나 치료, 동물실험, 긴급한 사태가 발생한 경우 해당 동물을 보호하기 위하여 하는 행위는 제외합니다.

8. 도박·광고·오락·유흥 등의 목적으로 동물에게 상해를 입히는 행위. 다만, 「전통 소싸움 경기에 관한 법률」에 따른 소싸움으로서 「지방자치단체장이 주관(주최)하는 민속 소싸움 경기」(농림축산식품부고시 제2013-57호,2013. 5. 27. 발령·시행)에서 정하는 민속 소싸움 경기는 제외합니다.

9. 사람의 생명·신체에 대한 직접적 위협이나 재산상의 피해를 방지하기 위하여 다른 방법이 있음에도 불구하고 동물에게 신체적 고통을 주거나 상해를 입히는 행위

10. 동물의 습성 또는 사육환경 등의 부득이한 사유가 없음에도 불구하고 동물을 혹서·혹한 등의 환경에 방치하여 신체적 고통을 주거나 상해를 입히는 행위

11. 갈증이나 굶주림의 해소 또는 질병의 예방이나 치료 등의 목적 없이 동물에게 음식이나 물을 강제로 먹여 신체적 고통을 주거나 상해를 입히는 행위

12. 동물의 사육·훈련 등을 위하여 필요한 방식이 아님에도 불구하고 다른 동물과 싸우게 하거나 도구를 사용하는 등 잔인한 방식으로 신체적 고통을 주거나 상해를 입히는 행위

13. 유실·유기동물 또는 피학대 동물 중 소유자를 알 수 없는 동물에 대하여 포획하여 판매하거나 죽이는 행위, 판매하거나 죽일 목적으로 포획하는 행위

14. 유실·유기동물 또는 피학대 동물 중 소유자를 알 수 없는 동물임을 알면서도 알선·구매하는 행위

② 반려 목적으로 기르는 동물에 대한 사육·관리 의무 위반

반려(伴侶) 목적으로 기르는 개, 고양이, 토끼, 페럿, 기니피그 및 햄스터에게 최소한의 사육공간 제공 등 사육·관리 의무를 위반하여 상해를 입히거나 질병을 유발하는 행위를 해서는 안 됩니다

(「동물보호법」 제8조제2항, 「동물보호법 시행규칙」 제1조의2 및 제4조제5항, 별표 1의2).

③ 반려동물 유기 금지

소유자와 소유자를 위해 반려동물의 사육·관리 또는 보호에 종사하는 사람(이하 "소유자 등"이라 함)은 반려동물을 유기(遺棄)해서는 안 됩니다(「동물보호법」 제8조제4항).

④ 그 밖의 금지 행위

누구든지 다음의 행위를 해서는 안 됩니다(「동물보호법」 제8조제5항 및 「동물보호법 시행규칙」 제4조제7항·제8항).

1. 「동물보호법」 제8조제1항부터 제3항까지에 해당하는 행위를 촬영한 사진 또는 영상물을 판매·전시·전달·상영하거나 인터넷에 게재하는 행위. 다만, 국가기관, 지방자치단체 또는 민간단체가 동물보호 의식을 고양시키기 위한 목적으로 촬영한 사진 또는 영상물(이하에서는 "사진 또는 영상물"이라 함)에 기관 또는 단체의 명칭과 해당 목적을 표시하여 판매·전시·전달·상영하거나 인터넷에 게재하는 경우, 언론기관이 보도 목적으로 사진 또는 영상물을 부분 편집하여 전시·전달·상영하거나 인터넷에 게재하는 경우 및 신고 또는 제보의 목적으로 기관 또는 단체에 사진 또는 영상물을 전달하는 경우에는 제외합니다.

2. 도박을 목적으로 동물을 이용하거나 도박·시합·복권·오락·유흥·광고 등 의상이나 경품으로 동물을 제공하는 행위

3. 도박·시합·복권·오락·유흥·광고 등의 상이나 경품으로 동물을 제공하는 행위. 다만, 「사행산업통합감독위원회법」에 따른 사행산업은 제외합니다.

4. 영리를 목적으로 동물을 대여하는 행위. 다만, 장애인 보조견을 대여하는 경우, 촬영, 체험 또는 교육을 위하여 동물을 대여하는 경우는 제외합니다.

> ### ■ 관련판례 1
> **「동물보호법」제8조제1항제1호에서 규정하는 '잔인한 방법으로 죽이는 행위'는 행위를 하는 것 자체로 구성요건을 충족하는지 여부**
>
> 「동물보호법」제8조제1항제1호에서 규정하는 '잔인한 방법으로 죽이는 행위'는 '잔인한 방법으로 죽이는 행위'를 하는 것 자체로 구성요건을 충족한다고 판례는 보고 있습니다<대법원 2016. 1. 28. 선고 2014도2477 판결>.
>
> ### ■ 관련판례 2
> **개를 감전시켜 죽이는 '전기 도살'이 규제「동물보호법」제8조제1항제1호에서 금지하는 '잔인한 방법'인지 판단하는 기준**
>
> 개를 묶은 상태에서 전기가 흐르는 쇠꼬챙이를 개의 주둥이에 대어 감전시키는 방법이 규제「동물보호법」제8조제1항제1호에서 금지하는 잔인한 방법에 해당하는지 여부는 해당 도살방법의 허용이 동물의 생명 존중 등 국민 정서에 미치는 영향, 동물별 특성 및 그에 따라 해당 도살방법으로 인해 겪을 수 있는 고통의 정도와 지속시간, 대상 동물에 대한 그 시대, 사회의 인식 등을 종합적으로 고려하여 판단해야 한다고 판시하고 있습니다<대법원 2018. 9. 13. 선고 2017도16732 판결>.

3. 동물학대를 신고할 수 있는 곳

■ 지방자치단체장 또는 동물보호센터

① 누구든지 학대를 받는 동물을 발견한 경우에는 관할 지방자치단체의 장 또는 동물보호센터에 신고할 수 있습니다(「동물보호법」제16조제1항제1호).

② 또한 다음에 해당하는 사람은 그 직무상 학대받는 동물을 발견한 경우에는 지체 없이 관할 지방자치단체의 장 또는 동물보호센터에 신고해야 합니다(「동물보호법」제16조제2항).

1. 「민법」제32조에 따른 동물보호를 목적으로 하는 법인과 「비영

리민간단체 지원법」 제4조에 따라 등록된 동물보호를 목적으로 하는 단체의 임원 및 회원
2. 「동물보호법」 제15조제1항에 따라 설치되거나 동물보호센터로 지정된 기관의 장과 그 종사자
3. 동물실험윤리위원회를 설치한 동물실험시행기관의 장과 그 종사자
4. 동물실험윤리위원회의 위원
5. 동물복지축산농장으로 인증을 받은 사람
6. 동물장묘업(動物葬墓業), 동물판매업, 동물수입업, 동물전시업, 동물위탁관리업, 동물미용업, 동물운송업으로 등록하여 영업하는 사람과 종사자, 동물생산업의 허가를 받아 영업하는 사람과 그 종사자
7. 수의사, 동물병원의 장과 그 종사자
8. 동물학대를 신고 또는 제보를 목적으로 국가기관, 지방자치단체, 「동물보호법 시행령」 제5조에 따른 동물보호를 목적으로 하는 법인이나 비영리 민간단체 또는 언론기관에 동물학대 행위를 촬영한 사진 또는 영상물을 전달하는 경우에는 예외적으로 동물학대 행위를 촬영한 사진 또는 영상물을 상영하거나 인터넷에 게재할 수 있습니다(「동물보호법」 제8조제5항제1   호 단서, 「동물보호법 시행규칙」 제4조제7항제3호).

■ 경찰서
① 누구든지 동물을 학대 등을 목격한 경우 범행 입증 자료 등을 준비해 가까운 경찰서(지구대·파출소·출장소를 포함) 또는 자치경찰단 사무소(제주특별자치도의 경우)에 신고하시거나 경찰청 민원포털(https://minwon.police.go.kr) 국민신문고 범죄신고/제보 -일반범죄신고로 신고하시면 됩니다.
② 동물학대를 신고할 수 있는 대표적인 민간단체

한국동물보호협회(http://www.koreananimals.or.kr)

동물권단체 케어(http://fromcare.org)

동물자유연대(http://www.animals.or.kr)

4. 반려동물 학대행위자에 대한 처벌 등

■ 학대행위자에 대한 처벌

① 반려동물을 규제「동물보호법」 제8조제2항 또는 제3항을 위반하여 학대하면 2년 이하의 징역 또는 2천만원 이하의 벌금에 처해집니다(「동물보호법」 제46조제2항제1호).

② 다음 중 어느 하나에 해당하는 사람은 300만원이하의 벌금에 처해집니다(「동물보호법」 제46조제4항).

1. 동물을 유기한 소유자와 소유자를 위해 반려동물의 사육·관리 또는 보호에 종사하는 사람(이하 "소유자 등"이라 함)

2. 동물학대 행위 사진 또는 영상물을 판매·전시·전달·상영하거나 인터넷에게재한 사람

3. 도박을 목적으로 동물을 이용하거나 도박·시합·복권·오락·유흥·광고 등 의상이나 경품으로 동물을 제공한 사람

4. 도박·시합·복권·오락·유흥·광고 등의 상이나 경품으로 동물을 제공한 사람

5. 영리를 목적으로 동물을 대여한 사람

6. 동물실험을 한 사람

③ 맹견을 유기한 소유자 등은 2년 이하의 징역 또는 2천만원 이하의 벌금에 처해집니다(「동물보호법」 제46조제2항제1호의2)

■ 양벌규정

① 법인의 대표자나 법인 또는 개인의 대리인, 사용인, 그 밖의 종업원이 그 법인 또는 개인의 업무에 관하여 「동물보호법」 제46

조에 따른 위반행위를 하면 그 행위자를 벌하는 외에 그 법인 또는 개인에게도 벌금형을 과합니다.

② 다만, 법인 또는 개인이 그 위반행위를 방지하기 위하여 해당 업무에 관하여 상당한 주의와 감독을 게을리하지 아니한 경우에는 그렇지 않습니다(「동물보호법」 제46조의2).

5. 학대받은 반려동물에 대한 조치

① 학대받은 반려동물 조치

반려동물에 대한 학대행위 등이 이루어지고 있다는 신고가 접수되면 관할 지방자치단체장은 다음의 조치를 취할 수 있습니다(「동물보호법」 제39조제1항제3호, 제14조제1항, 「동물보호법 시행규칙」 제46조제1호, 제14조).

② 동물학대 행위를 중지하는 명령

동물학대 행위를 중지하는 시정명령을 이행하지 않는 소유자 등은 100만원이하의 과태료를 부과받습니다(「동물보호법」 제47조제2항제13호, 「동물보호법 시행령」 제20조제1항 및 별표 제2호처목).

③ 소유자로부터 학대를 받아 적정하게 치료·보호받을 수 없다고 판단되는 동물은 3일 이상 소유자로부터 격리하여 치료·보호

6. 동물보호감시원

① 자격

농림축산식품부장관, 농림축산검역본부장, 특별시장·광역시장·도지사및 특별자치도지사, 시장·군수·구청장(자치구의 구청장을 말함)·특별자치시장이 동물보호감시원을 지정할 때에는 다음 중 어느 하나에해당하는 소속 공무원 중에서 동물보호감시원을 지정해야 합니다(「동물보호법」 제40조세1항, 「동물보호법 시행령」 제14조제1항 및 제2항).

1. 수의사 면허가 있는 사람
2. 축산기술사, 축산기사, 축산산업기사 또는 축산기능사 자격이 있는 사람
3. 수의학·축산학·동물관리학·애완동물학·반려동물학 등 동물의 관리 및 이용 관련 분야, 동물보호 분야 또는 동물복지 분야를 전공하고 졸업한 사람
4. 그 밖에 동물보호·동물복지·실험동물 분야에 관련된 사무에 종사한 경험이 있는 사람
② 동물보호감시원의 직무

　동물보호감시원은 다음의 직무를 수행합니다(「동물보호법」 제40조제2항 및 「동물보호법 시행령」 제14조제3항).

1. 동물의 적정한 사육·관리에 대한 교육 및 지도
2. 동물학대행위의 예방, 중단 또는 재발방지를 위한 조치
3. 동물의 적정한 운송과 반려동물 전달 방법에 대한 지도
4. 동물의 도살방법에 대한 지도
5. 등록대상동물의 등록 및 등록대상동물의 관리에 대한 감독
6. 맹견의 관리 및 출입금지 등에 대한 감독
7. 동물보호센터의 운영에 관한 감독
8. 윤리위원회의 구성·운영 등에 관한 지도·감독 및 개선명령의 이행 여부에 대한 확인 및 지도
9. 동물복지축산농장으로 인증 받은 농장의 인증기준 준수 여부 감독
10. 동물장묘업, 동물판매업, 동물수입업, 동물전시업, 동물위탁관리업, 동물미용업, 동물운송업의 시설·인력 등 등록사항, 준수사항, 교육 이수 여부에 관한 감독
11. 반려동물을 위한 장묘시설의 설치·운영에 관한 감독
12. 동물생산업의 허가사항, 준수사항, 교육 이수 여부에 관한 감독
13. 「동물보호법」 제39조에 따른 조치, 보고 및 자료제출 명령의 이행 여부 등에 관한 확인·지도

14. 동물보호명예감시원에 대한 지도

15. 그 밖에 동물의 보호 및 복지 증진에 관한 업무

7. 동물보호감시원의 권한

동물보호감시원은 소속 관서 관할 구역에서 발생하는「동물보호법」
에 규정된 범죄에 관하여 수사할 수 있는 사법경찰관의 직무를 수
행합니다(「사법경찰관리의 직무를 수행할 자와 그 직무범위에 관한
법률」제5조제42호의2, 제6조제39호의2).

8. 동물보호감시원의 직무방해 등 금지

① 동물특성에 따른 출산, 질병 치료 등 부득이한 사유가 없는 한
   누구든지 동물보호감시원의 직무 수행을 거부·방해 또는 기피해
   서는 안 됩니다(「동물보호법」제40조제4항).

② 동물보호감시원의 직무 수행을 거부·방해 또는 기피한 사람은 100
   만원이하의 과태료를 부과받습니다(「동물보호법」 제47조제2항제
   15호,「동물보호법 시행령」제20조제1항 및 별표 제2호터목).

9. 동물보호명예감시원

■ 자격 및 위촉

농림축산식품부장관, 특별시장·광역시장·도지사 및 특별자치도지사·
특별자치시장(이하 "시·도지사"라 함), 시장·군수·구청장(자치구의 구
청장을 말함)이 동물보호명예감시원을 위촉할 때에는 다음 중 어느
하나에 해당하는 사람으로서「동물보호명예감시원 운영규정」(농림축
산식품부 고시 제2021-61호, 2021. 8. 26. 발령·시행) 제5조의 교
육과정을 마친 사람을 명예감시원으로 위촉해야 합니다(「동물보호
법」제41조제1항,「동물보호법 시행령」제15조제1항).

1. 동물보호를 목적으로 하는 법인 또는 비영리민간단체로부터 추천

받은 사람

2. 수의사 면허가 있는 사람
3. 축산기술사, 축산기사, 축산산업기사 또는 축산기능사 자격이 있는 사람
4. 수의학·축산학·동물관리학·애완동물학·반려동물학 등 동물의 관리 및 이용 관련 분야, 동물보호 분야 또는 동물복지 분야를 전공하고 졸업한 사람
5. 그 밖에 동물보호·동물복지·실험동물 분야에 관련된 사무에 종사한 경험이 있는 사람
6. 동물보호에 관한 학식과 경험이 풍부하고, 명예감시원의 직무를 성실히 수행할 수 있는 사람

■ **교육 이수**
① 동물보호명예감시원이 되려면 직무수행에 관해 필요한 교육과정을 이수해야 하는데, 교육의 내용은 다음과 같습니다(「동물보호명예감시원 운영규정」 제6조제1항).
1. 동물보호법령
2. 동물보호·복지 정책의 이해
3. 안전하고 위생적인 동물 사육, 관리 및 질병 예방
4. 동물복지이론 및 국제동향
5. 그 밖에 동물의 구조, 관계법령 등 동물보호, 복지에 관한 사항
② 동물보호명예감시원으로 위촉받고자 하는 사람은 위의 교육을 6시간 이상 받아야 합니다(「동물보호명예감시원 운영규정」 제6조제3항).

■ 위촉 및 활동기간

① 농림축산검역본부장, 시·도지사 또는 시장·군수·구청장(자치구의 구청장을 말함)은 명예감시원 신청자를 대상으로 동물보호명예감 시원의 자격을 충족한 자 중 적격자를 선정하여 위촉해야 합니 다(「동물보호명예감시원 운영규정」 제2조 및 제3조제1항 참조).

② 동물보호명예감시원의 활동기간은 위촉일로부터 3년이며, 특별한 사유가 없는 경우 위촉기간 만료 후에 재위촉할 수 있습니다(「동 물보호명예감시원 운영규정」 제3조제3항 본문).

③ 지역별로 위촉되는 동물보호명예감시원 위촉인원은 「동물보호명 예감시원 운영규정」 별표에서 확인하실 수 있습니다.

10. 동물보호명예감시원의 하는 일

① 동물보호명예감시원의 직무

동물보호명예감시원은 다음의 직무를 수행합니다(「동물보호법」 제 41조제2항 및 「동물보호법 시행령」 제15조제3항).

1. 동물보호 및 동물복지에 관한 교육·상담·홍보 및 지도
2. 동물학대행위에 대한 신고 및 정보 제공
3. 동물보호감시원의 직무 수행을 위한 지원
4. 학대받는 동물의 구조·보호 지원

11. 동물보호명예감시원의 해촉

동물보호명예감시원이 ① 사망·질병 또는 부상 등의 사유로 직무 수 행이 곤란하게 된 경우 ② 그 직무를 성실히 수행하지 않거나 ③ 직무와 관련해 부정한 행위를 하면 위촉을 해제할 수 있습니다(「동 물보호법」 제41조제2항 및 「동물보호법 시행령」 제15조제2항).

Part J. 반려동물 장례치르기

§1. 반려동물 사체처리 방법과 말소신고

1. 매장

① 동물병원에서 죽은 경우

- 반려동물이 동물병원에서 죽은 경우에는 의료폐기물로 분류되어 동물병원에서 자체적으로 처리되거나 폐기물처리업자 또는 폐기물처리시설 설치·운영자 등에게 위탁해서 처리됩니다(「폐기물관리법」 제2조제4호·제5호, 제18조제1항, 「폐기물관리법 시행령」 별표 1 제10호 및 별표 2 제2호가목, 「폐기물관리법 시행규칙」 별표 3 제6호).

- 반려동물의 소유자가 원할 경우 병원으로부터 반려동물의 사체를 인도받아 「동물보호법」 제33조제1항에 따른 동물장묘업의 등록한 자가 설치·운영하는 동물장묘시설에서 처리할 수 있습니다(「동물보호법」 제22조제3항 참조).

② 동물병원 외의 장소에서 죽은 경우

반려동물이 동물병원 외의 장소에서 죽은 경우에는 생활폐기물로 분류되어 해당 지방자치단체의 조례에서 정하는 바에 따라 생활쓰레기봉투 등에 넣어 배출하면 생활폐기물 처리업자가 처리하게 됩니다(「폐기물관리법」 제2조제1호·제2호, 제14조제1항·제2항·제5항, 「폐기물관리법 시행령」 제7조제2항, 「폐기물관리법 시행규칙」 제14조 및 별표 5제1호).

2. 화장

① 동물병원에서 죽은 경우

반려동물이 동물병원에서 죽은 경우에는 동물병원에서 처리될 수 있는데, 소유자가 원하면 반려동물의 사체를 인도받아 동물장묘업의 등록을 한 자가 설치·운영하는 동물장묘시설에서 화장할 수 있습니다(「폐기물관리법」 제18조제1항, 「폐기물관리법 시행령」 제7조제2항, 「폐기물관리법 시행규칙」 제14조 및 별표 5 제5호 가목).

② 동물병원 외의 장소에서 죽은 경우

반려동물이 동물병원 외의 장소에서 죽은 경우에는 소유자는동물장묘업의 등록을 한 자가 설치·운영하는 동물장묘시설에 위탁해 화장할 수 있습니다(「동물보호법 시행규칙」 제36조제1호나목).

3. 장례 및 납골

① 반려동물의 장례와 납골도 동물장묘업의 등록을 한 자가 설치·운영하는 동물장묘시설에 위임할 수 있습니다(「동물보호법 시행규칙」 제36조제1호).

② '동물장묘업자'란 동물전용의 장례식장·화장장 또는 납골시설을 설치·운영하는 자를 말하며, 필요한 시설과 인력을 갖추어서 시장·군수·구청장(자치구의 구청장을 말함)에 동물장묘업 등록을 해야 합니다(「동물보호법」 제32조제1항제1호, 제33조제1항 「동물보호법 시행규칙」 제35조, 별표 9).

③ 동물장묘업 등록 여부 확인해야 합니다.

④ 동물장묘업은 필요한 시설과 인력을 갖추어서 시장·군수·구청장에 동물장묘업 등록을 해야 하므로 반드시 시·군·구에 등록된 업체인지 확인해야 합니다(「동물보호법」 제32조제1항제1호, 제33조제1항 「동물보호법 시행규칙」 제35조, 별표 9).

⑤ 동물장묘업자에게는 일정한 준수의무가 부과(「동물보호법」 제36조, 「동물보호법 시행규칙」 제43조 및 별표 10)되기 때문에 동물장묘업 등록이 된 곳에서 반려동물의 장례·화장·납골을 한 경

우에만 나중에 분쟁이 발생했을 때 훨씬 대처하기 쉬울 수 있습니다.

⑥ 동물장묘업 등록 여부는 영업장 내에 게시된 동물장묘업 등록증으로 확인할 수 있습니다(「동물보호법 시행규칙」 제37조제4항, 제43조, 별표 10 제1호가목, 별지 제16호서식). 또한, 동물장묘업자마다 장례, 화장, 납골이 구분되어 있으니 시설 보유 여부를 확인해야 합니다.

⑦ 이를 위반해서 동물장묘업가 동물장묘업 등록을 하지 않고 영업하면 500만원 이하의 벌금에 처해집니다(「동물보호법」 제46조제3항제2호).

4. 동물등록 된 반려동물 말소신고

① 동물등록이 되어 있는 반려동물이 죽은 경우에는 다음의 서류를 갖추어서 반려동물이 죽은 날부터 30일 이내에 동물등록 말소신고를 해야 합니다(「동물보호법」 제12조제2항제2호, 「동물보호법 시행규칙」 제9조제1항제4호 및 제2항).

1. 동물등록 변경신고서(「동물보호법 시행규칙」 별지 제1호서식)

2. 동물등록증

3. 등록동물의 폐사 증명 서류

② 이를 위반하여 정해진 기간 내에 신고를 하지 않은 소유자는 50만원 이하의 과태료를 부과 받습니다(「동물보호법」 제47조제3항제1호, 「동물보호법 시행령」 제20조제1항 및 별표 제2호마목).

Q. 반려동물이 죽으면 사체처리는 어떻게 하나요?

A. 반려동물이 동물병원에서 죽은 경우에는 의료폐기물로 분류되어 동물병원에서 처리되는 경우도 있고, 소유자가 원할 경우 반려동물의 사체를 인도받아 동물장묘업의 등록한 자가 설

치 운영하는 화장시설에서 화장할 수 있고, 생활폐기물로 분류되어 생활쓰레기봉투 등에 넣어 배출할 수 있습니다.

◇ **의료폐기물로 처리**

반려동물이 동물병원에서 죽은 경우에는 의료폐기물로 분류되어 동물병원에서 처리되는 경우가 많습니다. 그러나 소유자가 원할 경우 반려동물의 사체를 인도받아 동물장묘업의 등록한 자가 설치·운영하는 화장시설에서 화장할 수 있습니다.

◇ **규격 쓰레기봉투로 배출 처리**

반려동물이 동물병원이 아닌 장소에서 죽은 경우에는 생활폐기물로 분류되어 해당 지방자치단체의 조례에서 정하는 바에 따라 생활쓰레기봉투 등에 넣어 배출할 수 있습니다. 그러나 소유자가 원할 경우 동물장묘업의 등록한 자가 설치·운영하는 화장시설에서 화장할 수 있습니다.

◇ **화장**

반려동물이 죽은 경우 소유자는 동물장묘업의 등록한 자가 설치·운영하는 화장시설에서 화장할 수 있습니다.

◇ **벌칙 또는 과태료**

동물의 사체를 함부로 버리거나 임의로 매립·화장하면 벌금·구류·과료형에 처해지거나 과태료를 부과받습니다.

◇ **동물등록 말소신고**

동물등록이 되어 있는 반려동물이 죽은 경우에는 30일 이내에 시장·군수·구청장(자치구의 구청장을 말함)·특별자치시장 또는 등록업무 대행기관에 동물등록 말소신고를 해야 합니다. 이를 위반하여 정해진 기간 내에 신고를 하지 않은 소유자는 50만 원이하의 과태료를 부과 받습니다.

§2. 반려동물 사체처리 금지행위

1. 사체투기 금지

① 반려동물이 죽으면 사체를 함부로 아무 곳에나 버려서는 안 됩니다(「경범죄 처벌법」 제3조제1항제11호, 규제「폐기물관리법」 제8조제1항).

② 특히, 공공수역, 공유수면, 항만과 같이 공중위해상 피해발생 가능성이 높은 장소에 버리는 행위는 금지됩니다(「물환경보전법」 제15조제1항제2호, 「공유수면 관리 및 매립에 관한 법률」 제5조제1호, 「항만법」 제28조제1항제1호).

③ "공공수역"이란 하천, 호수와 늪, 항만, 연안해역, 그 밖에 공공용으로 사용되는 수역과 이에 접속하여 공공용으로 사용되는 지하수로, 농업용 수로, 하수관로, 운하를 말합니다(「물환경보전법」 제2조제9호, 「물환경보전법 시행규칙」 제5조).

④ "공유수면"이란 다음의 것을 말합니다(「공유수면 관리 및 매립에 관한 법률」 제2조제1호).

1. 바다 : 「해양조사와 해양정보 활용에 관한 법률」 제8조제1항제3호에 따른 해안선으로부터 「배타적 경제수역 및 대륙붕에 관한 법률」에 따른 배타적 경제수역 외측 한계까지의 사이

2. 바닷가 : 「해양조사와 해양정보 활용에 관한 법률」 제8조제1항제3호에 따른 해안선으로부터 지적공부(地籍公簿)에 등록된 지역까지의 사이

3. 하천·호수와 늪·도랑, 그 밖에 공공용으로 사용되는 수면 또는 수류(水流)로서 국유인 것

⑤ "항만"이란 선박의 출입, 사람의 승선·하선, 화물의 하역·보관 및 처리, 해양친수활동 등을 위한 시설과 화물의 조립·가공·포장·제조 등 부가가치 창출을 위한 시설이 갖추어진 곳을 말합니다(「항만법」 제2조제1호).

2. 위반 시 제재

① 이를 위반해서 반려동물의 사체를 아무 곳에나 버리면 10만원 이하의 벌금·구류·과료형에 처해지거나 5만원의 범칙금 또는 100만원이하의 과태료를 부과 습니다(「경범죄 처벌법」 제3조제1항제11호, 제6조제1항, 「경범죄 처벌법 시행령」 제2조 및 별표, 「폐기물관리법」 제68조제3항제1호).

② 특히, 공공수역에 버리면 1년 이하의 징역 또는 1천만원 이하의 벌금에 처해지고(「물환경보전법」 제78조제3호), 공유수면에 버리면 3년 이하의 징역 또는 3천만원 이하의 벌금에 처해지며(「공유수면 관리 및 매립에 관한 법률」 제62조제1호), 항만에 버리면 2년 이하의 징역 또는 2천만원 이하의 벌금에 처해집니다 (「항만법」 제109조제5호).

3. 임의매립 및 소각 금지

① 동물의 사체는 「폐기물관리법」에 따라 허가 또는 승인받거나 신고된 폐기물처리시설에서만 매립할 수 있으며, 폐기물처리시설이 아닌 곳에서 매립하거나 소각하면 안 됩니다(「폐기물관리법」 제8조제2항 본문).

② 다만, 다음의 지역에서는 해당 특별자치시, 특별자치도, 시·군·구의 조례에서 정하는 바에 따라 소각이 가능합니다(「폐기물관리법」 제8조제2항 단서, 「폐기물관리법 시행규칙」 제15조제1항).

1. 가구 수가 50호 미만인 지역
2. 산간·오지·섬지역 등으로서 차량의 출입 등이 어려워 생활폐기물을 수집·운반하는 것이 사실상 불가능한 지역

③ 이를 위반하면 100만원이하의 과태료를 부과 습니다(「폐기물관리법」 제68조제3항제1호, 「폐기물관리법 시행령」 제38조의4 및 별표 8 제2호가목).

부록 : 관련법령

- 동물보호법
- 동물보호법시행령
- 동물보호법시행규칙

동물보호법

[시행 2021. 2. 12.]
[법률 제16977호, 2020. 2. 11., 일부개정]

제1장 총칙

제1조(목적) 이 법은 동물에 대한 학대행위의 방지 등 동물을 적정하게 보호·관리하기 위하여 필요한 사항을 규정함으로써 동물의 생명보호, 안전 보장 및 복지 증진을 꾀하고, 건전하고 책임 있는 사육문화를 조성하여, 동물의 생명 존중 등 국민의 정서를 기르고 사람과 동물의 조화로운 공존에 이바지함을 목적으로 한다. <개정 2018. 3. 20., 2020. 2. 11.>

제2조(정의) 이 법에서 사용하는 용어의 뜻은 다음과 같다. <개정 2013. 8. 13., 2017. 3. 21., 2018. 3. 20., 2020. 2. 11.>

1. "동물"이란 고통을 느낄 수 있는 신경체계가 발달한 척추동물로서 다음 각 목의 어느 하나에 해당하는 동물을 말한다.
   가. 포유류
   나. 조류
   다. 파충류·양서류·어류 중 농림축산식품부장관이 관계 중앙행정기관의 장과의 협의를 거쳐 대통령령으로 정하는 동물

1의2. "동물학대"란 동물을 대상으로 정당한 사유 없이 불필요하거나 피할 수 있는 신체적 고통과 스트레스를 주는 행위 및 굶주림, 질병 등에 대하여 적절한 조치를 게을리하거나 방치하는 행위를 말한다.

1의3. "반려동물"이란 반려(伴侶) 목적으로 기르는 개, 고양이 등 농림축산식품부령으로 정하는 동물을 말한다.

2. "등록대상동물"이란 동물의 보호, 유실·유기방지, 질병의 관리, 공중위생상의 위해 방지 등을 위하여 등록이 필요하다고 인정하여 대통령령으로 정하는 동물을 말한다.

3. "소유자등"이란 동물의 소유자와 일시적 또는 영구적으로 동물을 사육·관리 또는 보호하는 사람을 말한다.

3의2. "맹견"이란 도사견, 핏불테리어, 로트와일러 등 사람의 생명이나 신체에 위해를 가할 우려가 있는 개로서 농림축산식품부령으로 정하는 개를 말한다.

4. "동물실험"이란 「실험동물에 관한 법률」 제2조제1호에 따른 동물실험을 말한다.
5. "동물실험시행기관"이란 동물실험을 실시하는 법인·단체 또는 기관으로서 대통령령으로 정하는 법인·단체 또는 기관을 말한다.

제3조(동물보호의 기본원칙) 누구든지 동물을 사육·관리 또는 보호할 때에는 다음 각 호의 원칙을 준수하여야 한다. <개정 2017. 3. 21.>
1. 동물이 본래의 습성과 신체의 원형을 유지하면서 정상적으로 살 수 있도록 할 것
2. 동물이 갈증 및 굶주림을 겪거나 영양이 결핍되지 아니하도록 할 것
3. 동물이 정상적인 행동을 표현할 수 있고 불편함을 겪지 아니하도록 할 것
4. 동물이 고통·상해 및 질병으로부터 자유롭도록 할 것
5. 동물이 공포와 스트레스를 받지 아니하도록 할 것

제4조(국가·지방자치단체 및 국민의 책무) ① 국가는 동물의 적정한 보호·관리를 위하여 5년마다 다음 각 호의 사항이 포함된 동물복지종합계획을 수립·시행하여야 하며, 지방자치단체는 국가의 계획에 적극 협조하여야 한다. <개정 2017. 3. 21., 2018. 3. 20.>
1. 동물학대 방지와 동물복지에 관한 기본방침
2. 다음 각 목에 해당하는 동물의 관리에 관한 사항
   가. 도로·공원 등의 공공장소에서 소유자등이 없이 배회하거나 내버려진 동물(이하 "유실·유기동물"이라 한다)
   나. 제8조제2항에 따른 학대를 받은 동물(이하 "피학대 동물"이라 한다)
3. 동물실험시행기관 및 제25조의 동물실험윤리위원회의 운영 등에 관한 사항
4. 동물학대 방지, 동물복지, 유실·유기동물의 입양 및 동물실험윤리 등의 교육·홍보에 관한 사항
5. 동물복지 축산의 확대와 동물복지축산농장 지원에 관한 사항
6. 그 밖에 동물학대 방지와 반려동물 운동·휴식시설 등 동물복지에 필요한 사항
② 특별시장·광역시장·도지사 및 특별자치도지사·특별자치시장(이하 "시·도지사"라 한다)은 제1항에 따른 종합계획에 따라 5년마다 특별시

·광역시·도·특별자치도·특별자치시(이하 "시·도"라 한다) 단위의 동물복지계획을 수립하여야 하고, 이를 농림축산식품부장관에게 통보하여야 한다. <개정 2013. 3. 23.>

③ 국가와 지방자치단체는 제1항 및 제2항에 따른 사업을 적정하게 수행하기 위한 인력·예산 등을 확보하기 위하여 노력하여야 하며, 국가는 동물의 적정한 보호·관리, 복지업무 추진을 위하여 지방자치단체에 필요한 사업비의 전부나 일부를 예산의 범위에서 지원할 수 있다. <신설 2017. 3. 21.>

④ 국가와 지방자치단체는 대통령령으로 정하는 민간단체에 동물보호운동이나 그 밖에 이와 관련된 활동을 권장하거나 필요한 지원을 할 수 있다. <개정 2017. 3. 21.>

⑤ 모든 국민은 동물을 보호하기 위한 국가와 지방자치단체의 시책에 적극 협조하는 등 동물의 보호를 위하여 노력하여야 한다. <개정 2017. 3. 21.>

제5조(동물복지위원회) ① 농림축산식품부장관의 다음 각 호의 자문에 응하도록 하기 위하여 농림축산식품부에 동물복지위원회를 둔다. <개정 2013. 3. 23.>

1. 제4조에 따른 종합계획의 수립·시행에 관한 사항
2. 제28조에 따른 동물실험윤리위원회의 구성 등에 대한 지도·감독에 관한 사항
3. 제29조에 따른 동물복지축산농장의 인증과 동물복지축산정책에 관한 사항
4. 그 밖에 동물의 학대방지·구조 및 보호 등 동물복지에 관한 사항

② 동물복지위원회는 위원장 1명을 포함하여 10명 이내의 위원으로 구성한다.

③ 위원은 다음 각 호에 해당하는 사람 중에서 농림축산식품부장관이 위촉하며, 위원장은 위원 중에서 호선한다. <개정 2013. 3. 23., 2017. 3. 21.>

1. 수의사로서 동물보호 및 동물복지에 대한 학식과 경험이 풍부한 사람
2. 동물복지정책에 관한 학식과 경험이 풍부한 자로서 제4조제4항에 해당하는 민간단체의 추천을 받은 사람
3. 그 밖에 동물복지정책에 관한 전문지식을 가진 사람으로서 농림축산식품부령으로 정하는 자격기준에 맞는 사람

④ 그 밖에 동물복지위원회의 구성·운영 등에 관한 사항은 대통령령으로 정한다.

제6조(다른 법률과의 관계) 동물의 보호 및 이용·관리 등에 대하여 다른 법률에 특별한 규정이 있는 경우를 제외하고는 이 법에서 정하는 바에 따른다.

제2장 동물의 보호 및 관리

제7조(적정한 사육·관리) ① 소유자등은 동물에게 적합한 사료와 물을 공급하고, 운동·휴식 및 수면이 보장되도록 노력하여야 한다.
② 소유자등은 동물이 질병에 걸리거나 부상당한 경우에는 신속하게 치료하거나 그 밖에 필요한 조치를 하도록 노력하여야 한다.
③ 소유자등은 동물을 관리하거나 다른 장소로 옮긴 경우에는 그 동물이 새로운 환경에 적응하는 데에 필요한 조치를 하도록 노력하여야 한다.
④ 제1항부터 제3항까지에서 규정한 사항 외에 동물의 적절한 사육·관리 방법 등에 관한 사항은 농림축산식품부령으로 정한다. <개정 2013. 3. 23.>

제8조(동물학대 등의 금지) ① 누구든지 동물에 대하여 다음 각 호의 행위를 하여서는 아니 된다. <개정 2013. 3. 23., 2013. 4. 5., 2017. 3. 21.>
1. 목을 매다는 등의 잔인한 방법으로 죽음에 이르게 하는 행위
2. 노상 등 공개된 장소에서 죽이거나 같은 종류의 다른 동물이 보는 앞에서 죽음에 이르게 하는 행위
3. 고의로 사료 또는 물을 주지 아니하는 행위로 인하여 동물을 죽음에 이르게 하는 행위
4. 그 밖에 수의학적 처치의 필요, 동물로 인한 사람의 생명·신체·재산의 피해 등 농림축산식품부령으로 정하는 정당한 사유 없이 죽음에 이르게 하는 행위
② 누구든지 동물에 대하여 다음 각 호의 학대행위를 하여서는 아니 된다. <개정 2013. 3. 23., 2017. 3. 21., 2018. 3. 20., 2020. 2. 11.>
1. 도구·약물 등 물리적·화학적 방법을 사용하여 상해를 입히는 행위. 다만, 질병의 예방이나 치료 등 농림축산식품부령으로 정하는 경우는 제외한다.

2. 살아 있는 상태에서 동물의 신체를 손상하거나 체액을 채취하거나 체액을 채취하기 위한 장치를 설치하는 행위. 다만, 질병의 치료 및 동물실험 등 농림축산식품부령으로 정하는 경우는 제외한다.

3. 도박·광고·오락·유흥 등의 목적으로 동물에게 상해를 입히는 행위. 다만, 민속경기 등 농림축산식품부령으로 정하는 경우는 제외한다.

3의2. 반려동물에게 최소한의 사육공간 제공 등 농림축산식품부령으로 정하는 사육·관리 의무를 위반하여 상해를 입히거나 질병을 유발시키는 행위

4. 그 밖에 수의학적 처치의 필요, 동물로 인한 사람의 생명·신체·재산의 피해 등 농림축산식품부령으로 정하는 정당한 사유 없이 신체적 고통을 주거나 상해를 입히는 행위

③ 누구든지 다음 각 호에 해당하는 동물에 대하여 포획하여 판매하거나 죽이는 행위, 판매하거나 죽일 목적으로 포획하는 행위 또는 다음 각 호에 해당하는 동물임을 알면서도 알선·구매하는 행위를 하여서는 아니 된다. <개정 2017. 3. 21.>

1. 유실·유기동물

2. 피학대 동물 중 소유자를 알 수 없는 동물

④ 소유자등은 동물을 유기(遺棄)하여서는 아니 된다.

⑤ 누구든지 다음 각 호의 행위를 하여서는 아니 된다. <개정 2017. 3. 21., 2019. 8. 27.>

1. 제1항부터 제3항까지에 해당하는 행위를 촬영한 사진 또는 영상물을 판매·전시·전달·상영하거나 인터넷에 게재하는 행위. 다만, 동물보호 의식을 고양시키기 위한 목적이 표시된 홍보 활동 등 농림축산식품부령으로 정하는 경우에는 그러하지 아니하다.

2. 도박을 목적으로 동물을 이용하는 행위 또는 동물을 이용하는 도박을 행할 목적으로 광고·선전하는 행위. 다만, 「사행산업통합감독위원회법」 제2조제1호에 따른 사행산업은 제외한다.

3. 도박·시합·복권·오락·유흥·광고 등의 상이나 경품으로 동물을 제공하는 행위

4. 영리를 목적으로 동물을 대여하는 행위. 다만, 「장애인복지법」 제40조에 따른 장애인 보조견의 대여 등 농림축산식품부령으로 정하는 경우는 제외한다.

제9조(동물의 운송) ① 동물을 운송하는 자 중 농림축산식품부령으로 정하는 자는 다음 각 호의 사항을 준수하여야 한다. <개정 2013. 3. 23., 2013. 8. 13.>

1. 운송 중인 동물에게 적합한 사료와 물을 공급하고, 급격한 출발·제동 등으로 충격과 상해를 입지 아니하도록 할 것
2. 동물을 운송하는 차량은 동물이 운송 중에 상해를 입지 아니하고, 급격한 체온 변화, 호흡곤란 등으로 인한 고통을 최소화할 수 있는 구조로 되어 있을 것
3. 병든 동물, 어린 동물 또는 임신 중이거나 젖먹이가 딸린 동물을 운송할 때에는 함께 운송 중인 다른 동물에 의하여 상해를 입지 아니하도록 칸막이의 설치 등 필요한 조치를 할 것
4. 동물을 싣고 내리는 과정에서 동물이 들어있는 운송용 우리를 던지거나 떨어뜨려서 동물을 다치게 하는 행위를 하지 아니할 것
5. 운송을 위하여 전기(電氣) 몰이도구를 사용하지 아니할 것

② 농림축산식품부장관은 제1항제2호에 따른 동물 운송 차량의 구조 및 설비기준을 정하고 이에 맞는 차량을 사용하도록 권장할 수 있다. <개정 2013. 3. 23.>

③ 농림축산식품부장관은 제1항과 제2항에서 규정한 사항 외에 동물 운송에 관하여 필요한 사항을 정하여 권장할 수 있다. <개정 2013. 3. 23.>

제9조의2(반려동물 전달 방법) 제32조제1항의 동물을 판매하려는 자는 해당 동물을 구매자에게 직접 전달하거나 제9조제1항을 준수하는 동물 운송업자를 통하여 배송하여야 한다.
[본조신설 2013. 8. 13.]
[제목개정 2017. 3. 21.]

제10조(동물의 도살방법) ① 모든 동물은 혐오감을 주거나 잔인한 방법으로 도살되어서는 아니 되며, 도살과정에 불필요한 고통이나 공포, 스트레스를 주어서는 아니 된다. <신설 2013. 8. 13.>

② 「축산물위생관리법」 또는 「가축전염병예방법」에 따라 동물을 죽이는 경우에는 가스법·전살법(電殺法) 등 농림축산식품부령으로 정하는 방법을 이용하여 고통을 최소화하여야 하며, 반드시 의식이 없는 상태에서 다음 도살 단계로 넘어가야 한다. 매몰을 하는 경우에도 또한 같다. <개정 2013. 3. 23., 2013. 8. 13.>

③ 제1항 및 제2항의 경우 외에도 동물을 불가피하게 죽여야 하는 경우에는 고통을 최소화할 수 있는 방법에 따라야 한다. <개정 2013. 8. 13.>

제11조(동물의 수술) 거세, 뿔 없애기, 꼬리 자르기 등 동물에 대한 외과적 수술을 하는 사람은 수의학적 방법에 따라야 한다.

제12조(등록대상동물의 등록 등) ① 등록대상동물의 소유자는 동물의 보호와 유실·유기방지 등을 위하여 시장·군수·구청장(자치구의 구청장을 말한다. 이하 같다)·특별자치시장(이하 "시장·군수·구청장"이라 한다)에게 등록대상동물을 등록하여야 한다. 다만, 등록대상동물이 맹견이 아닌 경우로서 농림축산식품부령으로 정하는 바에 따라 시·도의 조례로 정하는 지역에서는 그러하지 아니하다. <개정 2013. 3. 23., 2018. 3. 20.>
② 제1항에 따라 등록된 등록대상동물의 소유자는 다음 각 호의 어느 하나에 해당하는 경우에는 해당 각 호의 구분에 따른 기간에 시장·군수·구청장에게 신고하여야 한다. <개정 2013. 3. 23., 2017. 3. 21.>
1. 등록대상동물을 잃어버린 경우에는 등록대상동물을 잃어버린 날부터 10일 이내
2. 등록대상동물에 대하여 농림축산식품부령으로 정하는 사항이 변경된 경우에는 변경 사유 발생일부터 30일 이내
③ 제1항에 따른 등록대상동물의 소유권을 이전받은 자 중 제1항에 따른 등록을 실시하는 지역에 거주하는 자는 그 사실을 소유권을 이전받은 날부터 30일 이내에 자신의 주소지를 관할하는 시장·군수·구청장에게 신고하여야 한다.
④ 시장·군수·구청장은 농림축산식품부령으로 정하는 자(이하 이 조에서 "동물등록대행자"라 한다)로 하여금 제1항부터 제3항까지의 규정에 따른 업무를 대행하게 할 수 있다. 이 경우 그에 따른 수수료를 지급할 수 있다. <개정 2013. 3. 23., 2020. 2. 11.>
⑤ 등록대상동물의 등록 사항 및 방법·절차, 변경신고 절차, 동물등록대행자 준수사항 등에 관한 사항은 농림축산식품부령으로 정하며, 그 밖에 등록에 필요한 사항은 시·도의 조례로 정한다. <개정 2013. 3. 23., 2020. 2. 11.>

제13조(등록대상동물의 관리 등) ① 소유자등은 등록대상동물을 기르는 곳에서 벗어나게 하는 경우에는 소유자등의 연락처 등 농림축산식품부령으로 정하는 사항을 표시한 인식표를 등록대상동물에게 부착하여야 한다. <개

정 2013. 3. 23.>

② 소유자등은 등록대상동물을 동반하고 외출할 때에는 농림축산식품부령으로 정하는 바에 따라 목줄 등 안전조치를 하여야 하며, 배설물(소변의 경우에는 공동주택의 엘리베이터·계단 등 건물 내부의 공용공간 및 평상·의자 등 사람이 눕거나 앉을 수 있는 기구 위의 것으로 한정한다)이 생겼을 때에는 즉시 수거하여야 한다. <개정 2013. 3. 23., 2015. 1. 20.>

③ 시·도지사는 등록대상동물의 유실·유기 또는 공중위생상의 위해 방지를 위하여 필요할 때에는 시·도의 조례로 정하는 바에 따라 소유자등으로 하여금 등록대상동물에 대하여 예방접종을 하게 하거나 특정 지역 또는 장소에서의 사육 또는 출입을 제한하게 하는 등 필요한 조치를 할 수 있다.

제13조의2(맹견의 관리) ① 맹견의 소유자등은 다음 각 호의 사항을 준수하여야 한다.

1. 소유자등 없이 맹견을 기르는 곳에서 벗어나지 아니하게 할 것
2. 월령이 3개월 이상인 맹견을 동반하고 외출할 때에는 농림축산식품부령으로 정하는 바에 따라 목줄 및 입마개 등 안전장치를 하거나 맹견의 탈출을 방지할 수 있는 적정한 이동장치를 할 것
3. 그 밖에 맹견이 사람에게 신체적 피해를 주지 아니하도록 하기 위하여 농림축산식품부령으로 정하는 사항을 따를 것

② 시·도지사와 시장·군수·구청장은 맹견이 사람에게 신체적 피해를 주는 경우 농림축산식품부령으로 정하는 바에 따라 소유자등의 동의 없이 맹견에 대하여 격리조치 등 필요한 조치를 취할 수 있다.

③ 맹견의 소유자는 맹견의 안전한 사육 및 관리에 관하여 농림축산식품부령으로 정하는 바에 따라 정기적으로 교육을 받아야 한다.

④ 맹견의 소유자는 맹견으로 인한 다른 사람의 생명·신체나 재산상의 피해를 보상하기 위하여 대통령령으로 정하는 바에 따라 보험에 가입하여야 한다. <신설 2020. 2. 11.>

[본조신설 2018. 3. 20.]

제13조의3(맹견의 출입금지 등) 맹견의 소유자등은 다음 각 호의 어느 하나에 해당하는 장소에 맹견이 출입하지 아니하도록 하여야 한다.

1. 「영유아보육법」 제2조제3호에 따른 어린이집
2. 「유아교육법」 제2조제2호에 따른 유치원

3. 「초ㆍ중등교육법」 제38조에 따른 초등학교 및 같은 법 제55조에 따른 특수학교

4. 그 밖에 불특정 다수인이 이용하는 장소로서 시ㆍ도의 조례로 정하는 장소

[본조신설 2018. 3. 20.]

제14조(동물의 구조ㆍ보호) ① 시ㆍ도지사(특별자치시장은 제외한다. 이하 이 조, 제15조, 제17조부터 제19조까지, 제21조, 제29조, 제38조의2, 제39조부터 제41조까지, 제41조의2, 제43조, 제45조 및 제47조에서 같다)와 시장ㆍ군수ㆍ구청장은 다음 각 호의 어느 하나에 해당하는 동물을 발견한 때에는 그 동물을 구조하여 제7조에 따라 치료ㆍ보호에 필요한 조치(이하 "보호조치"라 한다)를 하여야 하며, 제2호 및 제3호에 해당하는 동물은 학대 재발 방지를 위하여 학대행위자로부터 격리하여야 한다. 다만, 제1호에 해당하는 동물 중 농림축산식품부령으로 정하는 동물은 구조ㆍ보호조치의 대상에서 제외한다. <개정 2013. 3. 23., 2013. 4. 5., 2017. 3. 21.>

1. 유실ㆍ유기동물
2. 피학대 동물 중 소유자를 알 수 없는 동물
3. 소유자로부터 제8조제2항에 따른 학대를 받아 적정하게 치료ㆍ보호받을 수 없다고 판단되는 동물

② 시ㆍ도지사와 시장ㆍ군수ㆍ구청장이 제1항제1호 및 제2호에 해당하는 동물에 대하여 보호조치 중인 경우에는 그 동물의 등록 여부를 확인하여야 하고, 등록된 동물인 경우에는 지체 없이 동물의 소유자에게 보호조치 중인 사실을 통보하여야 한다. <신설 2017. 3. 21.>

③ 시ㆍ도지사와 시장ㆍ군수ㆍ구청장이 제1항제3호에 따른 동물을 보호할 때에는 농림축산식품부령으로 정하는 바에 따라 기간을 정하여 해당 동물에 대한 보호조치를 하여야 한다. <개정 2013. 3. 23., 2013. 4. 5., 2017. 3. 21.>

④ 시ㆍ도지사와 시장ㆍ군수ㆍ구청장은 제1항 각 호 외의 부분 단서에 해당하는 동물에 대하여도 보호ㆍ관리를 위하여 필요한 조치를 취할 수 있다. <신설 2017. 3. 21.>

제15조(동물보호센터의 설치ㆍ지정 등) ① 시ㆍ도지사와 시장ㆍ군수ㆍ구청장은 제14조에 따른 동물의 구조ㆍ보호조치 등을 위하여 농림축산식품부령으로 정하는 기준에 맞는 동물보호센터를 설치ㆍ운영할 수 있다. <개

정 2013. 3. 23., 2013. 8. 13.>

② 시·도지사와 시장·군수·구청장은 제1항에 따른 동물보호센터를 직접 설치·운영하도록 노력하여야 한다. <신설 2017. 3. 21.>

③ 농림축산식품부장관은 제1항에 따라 시·도지사 또는 시장·군수·구청장이 설치·운영하는 동물보호센터의 설치·운영에 드는 비용의 전부 또는 일부를 지원할 수 있다. <개정 2013. 3. 23., 2017. 3. 21.>

④ 시·도지사 또는 시장·군수·구청장은 농림축산식품부령으로 정하는 기준에 맞는 기관이나 단체를 동물보호센터로 지정하여 제14조에 따른 동물의 구조·보호조치 등을 하게 할 수 있다. <개정 2013. 3. 23., 2017. 3. 21.>

⑤ 제4항에 따른 동물보호센터로 지정받으려는 자는 농림축산식품부령으로 정하는 바에 따라 시·도지사 또는 시장·군수·구청장에게 신청하여야 한다. <개정 2013. 3. 23., 2017. 3. 21.>

⑥ 시·도지사 또는 시장·군수·구청장은 제4항에 따른 동물보호센터에 동물의 구조·보호조치 등에 드는 비용(이하 "보호비용"이라 한다)의 전부 또는 일부를 지원할 수 있으며, 보호비용의 지급절차와 그 밖에 필요한 사항은 농림축산식품부령으로 정한다. <개정 2013. 3. 23., 2017. 3. 21.>

⑦ 시·도지사 또는 시장·군수·구청장은 제4항에 따라 지정된 동물보호센터가 다음 각 호의 어느 하나에 해당하는 경우에는 그 지정을 취소할 수 있다. 다만, 제1호에 해당하는 경우에는 지정을 취소하여야 한다. <개정 2017. 3. 21.>

1. 거짓이나 그 밖의 부정한 방법으로 지정을 받은 경우
2. 제4항에 따른 지정기준에 맞지 아니하게 된 경우
3. 제6항에 따른 보호비용을 거짓으로 청구한 경우
4. 제8조제1항부터 제3항까지의 규정을 위반한 경우
5. 제22조를 위반한 경우
6. 제39조제1항제3호의 시정명령을 위반한 경우
7. 특별한 사유 없이 유실·유기동물 및 피학대 동물에 대한 보호조치를 3회 이상 거부한 경우
8. 보호 중인 동물을 영리를 목적으로 분양하는 경우

⑧ 시·도지사 또는 시장·군수·구청장은 제7항에 따라 지정이 취소된 기관이나 단체를 지정이 취소된 날부터 1년 이내에는 다시 동물보호센터로 지정하여서는 아니 된다. 다만, 제7항제4호에 따라 지정이 취소된

기관이나 단체는 지정이 취소된 날부터 2년 이내에는 다시 동물보호센터로 지정하여서는 아니 된다. <개정 2017. 3. 21., 2018. 3. 20.>

⑨ 동물보호센터 운영의 공정성과 투명성을 확보하기 위하여 농림축산식품부령으로 정하는 일정규모 이상의 동물보호센터는 농림축산식품부령으로 정하는 바에 따라 운영위원회를 구성·운영하여야 한다. <개정 2013. 3. 23., 2017. 3. 21.>

⑩ 제1항 및 제4항에 따른 동물보호센터의 준수사항 등에 관한 사항은 농림축산식품부령으로 정하고, 지정절차 및 보호조치의 구체적인 내용 등 그 밖에 필요한 사항은 시·도의 조례로 정한다. <개정 2013. 3. 23., 2017. 3. 21.>

제16조(신고 등) ① 누구든지 다음 각 호의 어느 하나에 해당하는 동물을 발견한 때에는 관할 지방자치단체의 장 또는 동물보호센터에 신고할 수 있다. <개정 2017. 3. 21.>

1. 제8조에서 금지한 학대를 받는 동물
2. 유실·유기동물

② 다음 각 호의 어느 하나에 해당하는 자가 그 직무상 제1항에 따른 동물을 발견한 때에는 지체 없이 관할 지방자치단체의 장 또는 동물보호센터에 신고하여야 한다. <개정 2017. 3. 21.>

1. 제4조제4항에 따른 민간단체의 임원 및 회원
2. 제15조제1항에 따라 설치되거나 같은 조 제4항에 따라 동물보호센터로 지정된 기관이나 단체의 장 및 그 종사자
3. 제25조제1항에 따라 동물실험윤리위원회를 설치한 동물실험시행기관의 장 및 그 종사자
4. 제27조제2항에 따른 동물실험윤리위원회의 위원
5. 제29조제1항에 따라 동물복지축산농장으로 인증을 받은 자
6. 제33조제1항에 따라 영업등록을 하거나 제34조제1항에 따라 영업허가를 받은 자 및 그 종사자
7. 수의사, 동물병원의 장 및 그 종사자

③ 신고인의 신분은 보장되어야 하며 그 의사에 반하여 신원이 노출되어서는 아니 된다.

제17조(공고) 시·도지사와 시장·군수·구청장은 제14조제1항제1호 및 제2호에 따른 동물을 보호하고 있는 경우에는 소유자등이 보호조치 사실을 알 수 있도록 대통령령으로 정하는 바에 따라 지체 없이 7일 이상

그 사실을 공고하여야 한다. <개정 2013. 4. 5.>

제18조(동물의 반환 등) ① 시·도지사와 시장·군수·구청장은 다음 각 호의 어느 하나에 해당하는 사유가 발생한 경우에는 제14조에 해당하는 동물을 그 동물의 소유자에게 반환하여야 한다. <개정 2013. 4. 5., 2017. 3. 21.>

1. 제14조제1항제1호 및 제2호에 해당하는 동물이 보호조치 중에 있고, 소유자가 그 동물에 대하여 반환을 요구하는 경우
2. 제14조제3항에 따른 보호기간이 지난 후, 보호조치 중인 제14조제1항제3호의 동물에 대하여 소유자가 제19조제2항에 따라 보호비용을 부담하고 반환을 요구하는 경우

② 시·도지사와 시장·군수·구청장은 제1항제2호에 해당하는 동물의 반환과 관련하여 동물의 소유자에게 보호기간, 보호비용 납부기한 및 면제 등에 관한 사항을 알려야 한다. <개정 2013. 4. 5.>

제19조(보호비용의 부담) ① 시·도지사와 시장·군수·구청장은 제14조제1항제1호 및 제2호에 해당하는 동물의 보호비용을 소유자 또는 제21조제1항에 따라 분양을 받는 자에게 청구할 수 있다. <개정 2013. 4. 5.>

② 제14조제1항제3호에 해당하는 동물의 보호비용은 농림축산식품부령으로 정하는 바에 따라 납부기한까지 그 동물의 소유자가 내야 한다. 이 경우 시·도지사와 시장·군수·구청장은 동물의 소유자가 제20조제2호에 따라 그 동물의 소유권을 포기한 경우에는 보호비용의 전부 또는 일부를 면제할 수 있다. <개정 2013. 3. 23., 2013. 4. 5.>

③ 제1항 및 제2항에 따른 보호비용의 징수에 관한 사항은 대통령령으로 정하고, 보호비용의 산정 기준에 관한 사항은 농림축산식품부령으로 정하는 범위에서 해당 시·도의 조례로 정한다. <개정 2013. 3. 23.>

제20조(동물의 소유권 취득) 시·도와 시·군·구가 동물의 소유권을 취득할 수 있는 경우는 다음 각 호와 같다. <개정 2013. 4. 5., 2017. 3. 21.>

1. 「유실물법」제12조 및 「민법」제253조에도 불구하고 제17조에 따라 공고한 날부터 10일이 지나도 동물의 소유자등을 알 수 없는 경우
2. 제14조제1항제3호에 해당하는 동물의 소유자가 그 동물의 소유권을 포기한 경우
3. 제14조제1항제3호에 해당하는 동물의 소유자가 제19조제2항에 따른 보호비용의 납부기한이 종료된 날부터 10일이 지나도 보호비용을 납

부하지 아니한 경우

4. 동물의 소유자를 확인한 날부터 10일이 지나도 정당한 사유 없이 동
물의 소유자와 연락이 되지 아니하거나 소유자가 반환받을 의사를 표
시하지 아니한 경우

제21조(동물의 분양·기증) ① 시·도지사와 시장·군수·구청장은 제20조
에 따라 소유권을 취득한 동물이 적정하게 사육·관리될 수 있도록 시
·도의 조례로 정하는 바에 따라 동물원, 동물을 애호하는 자(시·도의
조례로 정하는 자격요건을 갖춘 자로 한정한다)나 대통령령으로 정하는
민간단체 등에 기증하거나 분양할 수 있다. <개정 2013. 4. 5.>
② 시·도지사와 시장·군수·구청장은 제20조에 따라 소유권을 취득한
동물에 대하여는 제1항에 따라 분양될 수 있도록 공고할 수 있다. <개정
2013. 4. 5.>
③ 제1항에 따른 기증·분양의 요건 및 절차 등 그 밖에 필요한 사항은
시·도의 조례로 정한다.

제22조(동물의 인도적인 처리 등) ① 제15조제1항 및 제4항에 따른 동물보
호센터의 장 및 운영자는 제14조제1항에 따라 보호조치 중인 동물에게
질병 등 농림축산식품부령으로 정하는 사유가 있는 경우에는 농림축산식
품부장관이 정하는 바에 따라 인도적인 방법으로 처리하여야 한다. <개
정 2013. 3. 23., 2017. 3. 21.>
② 제1항에 따른 인도적인 방법에 따른 처리는 수의사에 의하여 시행되
어야 한다.
③ 동물보호센터의 장은 제1항에 따라 동물의 사체가 발생한 경우 「폐기
물관리법」에 따라 처리하거나 제33조에 따라 동물장묘업의 등록을 한
자가 설치·운영하는 동물장묘시설에서 처리하여야 한다. <개정 2017.
3. 21.>

제3장 동물실험

제23조(동물실험의 원칙) ① 동물실험은 인류의 복지 증진과 동물 생명의
존엄성을 고려하여 실시하여야 한다.
② 동물실험을 하려는 경우에는 이를 대체할 수 있는 방법을 우선적으로
고려하여야 한다.
③ 동물실험은 실험에 사용하는 동물(이하 "실험동물"이라 한다)의 윤리

적 취급과 과학적 사용에 관한 지식과 경험을 보유한 자가 시행하여야 하며 필요한 최소한의 동물을 사용하여야 한다.

④ 실험동물의 고통이 수반되는 실험은 감각능력이 낮은 동물을 사용하고 진통·진정·마취제의 사용 등 수의학적 방법에 따라 고통을 덜어주기 위한 적절한 조치를 하여야 한다.

⑤ 동물실험을 한 자는 그 실험이 끝난 후 지체 없이 해당 동물을 검사하여야 하며, 검사 결과 정상적으로 회복한 동물은 분양하거나 기증할 수 있다. <개정 2018. 3. 20.>

⑥ 제5항에 따른 검사 결과 해당 동물이 회복할 수 없거나 지속적으로 고통을 받으며 살아야 할 것으로 인정되는 경우에는 신속하게 고통을 주지 아니하는 방법으로 처리하여야 한다. <신설 2018. 3. 20.>

⑦ 제1항부터 제6항까지에서 규정한 사항 외에 동물실험의 원칙에 관하여 필요한 사항은 농림축산식품부장관이 정하여 고시한다. <개정 2013. 3. 23., 2018. 3. 20.>

제24조(동물실험의 금지 등) 누구든지 다음 각 호의 동물실험을 하여서는 아니 된다. 다만, 해당 동물종(種)의 건강, 질병관리연구 등 농림축산식품부령으로 정하는 불가피한 사유로 농림축산식품부령으로 정하는 바에 따라 승인을 받은 경우에는 그러하지 아니하다. <개정 2013. 3. 23., 2020. 2. 11.>

1. 유실·유기동물(보호조치 중인 동물을 포함한다)을 대상으로 하는 실험

2. 「장애인복지법」 제40조에 따른 장애인 보조견 등 사람이나 국가를 위하여 봉사하고 있거나 봉사한 동물로서 대통령령으로 정하는 동물을 대상으로 하는 실험

제24조의2(미성년자 동물 해부실습의 금지) 누구든지 미성년자(19세 미만의 사람을 말한다. 이하 같다)에게 체험·교육·시험·연구 등의 목적으로 동물(사체를 포함한다) 해부실습을 하게 하여서는 아니 된다. 다만, 「초·중등교육법」 제2조에 따른 학교 또는 동물실험시행기관 등이 시행하는 경우 등 농림축산식품부령으로 정하는 경우에는 그러하지 아니하다. [본조신설 2018. 3. 20.]

제25조(동물실험윤리위원회의 설치 등) ① 동물실험시행기관의 장은 실험동물의 보호와 윤리적인 취급을 위하여 제27조에 따라 동물실험윤리위원회(이하 "윤리위원회"라 한다)를 설치·운영하여야 한다. 다만, 동물실

험시행기관에 「실험동물에 관한 법률」 제7조에 따른 실험동물운영위원회가 설치되어 있고, 그 위원회의 구성이 제27조제2항부터 제4항까지에 규정된 요건을 충족할 경우에는 해당 위원회를 윤리위원회로 본다.

② 농림축산식품부령으로 정하는 일정 기준 이하의 동물실험시행기관은 다른 동물실험시행기관과 공동으로 농림축산식품부령으로 정하는 바에 따라 윤리위원회를 설치·운영할 수 있다. <개정 2013. 3. 23.>

③ 동물실험시행기관의 장은 동물실험을 하려면 윤리위원회의 심의를 거쳐야 한다.

제26조(윤리위원회의 기능 등) ① 윤리위원회는 다음 각 호의 기능을 수행한다.

1. 동물실험에 대한 심의

2. 동물실험이 제23조의 원칙에 맞게 시행되도록 지도·감독

3. 동물실험시행기관의 장에게 실험동물의 보호와 윤리적인 취급을 위하여 필요한 조치 요구

② 윤리위원회의 심의대상인 동물실험에 관여하고 있는 위원은 해당 동물실험에 관한 심의에 참여하여서는 아니 된다.

③ 윤리위원회의 위원은 그 직무를 수행하면서 알게 된 비밀을 누설하거나 도용하여서는 아니 된다.

④ 제1항에 따른 지도·감독의 방법과 그 밖에 윤리위원회의 운영 등에 관한 사항은 대통령령으로 정한다.

제27조(윤리위원회의 구성) ① 윤리위원회는 위원장 1명을 포함하여 3명 이상 15명 이하의 위원으로 구성한다.

② 위원은 다음 각 호에 해당하는 사람 중에서 동물실험시행기관의 장이 위촉하며, 위원장은 위원 중에서 호선(互選)한다. 다만, 제25조제2항에 따라 구성된 윤리위원회의 위원은 해당 동물실험시행기관의 장들이 공동으로 위촉한다. <개정 2013. 3. 23., 2017. 3. 21.>

1. 수의사로서 농림축산식품부령으로 정하는 자격기준에 맞는 사람

2. 제4조제4항에 따른 민간단체가 추천하는 동물보호에 관한 학식과 경험이 풍부한 사람으로서 농림축산식품부령으로 정하는 자격기준에 맞는 사람

3. 그 밖에 실험동물의 보호와 윤리적인 취급을 도모하기 위하여 필요한 사람으로서 농림축산식품부령으로 정하는 사람

③ 윤리위원회에는 제2항제1호 및 제2호에 해당하는 위원을 각각 1명

이상 포함하여야 한다.

④ 윤리위원회를 구성하는 위원의 3분의 1 이상은 해당 동물실험시행기관과 이해관계가 없는 사람이어야 한다.

⑤ 위원의 임기는 2년으로 한다.

⑥ 그 밖에 윤리위원회의 구성 및 이해관계의 범위 등에 관한 사항은 농림축산식품부령으로 정한다. <개정 2013. 3. 23.>

제28조(윤리위원회의 구성 등에 대한 지도·감독) ① 농림축산식품부장관은 제25조제1항 및 제2항에 따라 윤리위원회를 설치한 동물실험시행기관의 장에게 제26조 및 제27조에 따른 윤리위원회의 구성·운영 등에 관하여 지도·감독을 할 수 있다. <개정 2013. 3. 23.>

② 농림축산식품부장관은 윤리위원회가 제26조 및 제27조에 따라 구성·운영되지 아니할 때에는 해당 동물실험시행기관의 장에게 대통령령으로 정하는 바에 따라 기간을 정하여 해당 윤리위원회의 구성·운영 등에 대한 개선명령을 할 수 있다. <개정 2013. 3. 23.>

제4장 동물복지축산농장의 인증

제29조(동물복지축산농장의 인증) ① 농림축산식품부장관은 동물복지 증진에 이바지하기 위하여 「축산물위생관리법」 제2조제1호에 따른 가축으로서 농림축산식품부령으로 정하는 동물이 본래의 습성 등을 유지하면서 정상적으로 살 수 있도록 관리하는 축산농장을 동물복지축산농장으로 인증할 수 있다. <개정 2013. 3. 23.>

② 제1항에 따라 인증을 받으려는 자는 농림축산식품부령으로 정하는 바에 따라 농림축산식품부장관에게 신청하여야 한다. <개정 2013. 3. 23.>

③ 농림축산식품부장관은 동물복지축산농장으로 인증된 축산농장에 대하여 다음 각 호의 지원을 할 수 있다. <개정 2013. 3. 23.>

1. 동물의 보호 및 복지 증진을 위하여 축사시설 개선에 필요한 비용

2. 동물복지축산농장의 환경개선 및 경영에 관한 지도·상담 및 교육

④ 농림축산식품부장관은 동물복지축산농장으로 인증을 받은 자가 거짓이나 그 밖의 부정한 방법으로 인증을 받은 경우 그 인증을 취소하여야 하고, 제7항에 따른 인증기준에 맞지 아니하게 된 경우 그 인증을 취소할 수 있다. <개정 2013. 3. 23.>

⑤ 제4항에 따라 인증이 취소된 자(법인인 경우에는 그 대표자를 포함한다)는 그 인증이 취소된 날부터 1년 이내에는 제1항에 따른 동물복지축

산농장 인증을 신청할 수 없다.

⑥ 농림축산식품부장관, 시·도지사, 시장·군수·구청장, 「축산자조금의 조성 및 운용에 관한 법률」 제2조제3호에 따른 축산단체, 제4조제4항에 따른 민간단체는 동물복지축산농장의 운영사례를 교육·홍보에 적극 활용하여야 한다. <개정 2013. 3. 23., 2017. 3. 21.>

⑦ 제1항부터 제6항까지에서 규정한 사항 외에 동물복지축산농장의 인증 기준·절차 및 인증농장의 표시 등에 관한 사항은 농림축산식품부령으로 정한다. <개정 2013. 3. 23.>

제30조(부정행위의 금지) 누구든지 다음 각 호에 해당하는 행위를 하여서는 아니 된다.

1. 거짓이나 그 밖의 부정한 방법으로 동물복지축산농장 인증을 받은 행위

2. 제29조에 따른 인증을 받지 아니한 축산농장을 동물복지축산농장으로 표시하는 행위

제31조(인증의 승계) ① 다음 각 호의 어느 하나에 해당하는 자는 동물복지축산농장 인증을 받은 자의 지위를 승계한다.

1. 동물복지축산농장 인증을 받은 사람이 사망한 경우 그 농장을 계속하여 운영하려는 상속인

2. 동물복지축산농장 인증을 받은 사람이 그 사업을 양도한 경우 그 양수인

3. 동물복지축산농장 인증을 받은 법인이 합병한 경우 합병 후 존속하는 법인이나 합병으로 설립되는 법인

② 제1항에 따라 동물복지축산농장 인증을 받은 자의 지위를 승계한 자는 30일 이내에 농림축산식품부장관에게 신고하여야 하다. <개정 2013. 3. 23.>

③ 제2항에 따른 신고에 필요한 사항은 농림축산식품부령으로 정한다. <개정 2013. 3. 23.>

제5장 영업

제32조(영업의 종류 및 시설기준 등) ① 반려동물과 관련된 다음 각 호의 영업을 하려는 자는 농림축산식품부령으로 정하는 기준에 맞는 시설과 인력을 갖추어야 한다. <개정 2013. 3. 23., 2013. 8. 13., 2017. 3.

21., 2020. 2. 11.>

1. 동물장묘업(動物葬墓業)

2. 동물판매업

3. 동물수입업

4. 동물생산업

5. 동물전시업

6. 동물위탁관리업

7. 동물미용업

8. 동물운송업

② 제1항 각 호에 따른 영업의 세부 범위는 농림축산식품부령으로 정한다. <개정 2013. 3. 23.>

제33조(영업의 등록) ① 제32조제1항제1호부터 제3호까지 및 제5호부터 제8호까지의 규정에 따른 영업을 하려는 자는 농림축산식품부령으로 정하는 바에 따라 시장·군수·구청장에게 등록하여야 한다. <개정 2013. 3. 23., 2017. 3. 21.>

② 제1항에 따라 등록을 한 자는 농림축산식품부령으로 정하는 사항을 변경하거나 폐업·휴업 또는 그 영업을 재개하려는 경우에는 미리 농림축산식품부령으로 정하는 바에 따라 시장·군수·구청장에게 신고를 하여야 한다. <개정 2013. 3. 23.>

③ 시장·군수·구청장은 제2항에 따른 변경신고를 받은 경우 그 내용을 검토하여 이 법에 적합하면 신고를 수리하여야 한다. <신설 2019. 8. 27.>

④ 다음 각 호의 어느 하나에 해당하는 경우에는 제1항에 따른 등록을 할 수 없다. 다만, 제5호는 제32조제1항제1호에 따른 영업에만 적용한다. <개정 2014. 3. 24., 2017. 3. 21., 2018. 12. 24., 2019. 8. 27.>

1. 등록을 하려는 자(법인인 경우에는 임원을 포함한다. 이하 이 조에서 같다)가 미성년자, 피한정후견인 또는 피성년후견인인 경우

2. 제32조제1항 각 호 외의 부분에 따른 시설 및 인력의 기준에 맞지 아니한 경우

3. 제38조제1항에 따라 등록이 취소된 후 1년이 지나지 아니한 자(법인인 경우에는 그 대표자를 포함한다)가 취소된 업종과 같은 업종을 등록하려는 경우

4. 등록을 하려는 자가 이 법을 위반하여 벌금형 이상의 형을 선고받고

222

그 형이 확정된 날부터 3년이 지나지 아니한 경우. 다만, 제8조를 위반하여 벌금형 이상의 형을 선고받은 경우에는 그 형이 확정된 날부터 5년으로 한다.

5. 다음 각 목의 어느 하나에 해당하는 지역에 동물장묘시설을 설치하려는 경우

가. 「장사 등에 관한 법률」 제17조에 해당하는 지역

나. 20호 이상의 인가밀집지역, 학교, 그 밖에 공중이 수시로 집합하는 시설 또는 장소로부터 300미터 이하 떨어진 곳. 다만, 토지나 지형의 상황으로 보아 해당 시설의 기능이나 이용 등에 지장이 없는 경우로서 시장·군수·구청장이 인정하는 경우에는 적용을 제외한다.

제33조의2(공설 동물장묘시설의 설치·운영 등) ① 지방자치단체의 장은 반려동물을 위한 장묘시설(이하 "공설 동물장묘시설"이라 한다)을 설치·운영할 수 있다. <개정 2020. 2. 11.>

② 국가는 제1항에 따라 공설 동물장묘시설을 설치·운영하는 지방자치단체에 대해서는 예산의 범위에서 시설의 설치에 필요한 경비를 지원할 수 있다.

[본조신설 2018. 12. 24.]

제33조의3(공설 동물장묘시설의 사용료 등) 지방자치단체의 장이 공설 동물장묘시설을 사용하는 자에게 부과하는 사용료 또는 관리비의 금액과 부과방법, 사용료 또는 관리비의 용도, 그 밖에 필요한 사항은 해당 지방자치단체의 조례로 정한다. 이 경우 사용료 및 관리비의 금액은 토지가격, 시설물 설치·조성비용, 지역주민 복지증진 등을 고려하여 정하여야 한다.

[본조신설 2018. 12. 24.]

제34조(영업의 허가) ① 제32조제1항제4호에 규정된 영업을 하려는 자는 농림축산식품부령으로 정하는 바에 따라 시장·군수·구청장에게 허가를 받아야 한다. <개정 2013. 3. 23., 2017. 3. 21.>

② 제1항에 따라 허가를 받은 자가 농림축산식품부령으로 정하는 사항을 변경하거나 폐업·휴업 또는 그 영업을 재개하려면 미리 농림축산식품부령으로 정하는 바에 따라 시장·군수·구청장에게 신고를 하여야 한다. <개정 2013. 3. 23., 2017. 3. 21.>

③ 시장·군수·구청장은 제2항에 따른 변경신고를 받은 경우 그 내용을

검토하여 이 법에 적합하면 신고를 수리하여야 한다. <신설 2019. 8. 27.>

④ 다음 각 호의 어느 하나에 해당하는 경우에는 제1항에 따른 허가를 받을 수 없다. <개정 2014. 3. 24., 2017. 3. 21., 2018. 12. 24., 2019. 8. 27.>

1. 허가를 받으려는 자(법인인 경우에는 임원을 포함한다. 이하 이 조에서 같다)가 미성년자, 피한정후견인 또는 피성년후견인인 경우

2. 제32조제1항 각 호 외의 부분에 따른 시설과 인력을 갖추지 아니한 경우

3. 제37조제1항에 따른 교육을 받지 아니한 경우

4. 제38조제1항에 따라 허가가 취소된 후 1년이 지나지 아니한 자(법인인 경우에는 그 대표자를 포함한다)가 취소된 업종과 같은 업종의 허가를 받으려는 경우

5. 허가를 받으려는 자가 이 법을 위반하여 벌금형 이상의 형을 선고받고 그 형이 확정된 날부터 3년이 지나지 아니한 경우. 다만, 제8조를 위반하여 벌금형 이상의 형을 선고받은 경우에는 그 형이 확정된 날부터 5년으로 한다.

[제목개정 2017. 3. 21.]

제35조(영업의 승계) ① 제33조제1항에 따라 영업등록을 하거나 제34조제1항에 따라 영업허가를 받은 자(이하 "영업자"라 한다)가 그 영업을 양도하거나 사망하였을 때 또는 법인의 합병이 있을 때에는 그 양수인·상속인 또는 합병 후 존속하는 법인이나 합병으로 설립되는 법인(이하 "양수인등"이라 한다)은 그 영업자의 지위를 승계한다. <개정 2017. 3. 21.>

② 다음 각 호의 어느 하나에 해당하는 절차에 따라 영업시설의 전부를 인수한 자는 그 영업자의 지위를 승계한다.

1. 「민사집행법」에 따른 경매

2. 「채무자 회생 및 파산에 관한 법률」에 따른 환가(換價)

3. 「국세징수법」·「관세법」 또는 「지방세법」에 따른 압류재산의 매각

4. 제1호부터 제3호까지의 규정 중 어느 하나에 준하는 절차

③ 제1항 또는 제2항에 따라 영업자의 지위를 승계한 자는 승계한 날부터 30일 이내에 농림축산식품부령으로 정하는 바에 따라 시장·군수·구청장에게 신고하여야 한다. <개정 2013. 3. 23.>

④ 제1항 및 제2항에 따른 승계에 관하여는 제33조제4항 및 제34조제4항을 준용하되, 제33조제4항 중 "등록"과 제34조제4항 중 "허가"는 "신고"로 본다. 다만, 상속인이 제33조제4항제1호 또는 제34조제4항제1호에 해당하는 경우에는 상속을 받은 날부터 3개월 동안은 그러하지 아니하다. <개정 2017. 3. 21., 2019. 8. 27.>

제36조(영업자 등의 준수사항) ① 영업자(법인인 경우에는 그 대표자를 포함한다)와 그 종사자는 다음 각 호에 관하여 농림축산식품부령으로 정하는 사항을 지켜야 한다. <개정 2013. 3. 23., 2017. 3. 21., 2020. 2. 11.>
1. 동물의 사육·관리에 관한 사항
2. 동물의 생산등록, 동물의 반입·반출 기록의 작성·보관에 관한 사항
3. 동물의 판매가능 월령, 건강상태 등 판매에 관한 사항
4. 동물 사체의 적정한 처리에 관한 사항
5. 영업시설 운영기준에 관한 사항
6. 영업 종사자의 교육에 관한 사항
7. 등록대상동물의 등록 및 변경신고의무(등록·변경신고방법 및 위반 시 처벌에 관한 사항 등을 포함한다) 고지에 관한 사항
8. 그 밖에 동물의 보호와 공중위생상의 위해 방지를 위하여 필요한 사항
② 제32조제1항제2호에 따른 동물판매업을 하는 자(이하 "동물판매업자"라 한다)는 영업자를 제외한 구매자에게 등록대상동물을 판매하는 경우 그 구매자의 명의로 제12조제1항에 따른 등록대상동물의 등록 신청을 한 후 판매하여야 한다. <신설 2020. 2. 11.>
③ 동물판매업자는 제12조제5항에 따른 등록 방법 중 구매자가 원하는 방법으로 제2항에 따른 등록대상동물의 등록 신청을 하여야 한다. <신설 2020. 2. 11.>

제37조(교육) ① 제32조제1항제2호부터 제8호까지의 규정에 해당하는 영업을 하려는 자와 제38조에 따른 영업정지 처분을 받은 영업자는 동물의 보호 및 공중위생상의 위해 방지 등에 관한 교육을 받아야 한다. <개정 2017. 3. 21.>
② 제32조제1항제2호부터 제8호까지의 규정에 해당하는 영업을 하는 자는 연 1회 이상 교육을 받아야 한다. <신설 2017. 3. 21.>
③ 제1항에 따라 교육을 받아야 하는 영업자로서 교육을 받지 아니한 영업자는 그 영업을 하여서는 아니 된다. <개정 2017. 3. 21.>

④ 제1항에 따라 교육을 받아야 하는 영업자가 영업에 직접 종사하지 아니하거나 두 곳 이상의 장소에서 영업을 하는 경우에는 종사자 중에서 책임자를 지정하여 영업자 대신 교육을 받게 할 수 있다. <개정 2017. 3. 21.>

⑤ 제1항에 따른 교육의 실시기관, 교육 내용 및 방법 등에 관한 사항은 농림축산식품부령으로 정한다. <개정 2013. 3. 23., 2017. 3. 21.>

제38조(등록 또는 허가 취소 등) ① 시장·군수·구청장은 영업자가 다음 각 호의 어느 하나에 해당할 경우에는 농림축산식품부령으로 정하는 바에 따라 그 등록 또는 허가를 취소하거나 6개월 이내의 기간을 정하여 그 영업의 전부 또는 일부의 정지를 명할 수 있다. 다만, 제1호에 해당하는 경우에는 등록 또는 허가를 취소하여야 한다. <개정 2013. 3. 23., 2017. 3. 21.>

1. 거짓이나 그 밖의 부정한 방법으로 등록을 하거나 허가를 받은 것이 판명된 경우
2. 제8조제1항부터 제3항까지의 규정을 위반하여 동물에 대한 학대행위 등을 한 경우
3. 등록 또는 허가를 받은 날부터 1년이 지나도 영업을 시작하지 아니한 경우
4. 제32조제1항 각 호 외의 부분에 따른 기준에 미치지 못하게 된 경우
5. 제33조제2항 및 제34조제2항에 따라 변경신고를 하지 아니한 경우
6. 제36조에 따른 준수사항을 지키지 아니한 경우

② 제1항에 따른 처분의 효과는 그 처분기간이 만료된 날부터 1년간 양수인등에게 승계되며, 처분의 절차가 진행 중일 때에는 양수인등에 대하여 처분의 절차를 행할 수 있다. 다만, 양수인등이 양수·상속 또는 합병 시에 그 처분 또는 위반사실을 알지 못하였음을 증명하는 경우에는 그러하지 아니하다.

[제목개정 2017. 3. 21.]

제38조의2(영업자에 대한 점검 등) 시장·군수·구청장은 영업자에 대하여 제32조제1항에 따른 시설 및 인력 기준과 제36조에 따른 준수사항의 준수 여부를 매년 1회 이상 점검하고, 그 결과를 다음 연도 1월 31일까지 시·도지사를 거쳐 농림축산식품부장관에게 보고하여야 한다.

[본조신설 2017. 3. 21.]

제6장 보칙

제39조(출입·검사 등) ① 농림축산식품부장관, 시·도지사 또는 시장·군수·구청장은 동물의 보호 및 공중위생상의 위해 방지 등을 위하여 필요하면 동물의 소유자등에 대하여 다음 각 호의 조치를 할 수 있다. <개정 2013. 3. 23.>

1. 동물 현황 및 관리실태 등 필요한 자료제출의 요구
2. 동물이 있는 장소에 대한 출입·검사
3. 동물에 대한 위해 방지 조치의 이행 등 농림축산식품부령으로 정하는 시정명령

② 농림축산식품부장관, 시·도지사 또는 시장·군수·구청장은 동물보호 등과 관련하여 필요하면 영업자나 다음 각 호의 어느 하나에 해당하는 자에게 필요한 보고를 하도록 명하거나 자료를 제출하게 할 수 있으며, 관계 공무원으로 하여금 해당 시설 등에 출입하여 운영실태를 조사하게 하거나 관계 서류를 검사하게 할 수 있다. <개정 2013. 3. 23., 2017. 3. 21.>

1. 제15조제1항 및 제4항에 따른 동물보호센터의 장
2. 제25조제1항 및 제2항에 따라 윤리위원회를 설치한 동물실험시행기관의 장
3. 제29조제1항에 따라 동물복지축산농장으로 인증받은 자

③ 농림축산식품부장관, 시·도지사 또는 시장·군수·구청장이 제1항제2호 및 제2항에 따른 출입·검사를 할 때에는 출입·검사 시작 7일 전까지 대상자에게 다음 각 호의 사항이 포함된 출입·검사 계획을 통지하여야 한다. 다만, 출입·검사 계획을 미리 통지할 경우 그 목적을 달성할 수 없다고 인정하는 경우에는 출입·검사를 착수할 때에 통지할 수 있다. <개정 2013. 3. 23.>

1. 출입·검사 목적
2. 출입·검사 기간 및 장소
3. 관계 공무원의 성명과 직위
4. 출입·검사의 범위 및 내용
5. 제출할 자료

제40조(동물보호감시원) ① 농림축산식품부장관(대통령령으로 정하는 소속 기관의 장을 포함한다), 시·도지사 및 시장·군수·구청장은 동물의 학대 방지 등 동물보호에 관한 사무를 처리하기 위하여 소속 공무원 중에

서 동물보호감시원을 지정하여야 한다. <개정 2013. 3. 23.>

② 제1항에 따른 동물보호감시원(이하 "동물보호감시원"이라 한다)의 자격, 임명, 직무 범위 등에 관한 사항은 대통령령으로 정한다.

③ 동물보호감시원이 제2항에 따른 직무를 수행할 때에는 농림축산식품부령으로 정하는 증표를 지니고 이를 관계인에게 보여주어야 한다. <개정 2013. 3. 23.>

④ 누구든지 동물의 특성에 따른 출산, 질병 치료 등 부득이한 사유가 없으면 제2항에 따른 동물보호감시원의 직무 수행을 거부·방해 또는 기피하여서는 아니 된다.

제41조(동물보호명예감시원) ① 농림축산식품부장관, 시·도지사 및 시장·군수·구청장은 동물의 학대 방지 등 동물보호를 위한 지도·계몽 등을 위하여 동물보호명예감시원을 위촉할 수 있다. <개정 2013. 3. 23.>

② 제1항에 따른 동물보호명예감시원(이하 "명예감시원"이라 한다)의 자격, 위촉, 해촉, 직무, 활동 범위와 수당의 지급 등에 관한 사항은 대통령령으로 정한다.

③ 명예감시원은 제2항에 따른 직무를 수행할 때에는 부정한 행위를 하거나 권한을 남용하여서는 아니 된다.

④ 명예감시원이 그 직무를 수행하는 경우에는 신분을 표시하는 증표를 지니고 이를 관계인에게 보여주어야 한다.

제41조의2삭제 <2020. 2. 11.>

제42조(수수료) 다음 각 호의 어느 하나에 해당하는 자는 농림축산식품부령으로 정하는 바에 따라 수수료를 내야 한다. 다만, 제1호에 해당하는 자에 대하여는 시·도의 조례로 정하는 바에 따라 수수료를 감면할 수 있다. <개정 2013. 3. 23., 2017. 3. 21.>

1. 제12조제1항에 따라 등록대상동물을 등록하려는 자

2. 제29조제1항에 따라 동물복지축산농장 인증을 받으려는 자

3. 제33조 및 제34조에 따라 영업의 등록을 하려거나 허가를 받으려는 자 또는 변경신고를 하려는 자

제43조(청문) 농림축산식품부장관, 시·도지사 또는 시장·군수·구청장은 다음 각 호의 어느 하나에 해당하는 처분을 하려면 청문을 하여야 한다. <개정 2013. 3. 23., 2017. 3. 21.>

1. 제15조제7항에 따른 동물보호센터의 지정 취소

2. 제29조제4항에 따른 동물복지축산농장의 인증 취소

3. 제38조제1항에 따른 영업등록 또는 허가의 취소

제44조(권한의 위임) 농림축산식품부장관은 대통령령으로 정하는 바에 따라 이 법에 따른 권한의 일부를 소속 기관의 장 또는 시·도지사에게 위임할 수 있다. <개정 2013. 3. 23.>

제45조(실태조사 및 정보의 공개) ① 농림축산식품부장관은 다음 각 호의 정보와 자료를 수집·조사·분석하고 그 결과를 해마다 정기적으로 공표하여야 한다. <개정 2013. 3. 23., 2017. 3. 21.>

1. 제4조제1항의 동물복지종합계획 수립을 위한 동물보호 및 동물복지 실태에 관한 사항

2. 제12조에 따른 등록대상동물의 등록에 관한 사항

3. 제14조부터 제22조까지의 규정에 따른 동물보호센터와 유실·유기동물 등의 치료·보호 등에 관한 사항

4. 제25조부터 제28조까지의 규정에 따른 윤리위원회의 운영 및 동물실험 실태, 지도·감독 등에 관한 사항

5. 제29조에 따른 동물복지축산농장 인증현황 등에 관한 사항

6. 제33조 및 제34조에 따른 영업의 등록·허가와 운영실태에 관한 사항

7. 제38조의2에 따른 영업자에 대한 정기점검에 관한 사항

8. 그 밖에 동물보호 및 동물복지 실태와 관련된 사항

② 농림축산식품부장관은 제1항에 따른 업무를 효율적으로 추진하기 위하여 실태조사를 실시할 수 있으며, 실태조사를 위하여 필요한 경우 관계 중앙행정기관의 장, 지방자치단체의 장, 공공기관(「공공기관의 운영에 관한 법률」 제4조에 따른 공공기관을 말한다. 이하 같다)의 장, 관련 기관 및 단체, 동물의 소유자등에게 필요한 자료 및 정보의 제공을 요청할 수 있다. 이 경우 자료 및 정보의 제공을 요청받은 자는 정당한 사유가 없는 한 자료 및 정보를 제공하여야 한다. <개정 2013. 3. 23.>

③ 제2항에 따른 실태조사(현장조사를 포함한다)의 범위, 방법, 그 밖에 필요한 사항은 대통령령으로 정한다.

④ 시·도지사, 시장·군수·구청장 또는 동물실험시행기관의 장은 제1항제1호부터 제4호까지 및 제6호의 실적을 다음 해 1월 31일까지 농림축산식품부장관(대통령령으로 정하는 그 소속 기관의 장을 포함한다)에게 보고하여야 한다. <개정 2013. 3. 23.>

제7장 벌칙

제46조(벌칙) ① 다음 각 호의 어느 하나에 해당하는 자는 3년 이하의 징역 또는 3천만원 이하의 벌금에 처한다. <신설 2018. 3. 20., 2020. 2. 11.>

1. 제8조제1항을 위반하여 동물을 죽음에 이르게 하는 학대행위를 한 자
2. 제13조제2항 또는 제13조의2제1항을 위반하여 사람을 사망에 이르게 한 자

② 다음 각 호의 어느 하나에 해당하는 자는 2년 이하의 징역 또는 2천만원 이하의 벌금에 처한다. <개정 2017. 3. 21., 2018. 3. 20., 2020. 2. 11.>

1. 제8조제2항 또는 제3항을 위반하여 동물을 학대한 자
1의2. 제8조제4항을 위반하여 맹견을 유기한 소유자등
1의3. 제13조제2항에 따른 목줄 등 안전조치 의무를 위반하여 사람의 신체를 상해에 이르게 한 자
1의4. 제13조의2제1항을 위반하여 사람의 신체를 상해에 이르게 한 자
2. 제30조제1호를 위반하여 거짓이나 그 밖의 부정한 방법으로 동물복지축산농장 인증을 받은 자
3. 제30조제2호를 위반하여 인증을 받지 아니한 농장을 동물복지축산농장으로 표시한 자

③ 다음 각 호의 어느 하나에 해당하는 자는 500만원 이하의 벌금에 처한다. <개정 2017. 3. 21., 2018. 3. 20.>

1. 제26조제3항을 위반하여 비밀을 누설하거나 도용한 윤리위원회의 위원
2. 제33조에 따른 등록 또는 신고를 하지 아니하거나 제34조에 따른 허가를 받지 아니하거나 신고를 하지 아니하고 영업을 한 자
3. 거짓이나 그 밖의 부정한 방법으로 제33조에 따른 등록 또는 신고를 하거나 제34조에 따른 허가를 받거나 신고를 한 자
4. 제38조에 따른 영업정지기간에 영업을 한 영업자

④ 다음 각 호의 어느 하나에 해당하는 자는 300만원 이하의 벌금에 처한다. <개정 2017. 3. 21., 2018. 3. 20., 2019. 8. 27., 2020. 2. 11.>

1. 제8조제4항을 위반하여 동물을 유기한 소유자등
2. 제8조제5항제1호를 위반하여 사진 또는 영상물을 판매·전시·전달·상영하거나 인터넷에 게재한 자

3. 제8조제5항제2호를 위반하여 도박을 목적으로 동물을 이용한 자 또는 동물을 이용하는 도박을 행할 목적으로 광고·선전한 자

4. 제8조제5항제3호를 위반하여 도박·시합·복권·오락·유흥·광고 등의 상이나 경품으로 동물을 제공한 자

5. 제8조제5항제4호를 위반하여 영리를 목적으로 동물을 대여한 자

6. 제24조를 위반하여 동물실험을 한 자

⑤ 상습적으로 제1항부터 제3항까지의 죄를 지은 자는 그 죄에 정한 형의 2분의 1까지 가중한다. <개정 2017. 3. 21., 2018. 3. 20.>

제46조의2(양벌규정) 법인의 대표자나 법인 또는 개인의 대리인, 사용인, 그 밖의 종업원이 그 법인 또는 개인의 업무에 관하여 제46조에 따른 위반행위를 하면 그 행위자를 벌하는 외에 그 법인 또는 개인에게도 해당 조문의 벌금형을 과한다. 다만, 법인 또는 개인이 그 위반행위를 방지하기 위하여 해당 업무에 관하여 상당한 주의와 감독을 게을리하지 아니한 경우에는 그러하지 아니하다.

[본조신설 2017. 3. 21.]

제47조(과태료) ① 다음 각 호의 어느 하나에 해당하는 자에게는 300만원 이하의 과태료를 부과한다. <신설 2017. 3. 21., 2018. 3. 20., 2020. 2. 11.>

1. 삭제 <2020. 2. 11.>

2. 제9조의2를 위반하여 동물을 판매한 자

2의2. 제13조의2제1항제1호를 위반하여 소유자등 없이 맹견을 기르는 곳에서 벗어나게 한 소유자등

2의3. 제13조의2제1항제2호를 위반하여 월령이 3개월 이상인 맹견을 동반하고 외출할 때 안전장치 및 이동장치를 하지 아니한 소유자등

2의4. 제13조의2제1항제3호를 위반하여 사람에게 신체적 피해를 주지 아니하도록 관리하지 아니한 소유자등

2의5. 제13조의2제3항을 위반하여 맹견악 안전한 사육 및 관리에 관한 교육을 받지 아니한 소유자

2의6. 제13조의2제4항을 위반하여 보험에 가입하지 아니한 소유자

2의7. 제13조의3을 위반하여 맹견을 출입하게 한 소유자등

3. 제25조제1항을 위반하여 윤리위원회를 설치·운영하지 아니한 동물실험시행기관의 장

4. 제25조제3항을 위반하여 윤리위원회의 심의를 거치지 아니하고 동물

실험을 한 동물실험시행기관의 장

5. 제28조제2항을 위반하여 개선명령을 이행하지 아니한 동물실험시행기관의 장

② 다음 각 호의 어느 하나에 해당하는 자에게는 100만원 이하의 과태료를 부과한다. <개정 2013. 8. 13., 2017. 3. 21., 2018. 3. 20.>

1. 삭제 <2017. 3. 21.>

2. 제9조제1항제4호 또는 제5호를 위반하여 동물을 운송한 자

3. 제9조제1항을 위반하여 제32조제1항의 동물을 운송한 자

4. 삭제 <2017. 3. 21.>

5. 제12조제1항을 위반하여 등록대상동물을 등록하지 아니한 소유자

5의2. 제24조의2를 위반하여 미성년자에게 동물 해부실습을 하게 한 자

6. 삭제 <2017. 3. 21.>

7. 삭제 <2017. 3. 21.>

8. 제31조제2항을 위반하여 동물복지축산농장 인증을 받은 자의 지위를 승계하고 그 사실을 신고하지 아니한 자

9. 제35조제3항을 위반하여 영업자의 지위를 승계하고 그 사실을 신고하지 아니한 자

10. 제37조제2항 또는 제3항을 위반하여 교육을 받지 아니하고 영업을 한 영업자

11. 제39조제1항제1호에 따른 자료제출 요구에 응하지 아니하거나 거짓 자료를 제출한 동물의 소유자등

12. 제39조제1항제2호에 따른 출입·검사를 거부·방해 또는 기피한 동물의 소유자등

13. 제39조제1항제3호에 따른 시정명령을 이행하지 아니한 동물의 소유자등

14. 제39조제2항에 따른 보고·자료제출을 하지 아니하거나 거짓으로 보고·자료제출을 한 자 또는 같은 항에 따른 출입·조사를 거부·방해·기피한 자

15. 제40조제4항을 위반하여 동물보호감시원의 직무 수행을 거부·방해 또는 기피한 자

③ 다음 각 호의 어느 하나에 해당하는 자에게는 50만원 이하의 과태료를 부과한다. <개정 2017. 3. 21.>

1. 제12조제2항을 위반하여 정해진 기간 내에 신고를 하지 아니한 소유자

2. 제12조제3항을 위반하여 변경신고를 하지 아니한 소유권을 이전받은 자

3. 제13조제1항을 위반하여 인식표를 부착하지 아니한 소유자등

4. 제13조제2항을 위반하여 안전조치를 하지 아니하거나 배설물을 수거하지 아니한 소유자등

④ 제1항부터 제3항까지의 과태료는 대통령령으로 정하는 바에 따라 농림축산식품부장관, 시·도지사 또는 시장·군수·구청장이 부과·징수한다. <개정 2013. 3. 23., 2017. 3. 21.>

부칙 <제16977호, 2020. 2. 11.>

제1조(시행일) 이 법은 공포 후 1년이 지난 후부터 시행한다. 다만, 제1조 및 제24조제2호의 개정규정은 공포한 날부터 시행하고, 제2조제1호의3, 제8조제2항제3호의2, 제12조제4항·제5항, 제32조제1항, 제33조의2제1항, 제36조제1항제7호 및 제41조의2의 개정규정은 공포 후 6개월이 경과한 날부터 시행한다.

제2조(벌칙이나 과태료에 관한 경과조치) 이 법 시행 전의 위반행위에 대하여 벌칙이나 과태료를 적용할 때에는 종전의 규정에 따른다.

동물보호법 시행령

[시행 2021. 7. 6.]
[대통령령 제31871호, 2021. 7. 6., 타법개정]

제1조(목적) 이 영은 「동물보호법」에서 위임된 사항과 그 시행에 필요한 사항을 규정함을 목적으로 한다.

제2조(동물의 범위) 「동물보호법」(이하 "법"이라 한다) 제2조제1호다목에서 "대통령령으로 정하는 동물"이란 파충류, 양서류 및 어류를 말한다. 다만, 식용(食用)을 목적으로 하는 것은 제외한다.
[전문개정 2014. 2. 11.]

제3조(등록대상동물의 범위) 법 제2조제2호에서 "대통령령으로 정하는 동물"이란 다음 각 호의 어느 하나에 해당하는 월령(月齡) 2개월 이상인 개를 말한다. <개정 2016. 8. 11., 2019. 3. 12.>
1. 「주택법」 제2조제1호 및 제4호에 따른 주택·준주택에서 기르는 개
2. 제1호에 따른 주택·준주택 외의 장소에서 반려(伴侶) 목적으로 기르는 개

제4조(동물실험시행기관의 범위) 법 제2조제5호에서 "대통령령으로 정하는 법인·단체 또는 기관"이란 다음 각 호의 어느 하나에 해당하는 법인·단체 또는 기관으로서 동물을 이용하여 동물실험을 시행하는 법인·단체 또는 기관을 말한다. <개정 2014. 12. 9., 2015. 12. 22., 2020. 3. 17., 2020. 4. 28.>
1. 국가기관
2. 지방자치단체의 기관
3. 「정부출연연구기관 등의 설립·운영 및 육성에 관한 법률」 제8조제1항에 따른 연구기관
4. 「과학기술분야 정부출연연구기관 등의 설립·운영 및 육성에 관한 법률」 제8조제1항에 따른 연구기관
5. 「특정연구기관 육성법」 제2조에 따른 연구기관
6. 「약사법」 제31조제10항에 따른 의약품의 안전성·유효성에 관한 시험성적서 등의 자료를 발급하는 법인·단체 또는 기관
7. 「화장품법」 제4조제3항에 따른 화장품 등의 안전성·유효성에 관한

심사에 필요한 자료를 발급하는 법인·단체 또는 기관

8. 「고등교육법」 제2조에 따른 학교

9. 「의료법」 제3조에 따른 의료기관

10. 「의료기기법」 제6조·제15조 또는 「체외진단의료기기법」 제5조·제11조에 따라 의료기기 또는 체외진단의료기기를 제조하거나 수입하는 법인·단체 또는 기관

11. 「기초연구진흥 및 기술개발지원에 관한 법률」 제14조제1항에 따른 기관 또는 단체

12. 「농업·농촌 및 식품산업 기본법」 제3조제4호에 따른 생산자단체와 같은 법 제28조에 따른 영농조합법인(營農組合法人) 및 농업회사법인 (農業會社法人)

12의2. 「수산업·어촌 발전 기본법」 제3조제5호에 따른 생산자단체와 같은 법 제19조에 따른 영어조합법인(營漁組合法人) 및 어업회사법인 (漁業會社法人)

13. 「화학물질의 등록 및 평가 등에 관한 법률」 제22조에 따라 화학물질의 물리적·화학적 특성 및 유해성에 관한 시험을 수행하기 위하여 지정된 시험기관

14. 「농약관리법」 제17조의4에 따라 지정된 시험연구기관

15. 「사료관리법」 제2조제7호 또는 제8호에 따른 제조업자 또는 수입업자 중 법인·단체 또는 기관

16. 「식품위생법」 제37조에 따라 식품 또는 식품첨가물의 제조업·가공업 허가를 받은 법인·단체 또는 기관

17. 「건강기능식품에 관한 법률」 제5조에 따른 건강기능식품제조업 허가를 받은 법인·단체 또는 기관

18. 「국제백신연구소설립에관한협정」에 따라 설립된 국제백신연구소

제5조(동물보호 민간단체의 범위) 법 제4조제4항에서 "대통령령으로 정하는 민간단체"란 다음 각 호의 어느 하나에 해당하는 법인 또는 단체를 말한다. <개정 2018. 3. 20.>

1. 「민법」 제32조에 따라 설립된 법인으로서 동물보호를 목적으로 하는 법인

2. 「비영리민간단체 지원법」 제4조에 따라 등록된 비영리민간단체로서 동물보호를 목적으로 하는 단체

제6조(동물복지위원회의 운영 등) ① 법 제5조제1항에 따른 동물복지위원회(이하 "복지위원회"라 한다)의 위원장은 복지위원회를 대표하며, 복지위원회의 업무를 총괄한다.

② 위원장이 부득이한 사유로 직무를 수행할 수 없을 때에는 위원장이 미리 지명한 위원의 순으로 그 직무를 대행한다.

③ 위원의 임기는 2년으로 한다.

④ 농림축산식품부장관은 위원이 다음 각 호의 어느 하나에 해당하는 경우에는 해당 위원을 해촉(解囑)할 수 있다. <신설 2016. 1. 22.>

1. 심신장애로 인하여 직무를 수행할 수 없게 된 경우

2. 직무와 관련된 비위사실이 있는 경우

3. 직무태만, 품위손상이나 그 밖의 사유로 인하여 위원으로 적합하지 아니하다고 인정되는 경우

4. 위원 스스로 직무를 수행하는 것이 곤란하다고 의사를 밝히는 경우

⑤ 복지위원회의 회의는 농림축산식품부장관 또는 위원 3분의 1 이상의 요구가 있을 때 위원장이 소집한다. <개정 2013. 3. 23., 2016. 1. 22.>

⑥ 복지위원회의 회의는 재적위원 과반수의 출석으로 개의(開議)하고, 출석위원 과반수의 찬성으로 의결한다. <개정 2016. 1. 22.>

⑦ 복지위원회는 심의사항과 관련하여 필요하다고 인정할 때에는 관계인을 출석시켜 의견을 들을 수 있다. <개정 2016. 1. 22.>

⑧ 제1항부터 제7항까지에서 규정한 사항 외에 복지위원회의 운영에 필요한 사항은 복지위원회의 의결을 거쳐 위원장이 정한다. <개정 2016. 1. 22.>

제6조의2(보험의 가입) 법 제13조의2제4항에 따라 맹견의 소유자는 다음 각 호의 요건을 모두 충족하는 보험에 가입해야 한다.

1. 다음 각 목에 해당하는 금액 이상을 보상할 수 있는 보험일 것

　가. 사망의 경우에는 피해자 1명당 8천만원

　나. 부상의 경우에는 피해자 1명당 농림축산식품부령으로 정하는 상해등급에 따른 금액

　다. 부상에 대한 치료를 마친 후 더 이상의 치료효과를 기대할 수 없고 그 증상이 고정된 상태에서 그 부상이 원인이 되어 신체의 장애(이하 "후유장애"라 한다)가 생긴 경우에는 피해자 1명당 농림축산식품부령으로 정하는 후유장애등급에 따른 금액

　라. 다른 사람의 동물이 상해를 입거나 죽은 경우에는 사고 1건당 200만원

2. 지급보험금액은 실손해액을 초과하지 않을 것. 다만, 사망으로 인한 실손해액이 2천만원 미만인 경우의 지급보험금액은 2천만원으로 한다.
3. 하나의 사고로 제1호가목부터 다목까지의 규정 중 둘 이상에 해당하게 된 경우에는 실손해액을 초과하지 않는 범위에서 다음 각 목의 구분에 따라 보험금을 지급할 것
   가. 부상한 사람이 치료 중에 그 부상이 원인이 되어 사망한 경우에는 제1호가목 및 나목의 금액을 더한 금액
   나. 부상한 사람에게 후유장애가 생긴 경우에는 제1호나목 및 다목의 금액을 더한 금액
   다. 제1호다목의 금액을 지급한 후 그 부상이 원인이 되어 사망한 경우에는 제1호가목의 금액에서 같은 호 다목에 따라 지급한 금액 중 사망한 날 이후에 해당하는 손해액을 뺀 금액

[본조신설 2021. 2. 9.]

제7조(공고) ① 특별시장·광역시장·특별자치시장·도지사 및 특별자치도지사(이하 "시·도지사"라 한다)와 시장·군수·구청장(자치구의 구청장을 말한다. 이하 같다)은 법 제17조에 따라 동물 보호조치에 관한 공고를 하려면 농림축산식품부장관이 정하는 시스템(이하 "동물보호관리시스템"이라 한다)에 게시하여야 한다. 다만, 동물보호관리시스템이 정상적으로 운영되지 않을 경우에는 농림축산식품부령으로 정하는 동물보호 공고문을 작성하여 다른 방법으로 게시하되, 동물보호관리시스템이 정상적으로 운영되면 그 내용을 동물보호관리시스템에 게시하여야 한다. <개정 2013. 3. 23., 2018. 3. 20.>
② 시·도지사와 시장·군수·구청장은 제1항에 따른 공고를 하는 경우 농림축산식품부령으로 정하는 바에 따라 동물보호관리시스템을 통하여 개체관리카드와 보호동물 관리대장을 작성·관리하여야 한다. <개정 2013. 3. 23., 2018. 3. 20.>

제8조(보호비용의 징수) 시·도지사와 시장·군수·구청장은 법 제19조제1항 및 제2항에 따라 보호비용을 징수하려면 농림축산식품부령으로 정하는 비용징수 통지서를 동물의 소유자 또는 법 제21조제1항에 따라 분양을 받는 자에게 발급하여야 한다. <개정 2013. 3. 23., 2018. 3. 20.>

제9조(동물의 기증 또는 분양 대상 민간단체 등의 범위) 법 제21조제1항에서 "대통령령으로 정하는 민간단체 등"이란 다음 각 호의 어느 하나에 해당하는 단체 또는 기관 등을 말한다.

1. 제5조 각 호의 어느 하나에 해당하는 법인 또는 단체
2. 「장애인복지법」 제40조제4항에 따라 지정된 장애인 보조견 전문훈련 기관
3. 「사회복지사업법」 제2조제4호에 따른 사회복지시설

제10조(동물실험 금지 동물) 법 제24조제2호에서 "대통령령으로 정하는 동물"이란 다음 각 호의 어느 하나에 해당하는 동물을 말한다. <개정 2013. 3. 23., 2014. 11. 19., 2017. 7. 26., 2021. 2. 9., 2021. 7. 6.>
1. 「장애인복지법」 제40조에 따른 장애인 보조견
2. 소방청(그 소속 기관을 포함한다)에서 효율적인 구조활동을 위해 이용하는 119구조견
3. 다음 각 목의 기관(그 소속 기관을 포함한다)에서 수색·탐지 등을 위해 이용하는 경찰견
   가. 국토교통부
   나. 경찰청
   다. 해양경찰청
4. 국방부(그 소속 기관을 포함한다)에서 수색·경계·추적·탐지 등을 위해 이용하는 군견
5. 농림축산식품부(그 소속 기관을 포함한다) 및 관세청(그 소속 기관을 포함한다) 등에서 각종 물질의 탐지 등을 위해 이용하는 마약 및 폭발물 탐지견과 검역 탐지견

제11조(동물실험윤리위원회의 지도·감독의 방법) 법 제25조제1항에 따른 동물실험윤리위원회(이하 "윤리위원회"라 한다)는 다음 각 호의 방법을 통하여 해당 동물실험시행기관을 지도·감독한다.
1. 동물실험의 윤리적·과학적 타당성에 대한 심의
2. 동물실험에 사용하는 동물(이하 "실험동물"이라 한다)의 생산·도입·관리·실험 및 이용과 실험이 끝난 뒤 해당 동물의 처리에 관한 확인 및 평가
3. 동물실험시행기관의 운영자 또는 종사자에 대한 교육·훈련 등에 대한 확인 및 평가
4. 동물실험 및 동물실험시행기관의 동물복지 수준 및 관리실태에 대한 확인 및 평가

제12조(윤리위원회의 운영) ① 윤리위원회의 회의는 다음 각 호의 어느 하나에 해당하는 경우에 위원장이 소집하고, 위원장이 그 의장이 된다.

1. 재적위원 3분의 1 이상이 소집을 요구하는 경우

2. 해당 동물실험시행기관의 장이 소집을 요구하는 경우

3. 그 밖에 위원장이 필요하다고 인정하는 경우

② 윤리위원회의 회의는 재적위원 과반수의 출석으로 개의하고, 출석위원 과반수의 찬성으로 의결한다. <개정 2020. 3. 17., 2021. 2. 9.>

③ 동물실험계획을 심의·평가하는 회의에는 다음 각 호의 위원이 각각 1명 이상 참석해야 한다. <신설 2021. 2. 9.>

1. 법 제27조제2항제1호에 따른 위원

2. 법 제27조제4항에 따른 동물실험시행기관과 이해관계가 없는 위원

④ 회의록 등 윤리위원회의 구성·운영 등과 관련된 기록 및 문서는 3년 이상 보존하여야 한다. <개정 2021. 2. 9.>

⑤ 윤리위원회는 심의사항과 관련하여 필요하다고 인정할 때에는 관계인을 출석시켜 의견을 들을 수 있다. <개정 2021. 2. 9.>

⑥ 동물실험시행기관의 장은 해당 기관에 설치된 윤리위원회의 효율적인 운영을 위하여 다음 각 호의 사항에 대하여 적극 협조하여야 한다. <개정 2021. 2. 9.>

1. 윤리위원회의 독립성 보장

2. 윤리위원회의 결정 및 권고사항에 대한 즉각적이고 효과적인 조치 및 시행

3. 윤리위원회의 설치 및 운영에 필요한 인력, 장비, 장소, 비용 등에 관한 적절한 지원

⑦ 동물실험시행기관의 장은 매년 윤리위원회의 운영 및 동물실험의 실태에 관한 사항을 다음 해 1월 31일까지 농림축산식품부령으로 정하는 바에 따라 농림축산식품부장관에게 통지하여야 한다. <개정 2013. 3. 23., 2021. 2. 9.>

⑧ 제1항부터 제7항까지에서 규정한 사항 외에 윤리위원회의 효율적인 운영을 위하여 필요한 사항은 농림축산식품부장관이 정하여 고시한다. <개정 2013. 3. 23., 2021. 2. 9.>

제13조(윤리위원회의 구성·운영 등에 대한 개선명령) ① 농림축산식품부장관은 법 제28조제2항에 따라 개선명령을 하는 경우 그 개선에 필요한 조치 등을 고려하여 3개월의 범위에서 기간을 정하여 개선명령을 하여야 한다. <개정 2013. 3. 23.>

② 농림축산식품부장관은 천재지변이나 그 밖의 부득이한 사유로 제1항

에 따른 개선기간에 개선을 할 수 없는 동물실험시행기관의 장이 개선기간 연장 신청을 하면 해당 사유가 끝난 날부터 3개월의 범위에서 그 기간을 연장할 수 있다. <개정 2013. 3. 23.>

③ 제1항에 따라 개선명령을 받은 동물실험시행기관의 장이 그 명령을 이행하였을 때에는 지체 없이 그 결과를 농림축산식품부장관에게 통지하여야 한다. <개정 2013. 3. 23.>

④ 제1항에 따른 개선명령에 대하여 이의가 있는 동물실험시행기관의 장은 30일 이내에 농림축산식품부장관에게 이의신청을 할 수 있다. <개정 2013. 3. 23.>

제14조(동물보호감시원의 자격 등) ① 법 제40조제1항에서 "대통령령으로 정하는 소속 기관의 장"이란 농림축산검역본부장(이하 "검역본부장"이라 한다)을 말한다. <개정 2013. 3. 23., 2018. 3. 20.>

② 농림축산식품부장관, 검역본부장, 시·도지사 및 시장·군수·구청장이 법 제40조제1항에 따라 동물보호감시원을 지정할 때에는 다음 각 호의 어느 하나에 해당하는 소속 공무원 중에서 동물보호감시원을 지정하여야 한다. <개정 2013. 3. 23., 2018. 3. 20.>

1. 「수의사법」 제2조제1호에 따른 수의사 면허가 있는 사람

2. 「국가기술자격법」 제9조에 따른 축산기술사, 축산기사, 축산산업기사 또는 축산기능사 자격이 있는 사람

3. 「고등교육법」 제2조에 따른 학교에서 수의학·축산학·동물관리학· 애완동물학·반려동물학 등 동물의 관리 및 이용 관련 분야, 동물보호 분야 또는 동물복지 분야를 전공하고 졸업한 사람

4. 그 밖에 동물보호·동물복지·실험동물 분야와 관련된 사무에 종사한 경험이 있는 사람

③ 동물보호감시원의 직무는 다음 각 호와 같다. <개정 2018. 3. 20., 2021. 2. 9.>

1. 법 제7조에 따른 동물의 적정한 사육·관리에 대한 교육 및 지도

2. 법 제8조에 따라 금지되는 동물학대행위의 예방, 중단 또는 재발방지를 위하여 필요한 조치

3. 법 제9조 및 제9조의2에 따른 동물의 적정한 운송과 반려동물 전달 방법에 대한 지도·감독

3의2. 법 제10조에 따른 동물의 도살방법에 대한 지도

3의3. 법 제12조에 따른 등록대상동물의 등록 및 법 제13조에 따른 등

록대상동물의 관리에 대한 감독

3의4. 법 제13조의2 및 제13조의3에 따른 맹견의 관리 및 출입금지 등에 대한 감독

4. 법 제15조에 따라 설치·지정되는 동물보호센터의 운영에 관한 감독

4의2. 법 제28조에 따른 윤리위원회의 구성·운영 등에 관한 지도·감독 및 개선명령의 이행 여부에 대한 확인 및 지도

5. 법 제29조에 따라 동물복지축산농장으로 인증받은 농장의 인증기준 준수 여부 감독

6. 법 제33조제1항에 따라 영업등록을 하거나 법 제34조제1항에 따라 영업허가를 받은 자(이하 "영업자"라 한다)의 시설·인력 등 등록 또는 허가사항, 준수사항, 교육 이수 여부에 관한 감독

6의2. 법 제33조의2제1항에 따른 반려동물을 위한 장묘시설의 설치·운영에 관한 감독

7. 법 제39조에 따른 조치, 보고 및 자료제출 명령의 이행 여부 등에 관한 확인·지도

8. 법 제41조제1항에 따라 위촉된 동물보호명예감시원에 대한 지도

9. 그 밖에 동물의 보호 및 복지 증진에 관한 업무

제15조(동물보호명예감시원의 자격 및 위촉 등) ① 농림축산식품부장관, 시·도지사 및 시장·군수·구청장이 법 제41조제1항에 따라 동물보호명예감시원(이하 "명예감시원"이라 한다)을 위촉할 때에는 다음 각 호의 어느 하나에 해당하는 사람으로서 농림축산식품부장관이 정하는 관련 교육과정을 마친 사람을 명예감시원으로 위촉하여야 한다. <개정 2013. 3. 23.>

1. 제5조에 따른 법인 또는 단체의 장이 추천한 사람

2. 제14조제2항 각 호의 어느 하나에 해당하는 사람

3. 동물보호에 관한 학식과 경험이 풍부하고, 명예감시원의 직무를 성실히 수행할 수 있는 사람

② 농림축산식품부장관, 시·도지사 또는 시장·군수·구청장은 제1항에 따라 위촉한 명예감시원이 다음 각 호의 어느 하나에 해당하는 경우에는 위촉을 해제할 수 있다. <개정 2013. 3. 23.>

1. 사망·질병 또는 부상 등의 사유로 직무 수행이 곤란하게 된 경우

2. 제3항에 따른 직무를 성실히 수행하지 아니하거나 직무와 관련하여 부정한 행위를 한 경우

242

③ 명예감시원의 직무는 다음 각 호와 같다.

1. 동물보호 및 동물복지에 관한 교육・상담・홍보 및 지도

2. 동물학대행위에 대한 신고 및 정보 제공

3. 제14조제3항에 따른 동물보호감시원의 직무 수행을 위한 지원

4. 학대받는 동물의 구조・보호 지원

④ 명예감시원의 활동 범위는 다음 각 호의 구분에 따른다. <개정 2013. 3. 23.>

1. 농림축산식품부장관이 위촉한 경우: 전국

2. 시・도지사 또는 시장・군수・구청장이 위촉한 경우: 위촉한 기관장의 관할구역

⑤ 농림축산식품부장관, 시・도지사 또는 시장・군수・구청장은 명예감시원에게 예산의 범위에서 수당을 지급할 수 있다. <개정 2013. 3. 23.>

⑥ 제1항부터 제5항까지에서 규정한 사항 외에 명예감시원의 운영을 위하여 필요한 사항은 농림축산식품부장관이 정하여 고시한다. <개정 2013. 3. 23.>

제15조의2삭제 <2021. 2. 9.>

제16조(권한의 위임) 농림축산식품부장관은 법 제44조에 따라 다음 각 호의 권한을 검역본부장에게 위임한다. <개정 2013. 3. 23., 2016. 1. 22., 2018. 3. 20., 2020. 3. 17., 2021. 2. 9.>

1. 법 제9조제3항에 따른 동물 운송에 관하여 필요한 사항의 권장

2. 법 제10조제2항에 따른 동물의 도살방법에 관한 세부사항의 규정

3. 법 제23조제7항에 따른 동물실험의 원칙에 관한 고시

4. 법 제28조에 따른 윤리위원회의 구성・운영 등에 관한 지도・감독 및 개선명령

5. 법 제29조제1항에 따른 동물복지축산농장의 인증

6. 법 제29조제2항에 따른 동물복지축산농장 인증 신청의 접수

7. 법 제29조제4항에 따른 동물복지축산농장의 인증 취소

8. 법 제31조제2항에 따라 동물복지축산농장의 인증을 받은 자의 지위 승계 신고 수리(受理)

9. 법 제39조에 따른 출입・검사 등

10. 법 제41조에 따른 명예감시원의 위촉, 해촉, 수당 지급

11. 법 제43조제2호에 따른 동물복지축산농장의 인증 취소처분에 관한 청문

12. 법 제45조제2항에 따른 실태조사(현장조사를 포함한다. 이하 "실태조사"라 한다) 및 정보의 공개

13. 법 제47조제1항제2호 · 제3호부터 제5호까지 및 같은 조 제2항제2호 · 제3호 · 제5호의2 · 제8호 · 제10호부터 제15호까지의 규정에 따른 과태료의 부과 · 징수

제17조(실태조사의 범위 등) ① 농림축산식품부장관은 법 제45조제2항에 따른 실태조사(이하 "실태조사"라 한다)를 할 때에는 실태조사 계획을 수립하고 그에 따라 실시하여야 한다. <개정 2013. 3. 23.>
② 농림축산식품부장관은 실태조사를 효율적으로 하기 위하여 동물보호관리시스템, 전자우편 등을 통한 전자적 방법, 서면조사, 현장조사 방법 등을 사용할 수 있으며, 전문연구기관 · 단체 또는 관계 전문가에게 의뢰하여 실태조사를 할 수 있다. <개정 2013. 3. 23.>
③ 제1항과 제2항에서 규정한 사항 외에 실태조사에 필요한 사항은 농림축산식품부장관이 정하여 고시한다. <개정 2013. 3. 23.>

제18조(소속 기관의 장) 법 제45조제4항에서 "대통령령으로 정하는 그 소속 기관의 장"이란 검역본부장을 말한다. <개정 2013. 3. 23.>

제19조(고유식별정보의 처리) 농림축산식품부장관(검역본부장을 포함한다), 시 · 도지사 또는 시장 · 군수 · 구청장(해당 권한이 위임 · 위탁된 경우에는 그 권한을 위임 · 위탁받은 자를 포함한다)은 다음 각 호의 사무를 수행하기 위하여 불가피한 경우에는 「개인정보 보호법 시행령」 제19조제1호, 제2호 또는 제4호에 따른 주민등록번호, 여권번호 또는 외국인등록번호가 포함된 자료를 처리할 수 있다. <개정 2013. 3. 23., 2014. 8. 6., 2018. 3. 20.>

1. 법 제12조에 따른 등록대상동물의 등록 및 변경신고에 관한 사무
2. 법 제15조에 따른 동물보호센터의 지정 및 지정 취소에 관한 사무
3. 삭제 <2016. 1. 22.>
4. 삭제 <2016. 1. 22.>
5. 법 제33조에 따른 영업의 등록, 변경신고 및 폐업 등의 신고에 관한 사무
6. 법 제34조에 따른 영업의 허가, 변경신고 및 폐업 등의 신고에 관한 사무
7. 법 제35조에 따른 영업의 승계신고에 관한 사무
8. 법 제38조에 따른 등록 또는 허가의 취소 및 영업의 정지에 관한 사무

제19조의2삭제 <2016. 12. 30.>

제20조(과태료의 부과·징수) ① 법 제47조제1항부터 제3항까지의 규정에 따른 과태료의 부과기준은 별표와 같다.

② 법 제47조제4항에 따른 과태료의 부과권자는 다음 각 호의 구분에 따른다. <개정 2020. 3. 17., 2021. 2. 9.>

1. 법 제47조제1항제2호·제3호부터 제5호까지 및 같은 조 제2항제2호 ·제3호·제5호의2·제8호·제10호부터 제15호까지의 규정에 따른 과태료: 농림축산식품부장관

2. 법 제47조제2항제11호부터 제15호까지의 규정에 따른 과태료: 시· 도지사(특별자치시장은 제외한다)

3. 법 제47조제1항제2호·제2호의2부터 제2호의7까지, 같은 조 제2항제 2호·제3호·제5호·제9호부터 제15호까지 및 같은 조 제3항 각 호에 따른 과태료: 특별자치시장·시장(「제주특별자치도 설치 및 국제자유 도시 조성을 위한 특별법」 제11조제2항에 따른 행정시장을 포함한다) ·군수·구청장

[전문개정 2018. 3. 20.]

　부칙　<제31871호, 2021. 7. 6.>　(119구조·구급에 관한 법률 시행령)

제1조(시행일) 이 영은 2021년 7월 6일부터 시행한다.

제2조(다른 법령의 개정) 동물보호법 시행령 일부를 다음과 같이 개정한다.
　제10조제2호 중 "인명구조견"을 "119구조견"으로 한다.

■ **[별표]** <개정 2021. 2. 9.>

과태료의 부과기준(제20조 관련)

1. 일반기준

가. 위반행위의 횟수에 따른 과태료의 가중된 부과기준은 최근 2년간 같은 위반행위로 과태료 부과처분을 받은 경우에 적용한다. 이 경우 기간의 계산은 위반행위에 대하여 과태료 부과처분을 받은 날과 그 처분 후 다시 같은 위반행위를 하여 적발된 날을 기준으로 한다.

나. 가목에 따라 가중된 부과처분을 하는 경우 가중처분의 적용 차수는 그 위반행위 전 부과처분 차수(가목에 따른 기간 내에 과태료 부과처분이 둘 이상 있었던 경우에는 높은 차수를 말한다)의 다음 차수로 한다.

다. 다음의 어느 하나에 해당하는 경우에는 제2호의 개별기준에 따른 과태료 금액의 2분의 1의 범위에서 그 금액을 줄일 수 있다. 다만, 과태료를 체납하고 있는 위반행위자에 대해서는 그렇지 않다.

1) 위반행위자가 「질서위반행위규제법 시행령」 제2조의2제1항 각 호의 어느 하나에 해당하는 경우

2) 위반행위자가 자연재해·화재 등으로 재산에 현저한 손실이 발생하거나 사업여건의 악화로 사업이 중대한 위기에 처하는 등의 사정이 있는 경우

3) 위반행위가 사소한 부주의나 오류 등 과실로 인한 것으로 인정되는 경우

4) 위반행위자가 같은 위반행위로 다른 법률에 따라 과태료·벌금·영업정지 등의 처분을 받은 경우

5) 위반행위자가 위법행위로 인한 결과를 시정하거나 해소한 경우

6) 그 밖에 위반행위의 정도, 위반행위의 동기와 그 결과 등을 고려하여 그 금액을 줄일 필요가 있다고 인정되는 경우

2. 개별기준

(단위: 만원)

위반행위	근거 법조문	과태료 금액		
		1차 위반	2차 위반	3차 이상 위반
가. 법 제9조제1항제4호 또는 제5호를 위반하여 동물을 운송한 경우	법 제47조 제2항제2호	10	20	40
나. 법 제9조제1항을 위반하여 법 제32조제1항의 동물을 운송한 경우	법 제47조 제2항제3호	10	20	40
다. 법 제9조의2를 위반하여 동물을 판매한 경우	법 제47조 제1항제2호	50	100	200
라. 소유자가 법 제12조제1항을 위반하여 등록대상동물을 등록하지 않은 경우	법 제47조 제2항제5호	20	40	60
마. 소유자가 법 제12조제2항을 위반하여 정해진 기간 내에 신고를 하지 않은 경우	법 제47조 제3항제1호	10	20	40
바. 법 제12조제3항을 위반하여 변경신고를 하지 않고 소유권을 이전받은 경우	법 제47조 제3항제2호	10	20	40
사. 소유자등이 법 제13조제1항을 위반하여 인식표를 부착하지 않은 경우	법 제47조 제3항제3호	5	10	20
아. 소유자등이 법 제13조제2항을 위반하여 안전조치를 하지 않은 경우	법 제47조 제3항제4호	20	30	50
자. 소유자등이 법 제13조제2항을 위반하여 배설물을 수거하지 않은 경우	법 제47조 제3항제4호	5	7	10
차. 소유자등이 법 제13조의2제1항제1호를 위반하여 소유자등 없이 맹견을 기르는 곳에서 벗어나게 한 경우	법 제47조 제1항제2호 의2	100	200	300

위반행위	근거 법조문			
카. 소유자등이 법 제13조의2제1항 제2호를 위반하여 월령이 3개월 이상인 맹견을 동반하고 외출할 때 안전장치 및 이동장치를 하지 않은 경우	법 제47조 제1항제2호 의3	100	200	300
타. 소유자등이 법 제13조의2제1항 제3호를 위반하여 사람에게 신체적 피해를 주지 않도록 관리하지 않은 경우	법 제47조 제1항제2호 의4	100	200	300
파. 소유자가 법 제13조의2제3항을 위반하여 맹견의 안전한 사육 및 관리에 관한 교육을 받지 않은 경우	법 제47조 제1항제2호 의5	100	200	300
하. 소유자가 법 제13조의2제4항을 위반하여 보험에 가입하지 않은 경우	법 제47조 제1항제2호 의6	100	200	300
거. 소유자등이 법 제13조의3을 위반하여 맹견을 출입하게 한 경우	법 제47조 제1항제2호 의7	100	200	300
너. 법 제24조의2를 위반하여 미성년자에게 동물 해부실습을 하게 한 경우	법 제47조제2항제5호의2	30	50	100
더. 동물실험시행기관의 장이 법 제25조제1항을 위반하여 윤리위원회를 설치·운영하지 않은 경우	법 제47조 제1항제3호		300	
러. 동물실험시행기관의 장이 법 제25조제3항을 위반하여 윤리위원회의 심의를 거치지 않고 동물실험을 한 경우	법 제47조 제1항제4호	100	200	300
머. 동물실험시행기관의 장이 법 제28조제2항을 위반하여 개선명령을 이행하지 않은 경우	법 제47조 제1항제5호	100	200	300

버. 법 제31조제2항을 위반하여 동물 복지축산농장 인증을 받은 자의 지위를 승계하고 그 사실을 신고 하지 않은 경우	법 제47조 제2항제8호	30	50	100
서. 법 제35조제3항을 위반하여 영업 자의 지위를 승계하고 그 사실을 신고하지 않은 경우	법 제47조 제2항제9호	30	50	100
어. 영업자가 법 제37조제2항 또는 제3항을 위반하여 교육을 받지 않 고 영업을 한 경우	법 제47조 제2항제10호	30	50	100
저. 동물의 소유자등이 법 제39조제 1항제1호에 따른 자료제출 요구 에 응하지 않거나 거짓 자료를 제 출한 경우	법 제47조 제2항제11호	20	40	60
처. 동물의 소유자등이 법 제39조제 1항제2호에 따른 출입·검사를 거 부·방해 또는 기피한 경우	법 제47조 제2항제12호	20	40	60
커. 동물의 소유자등이 법 제39조제 1항제3호에 따른 시정명령을 이행 하지 않은 경우	법 제47조 제2항제13호	30	50	100
터. 법 제39조제2항에 따른 보고· 자료제출을 하지 않거나 거짓으로 보고·자료제출을 한 경우 또는 같은 항에 따른 출입·조사를 거 부·방해·기피한 경우	법 제47조 제2항제14호	20	40	60
퍼. 법 제40조제4항을 위반하여 동물 보호감시원의 직무 수행을 거부· 방해 또는 기피한 경우	법 제47조 제2항제15호	20	40	60

동물보호법 시행규칙

[시행 2024. 6. 18.]
[농림축산식품부령 제482호, 2021. 6. 17., 일부개정]

제1조(목적) 이 규칙은 「동물보호법」 및 같은 법 시행령에서 위임된 사항과 그 시행에 필요한 사항을 규정함을 목적으로 한다.

제1조의2(반려동물의 범위) 「동물보호법」(이하 "법"이라 한다) 제2조제1호의 3에서 "개, 고양이 등 농림축산식품부령으로 정하는 동물"이란 개, 고양이, 토끼, 페럿, 기니피그 및 햄스터를 말한다.
[본조신설 2020. 8. 21.]
[종전 제1조의2는 제1조의3으로 이동 <2020. 8. 21.>]

제1조의3(맹견의 범위) 법 제2조제3호의2에 따른 맹견(猛犬)은 다음 각 호와 같다. <개정 2020. 8. 21.>
1. 도사견과 그 잡종의 개
2. 아메리칸 핏불테리어와 그 잡종의 개
3. 아메리칸 스태퍼드셔 테리어와 그 잡종의 개
4. 스태퍼드셔 불 테리어와 그 잡종의 개
5. 로트와일러와 그 잡종의 개
[본조신설 2018. 9. 21.]
[제1조의2에서 이동 <2020. 8. 21.>]

제2조(동물복지위원회 위원 자격) 법 제5조제3항제3호에서 "농림축산식품부령으로 정하는 자격기준에 맞는 사람"이란 다음 각 호의 어느 하나에 해당하는 사람을 말한다. <개정 2013. 3. 23., 2018. 3. 22., 2018. 9. 21.>
1. 법 제25조제1항에 따른 동물실험윤리위원회(이하 "윤리위원회"라 한다)의 위원
2. 법 제33조제1항에 따라 영업등록을 하거나 법 제34조제1항에 따라 영업허가를 받은 자(이하 "영업자"라 한다)로서 동물보호 · 동물복지에 관한 학식과 경험이 풍부한 사람
3. 법 제41조에 따른 동물보호명예감시원으로서 그 사람을 위촉한 농림축산식품부장관(그 소속 기관의 장을 포함한다) 또는 지방자치단체의

장의 추천을 받은 사람

4. 「축산자조금의 조성 및 운용에 관한 법률」제2조제3호에 따른 축산 단체 대표로서 동물보호·동물복지에 관한 학식과 경험이 풍부한 사람

5. 변호사 또는 「고등교육법」제2조에 따른 학교에서 법학을 담당하는 조교수 이상의 직(職)에 있거나 있었던 사람

6. 「고등교육법」제2조에 따른 학교에서 동물보호·동물복지를 담당하는 조교수 이상의 직(職)에 있거나 있었던 사람

7. 그 밖에 동물보호·동물복지에 관한 학식과 경험이 풍부하다고 농림 축산식품부장관이 인정하는 사람

제3조(적절한 사육·관리 방법 등) 법 제7조제4항에 따른 동물의 적절한 사육·관리 방법 등에 관한 사항은 별표 1과 같다.

제4조(학대행위의 금지) ① 법 제8조제1항제4호에서 "농림축산식품부령으로 정하는 정당한 사유 없이 죽음에 이르게 하는 행위"란 다음 각 호의 어느 하나를 말한다. <개정 2013. 3. 23., 2016. 1. 21., 2018. 3. 22.>

1. 사람의 생명·신체에 대한 직접적 위협이나 재산상의 피해를 방지하기 위하여 다른 방법이 있음에도 불구하고 동물을 죽음에 이르게 하는 행위

2. 동물의 습성 및 생태환경 등 부득이한 사유가 없음에도 불구하고 해당 동물을 다른 동물의 먹이로 사용하는 경우

② 법 제8조제2항제1호 단서 및 제2호 단서에서 "농림축산식품부령으로 정하는 경우"란 다음 각 호의 어느 하나에 해당하는 경우를 말한다. <개정 2013. 3. 23.>

1. 질병의 예방이나 치료

2. 법 제23조에 따라 실시하는 동물실험

3. 긴급한 사태가 발생한 경우 해당 동물을 보호하기 위하여 하는 행위

③ 법 제8조제2항제3호 단서에서 "민속경기 등 농림축산식품부령으로 정하는 경우"란 「전통 소싸움 경기에 관한 법률」에 따른 소싸움으로서 농림축산식품부장관이 정하여 고시하는 것을 말한다. <개정 2013. 3. 23.>

④ 삭제 <2020. 8. 21.>

⑤ 법 제8조제2항제3호의2에서 "최소한의 사육공간 제공 등 농림축산식품부령으로 정하는 사육·관리 의무"란 별표 1의2에 따른 사육·관리

의무를 말한다. <개정 2020. 8. 21.>

⑥ 법 제8조제2항제4호에서 "농림축산식품부령으로 정하는 정당한 사유 없이 신체적 고통을 주거나 상해를 입히는 행위"란 다음 각 호의 어느 하나를 말한다. <개정 2013. 3. 23., 2018. 3. 22., 2018. 9. 21.>

1. 사람의 생명·신체에 대한 직접적 위협이나 재산상의 피해를 방지하기 위하여 다른 방법이 있음에도 불구하고 동물에게 신체적 고통을 주거나 상해를 입히는 행위

2. 동물의 습성 또는 사육환경 등의 부득이한 사유가 없음에도 불구하고 동물을 혹서·혹한 등의 환경에 방치하여 신체적 고통을 주거나 상해를 입히는 행위

3. 갈증이나 굶주림의 해소 또는 질병의 예방이나 치료 등의 목적 없이 동물에게 음식이나 물을 강제로 먹여 신체적 고통을 주거나 상해를 입히는 행위

4. 동물의 사육·훈련 등을 위하여 필요한 방식이 아님에도 불구하고 다른 동물과 싸우게 하거나 도구를 사용하는 등 잔인한 방식으로 신체적 고통을 주거나 상해를 입히는 행위

⑦ 법 제8조제5항제1호 단서에서 "동물보호 의식을 고양시키기 위한 목적이 표시된 홍보 활동 등 농림축산식품부령으로 정하는 경우"란 다음 각 호의 어느 하나에 해당하는 경우를 말한다. <신설 2014. 2. 14., 2018. 3. 22., 2018. 9. 21.>

1. 국가기관, 지방자치단체 또는 「동물보호법 시행령」(이하 "영"이라 한다) 제5조에 따른 민간단체가 동물보호 의식을 고양시키기 위한 목적으로 법 제8조제1항부터 제3항까지에 해당하는 행위를 촬영한 사진 또는 영상물(이하 이 항에서 "사진 또는 영상물"이라 한다)에 기관 또는 단체의 명칭과 해당 목적을 표시하여 판매·전시·전달·상영하거나 인터넷에 게재하는 경우

2. 언론기관이 보도 목적으로 사진 또는 영상물을 부분 편집하여 전시·전달·상영하거나 인터넷에 게재하는 경우

3. 신고 또는 제보의 목적으로 제1호 및 제2호에 해당하는 기관 또는 단체에 사진 또는 영상물을 전달하는 경우

⑧ 법 제8조제5항제4호 단서에서 "「장애인복지법」 제40조에 따른 장애인 보조견의 대여 등 농림축산식품부령으로 정하는 경우"란 다음 각 호의 어느 하나에 해당하는 경우를 말한다. <신설 2018. 3. 22., 2018. 9. 21., 2020. 8. 21.>

1. 「장애인복지법」 제40조에 따른 장애인 보조견을 대여하는 경우
2. 촬영, 체험 또는 교육을 위하여 동물을 대여하는 경우. 이 경우 해당 동물을 관리할 수 있는 인력이 대여하는 기간 동안 제3조에 따른 적절한 사육·관리를 하여야 한다.

제5조(동물운송자) 법 제9조제1항 각 호 외의 부분에서 "농림축산식품부령으로 정하는 자"란 영리를 목적으로 「자동차관리법」 제2조제1호에 따른 자동차를 이용하여 동물을 운송하는 자를 말한다. <개정 2013. 3. 23., 2014. 4. 8., 2018. 3. 22.>

제6조(동물의 도살방법) ① 법 제10조제2항에서 "농림축산식품부령으로 정하는 방법"이란 다음 각 호의 어느 하나의 방법을 말한다. <개정 2013. 3. 23., 2016. 1. 21.>
1. 가스법, 약물 투여
2. 전살법(電殺法), 타격법(打擊法), 총격법(銃擊法), 자격법(刺擊法)
② 농림축산식품부장관은 제1항 각 호의 도살방법 중 「축산물 위생관리법」에 따라 도축하는 경우에 대하여 고통을 최소화하는 방법을 정하여 고시할 수 있다. <개정 2013. 3. 23., 2018. 3. 22.>

제7조(동물등록제 제외 지역의 기준) 법 제12조제1항 단서에 따라 시·도의 조례로 동물을 등록하지 않을 수 있는 지역으로 정할 수 있는 지역의 범위는 다음 각 호와 같다. <개정 2013. 12. 31.>
1. 도서[도서, 제주특별자치도 본도(本島) 및 방파제 또는 교량 등으로 육지와 연결된 도서는 제외한다]
2. 제10조제1항에 따라 동물등록 업무를 대행하게 할 수 있는 자가 없는 읍·면

제8조(등록대상동물의 등록사항 및 방법 등) ① 법 제12조제1항 본문에 따라 등록대상동물을 등록하려는 자는 해당 동물의 소유권을 취득한 날 또는 소유한 동물이 등록대상동물이 된 날부터 30일 이내에 별지 제1호서식의 동물등록 신청서(변경신고서)를 시장·군수·구청장(자치구의 구청장을 말한다. 이하 같다)·특별자치시장(이하 "시장·군수·구청장"이라 한다)에게 제출하여야 한다. 이 경우 시장·군수·구청장은 「전자정부법」 제36조제1항에 따른 행정정보의 공동이용을 통하여 주민등록표 초본, 외국인등록사실증명 또는 법인 등기사항증명서를 확인하여야 하며, 신청인이 확인에 동의하지 아니하는 경우에는 해당 서류(법인 등기사항증명

서는 제외한다)를 첨부하게 하여야 한다. <개정 2013. 12. 31., 2017. 1. 25., 2017. 7. 3., 2019. 3. 21.>

② 제1항에 따라 동물등록 신청을 받은 시장·군수·구청장은 별표 2의 동물등록번호의 부여방법 등에 따라 등록대상동물에 무선전자개체식별장치(이하 "무선식별장치"라 한다)를 장착 후 별지 제2호서식의 동물등록증(전자적 방식을 포함한다)을 발급하고, 영 제7조제1항에 따른 동물보호관리시스템(이하 "동물보호관리시스템"이라 한다)으로 등록사항을 기록·유지·관리하여야 한다. <개정 2014. 2. 14., 2020. 8. 21.>

③ 동물등록증을 잃어버리거나 헐어 못 쓰게 되는 등의 이유로 동물등록증의 재발급을 신청하려는 자는 별지 제3호서식의 동물등록증 재발급 신청서를 시장·군수·구청장에게 제출하여야 한다. 이 경우 시장·군수·구청장은 「전자정부법」 제36조제1항에 따른 행정정보의 공동이용을 통하여 주민등록표 초본, 외국인등록사실증명 또는 법인 등기사항증명서를 확인하여야 하며, 신청인이 확인에 동의하지 아니하는 경우에는 해당 서류(법인 등기사항증명서는 제외한다)를 첨부하게 하여야 한다. <개정 2017. 7. 3., 2019. 3. 21.>

④ 등록대상동물의 소유자는 등록하려는 동물이 영 제3조 각 호 외의 부분에 따른 등록대상 월령(月齡) 이하인 경우에도 등록할 수 있다. <신설 2019. 3. 21.>

제9조(등록사항의 변경신고 등) ① 법 제12조제2항제2호에서 "농림축산식품부령으로 정하는 사항이 변경된 경우"란 다음 각 호의 어느 하나에 해당하는 경우를 말한다. <개정 2013. 3. 23., 2018. 3. 22., 2019. 3. 21., 2020. 8. 21.>

1. 소유자가 변경되거나 소유자의 성명(법인인 경우에는 법인 명칭을 말한다. 이하 같다)이 변경된 경우
2. 소유자의 주소(법인인 경우에는 주된 사무소의 소재지를 말한다)가 변경된 경우
3. 소유자의 전화번호(법인인 경우에는 주된 사무소의 전화번호를 말한다. 이하 같다)가 변경된 경우
4. 등록대상동물이 죽은 경우
5. 등록대상동물 분실 신고 후, 그 동물을 다시 찾은 경우
6. 무선식별장치를 잃어버리거나 헐어 못 쓰게 되는 경우

② 제1항제1호의 경우에는 변경된 소유자가, 법 제12조제2항제1호 및

255

이 조 제1항제2호부터 제6호까지의 경우에는 등록대상동물의 소유자가 각각 해당 사항이 변경된 날부터 30일(등록대상동물을 잃어버린 경우에는 10일) 이내에 별지 제1호서식의 동물등록 신청서(변경신고서)에 다음 각 호의 서류를 첨부하여 시장·군수·구청장에게 신고하여야 한다. 이 경우 시장·군수·구청장은 「전자정부법」 제36조제1항에 따른 행정정보의 공동 이용을 통하여 주민등록표 초본, 외국인등록사실증명 또는 법인 등기사항증명서를 확인(제1항제1호 및 제2호의 경우만 해당한다)하여야 하며, 신청인이 확인에 동의하지 아니하는 경우에는 해당 서류(법인 등기사항증명서는 제외한다)를 첨부하게 하여야 한다. <개정 2017. 7. 3., 2018. 3. 22., 2019. 3. 21.>

1. 동물등록증
2. 삭제 <2017. 1. 25.>
3. 등록대상동물이 죽었을 경우에는 그 사실을 증명할 수 있는 자료 또는 그 경위서

③ 제2항에 따라 변경신고를 받은 시장·군수·구청장은 변경신고를 한 자에게 별지 제2호서식의 동물등록증을 발급하고, 등록사항을 기록·유지·관리하여야 한다.

④ 제1항제2호의 경우에는 「주민등록법」 제16조제1항에 따른 전입신고를 한 경우 변경신고가 있는 것으로 보아 시장·군수·구청장은 동물보호관리시스템의 주소를 정정하고, 등록사항을 기록·유지·관리하여야 한다.

⑤ 법 제12조제2항제1호 및 이 조 제1항제2호부터 제5호까지의 경우 소유자는 동물보호관리시스템을 통하여 해당 사항에 대한 변경신고를 할 수 있다. <개정 2017. 7. 3., 2018. 3. 22.>

⑥ 등록대상동물을 잃어버린 사유로 제2항에 따라 변경신고를 받은 시장·군수·구청장은 그 사실을 등록사항에 기록하여 신고일부터 1년간 보관하여야 하고, 1년 동안 제1항제5호에 따른 변경 신고가 없는 경우에는 등록사항을 말소한다. <개정 2019. 3. 21.>

⑦ 등록대상동물이 죽은 사유로 제2항에 따라 변경신고를 받은 시장·군수·구청장은 그 사실을 등록사항에 기록하여 보관하고 1년이 지나면 그 등록사항을 말소한다. <개정 2019. 3. 21.>

⑧ 제1항제6호의 사유로 인한 변경신고에 관하여는 제8조제1항 및 제2항을 준용한다.

⑨ 제7조에 따라 동물등록이 제외되는 지역의 시장·군수는 소유자가 이

미 등록된 등록대상동물의 법 제12조제2항제1호 및 이 조 제1항제1호부터 제5호까지의 사항에 대해 변경신고를 하는 경우 해당 동물등록 관련 정보를 유지·관리하여야 한다. <개정 2018. 3. 22.>

제10조(등록업무의 대행) ① 법 제12조제4항에서 "농림축산식품부령으로 정하는 자"란 다음 각 호의 어느 하나에 해당하는 자 중에서 시장·군수·구청장이 지정하는 자를 말한다. <개정 2019. 3. 21., 2020. 8. 21.>

1. 「수의사법」 제17조에 따라 동물병원을 개설한 자
2. 「비영리민간단체 지원법」 제4조에 따라 등록된 비영리민간단체 중 동물보호를 목적으로 하는 단체
3. 「민법」 제32조에 따라 설립된 법인 중 동물보호를 목적으로 하는 법인
4. 법 제33조제1항에 따라 등록한 동물판매업자
5. 법 제15조에 따른 동물보호센터(이하 "동물보호센터"라 한다)

② 법 제12조제4항에 따라 같은 조 제1항부터 제3항까지의 규정에 따른 업무를 대행하는 자(이하 이 조에서 "동물등록대행자"라 한다)는 등록대상동물에 무선식별장치를 체내에 삽입하는 등 외과적 시술이 필요한 행위는 소속 수의사(지정된 자가 수의사인 경우를 포함한다)에게 하게 하여야 한다. <개정 2013. 12. 31., 2020. 8. 21.>

③ 시장·군수·구청장은 필요한 경우 관할 지역 내에 있는 모든 동물등록대행자에 대하여 해당 동물등록대행자가 판매하는 무선식별장치의 제품명과 판매가격을 동물보호관리시스템에 게재하게 하고 해당 영업소 안의 보기 쉬운 곳에 게시하도록 할 수 있다. <신설 2013. 12. 31.>

제11조(인식표의 부착) 법 제13조제1항에 따라 등록대상동물을 기르는 곳에서 벗어나게 하는 경우 해당 동물의 소유자등은 다음 각 호의 사항을 표시한 인식표를 등록대상동물에 부착하여야 한다.

1. 소유자의 성명
2. 소유자의 전화번호
3. 동물등록번호(등록한 동물만 해당한다)

제12조(안전조치) ① 소유자등은 법 제13조제2항에 따라 등록대상동물을 동반하고 외출할 때에는 목줄 또는 가슴줄을 하거나 이동장치를 사용해야 한다. 다만, 소유자등이 월령 3개월 미만인 등록대상동물을 직접 안아서 외출하는 경우에는 해당 안전조치를 하지 않을 수 있다. <개정 2021. 2. 10.>

② 제1항 본문에 따른 목줄 또는 가슴줄은 2미터 이내의 길이여야 한다. <개정 2021. 2. 10.>

③ 등록대상동물의 소유자등은 법 제13조제2항에 따라 「주택법 시행령」 제2조제2호 및 제3호에 따른 다중주택 및 다가구주택, 같은 영 제3조에 따른 공동주택의 건물 내부의 공용공간에서는 등록대상동물을 직접 안거나 목줄의 목덜미 부분 또는 가슴줄의 손잡이 부분을 잡는 등 등록대상동물이 이동할 수 없도록 안전조치를 해야 한다. <신설 2021. 2. 10.>

[전문개정 2019. 3. 21.]

제12조의2(맹견의 관리) ① 맹견의 소유자등은 법 제13조의2제1항제2호에 따라 월령이 3개월 이상인 맹견을 동반하고 외출할 때에는 다음 각 호의 사항을 준수하여야 한다.

1. 제12조제1항에도 불구하고 맹견에게는 목줄만 할 것
2. 맹견이 호흡 또는 체온조절을 하거나 물을 마시는 데 지장이 없는 범위에서 사람에 대한 공격을 효과적으로 차단할 수 있는 크기의 입마개를 할 것

② 맹견의 소유자등은 제1항제1호 및 제2호에도 불구하고 다음 각 호의 기준을 충족하는 이동장치를 사용하여 맹견을 이동시킬 때에는 맹견에게 목줄 및 입마개를 하지 않을 수 있다.

1. 맹견이 이동장치에서 탈출할 수 없도록 잠금장치를 갖출 것
2. 이동장치의 입구, 잠금장치 및 외벽은 충격 등에 의해 쉽게 파손되지 않는 견고한 재질일 것

[본조신설 2019. 3. 21.]

제12조의3(맹견에 대한 격리조치 등에 관한 기준) 법 제13조의2제2항에 따라 맹견이 사람에게 신체적 피해를 주는 경우 소유자등의 동의 없이 취할 수 있는 맹견에 대한 격리조치 등에 관한 기준은 별표 3과 같다.

[본조신설 2019. 3. 21.]

제12조의4(맹견 소유자의 교육) ① 법 제13조의2제3항에 따른 맹견 소유자의 맹견에 관한 교육은 다음 각 호의 구분에 따른다.

1. 맹견의 소유권을 최초로 취득한 소유자의 신규교육: 소유권을 취득한 날부터 6개월 이내 3시간
2. 그 외 맹견 소유자의 정기교육: 매년 3시간

② 제1항 각 호에 따른 교육은 다음 각 호의 어느 하나에 해당하는 기관으로서 농림축산식품부장관이 지정하는 기관(이하 "교육기관"이라 한

다)이 실시하며, 원격교육으로 그 과정을 대체할 수 있다. <개정 2021. 2. 10.>

1. 「수의사법」 제23조에 따른 대한수의사회
2. 영 제5조 각 호에 따른 법인 또는 단체
3. 농림축산식품부 소속 교육전문기관
4. 「농업·농촌 및 식품산업 기본법」 제11조의2에 따른 농림수산식품교육문화정보원

③ 제1항 각 호에 따른 교육은 다음 각 호의 내용을 포함하여야 한다.
1. 맹견의 종류별 특성, 사육방법 및 질병예방에 관한 사항
2. 맹견의 안전관리에 관한 사항
3. 동물의 보호와 복지에 관한 사항
4. 이 법 및 동물보호정책에 관한 사항
5. 그 밖에 교육기관이 필요하다고 인정하는 사항

④ 교육기관은 제1항 각 호에 따른 교육을 실시한 경우에는 그 결과를 교육이 끝난 후 30일 이내에 시장·군수·구청장에게 통지하여야 한다.

⑤ 제4항에 따른 통지를 받은 시장·군수·구청장은 그 기록을 유지·관리하고, 교육이 끝난 날부터 2년 동안 보관하여야 한다.

[본조신설 2019. 3. 21.]

제12조의5(보험금액) ① 영 제6조의2제1호나목에서 "농림축산식품부령으로 정하는 상해등급에 따른 금액"이란 별표 3의2 제1호의 상해등급에 따른 보험금액을 말한다.

② 영 제6조의2제1호다목에서 "농림축산식품부령으로 정하는 후유장애 등급에 따른 금액"이란 별표 3의2 제2호의 후유장애등급에 따른 보험금액을 말한다.

[본조신설 2021. 2. 10.]

제13조(구조·보호조치 제외 동물) ① 법 제14조제1항 각 호 외의 부분 단서에서 "농림축산식품부령으로 정하는 동물"이란 도심지나 주택가에서 자연적으로 번식하여 자생적으로 살아가는 고양이로서 개체수 조절을 위해 중성화(中性化)하여 포획장소에 방사(放飼)하는 등의 조치 대상이거나 조치가 된 고양이를 말한다. <개정 2013. 3. 23., 2018. 3. 22.>

② 제1항의 경우 세부적인 처리방법에 대해서는 농림축산식품부장관이 정하여 고시할 수 있다. <개정 2013. 3. 23.>

제14조(보호조치 기간) 특별시장·광역시장·도지사 및 특별자치도지사(이하 "시·도지사"라 한다)와 시장·군수·구청장은 법 제14조제3항에 따라 소유자로부터 학대받은 동물을 보호할 때에는 수의사의 진단에 따라 기간을 정하여 보호조치하되 3일 이상 소유자로부터 격리조치 하여야 한다. <개정 2018. 3. 22., 2020. 8. 21.>

제15조(동물보호센터의 지정 등) ① 법 제15조제1항 및 제3항에서 "농림축산식품부령으로 정하는 기준"이란 별표 4의 동물보호센터의 시설기준을 말한다. <개정 2013. 3. 23.>

② 법 제15조제4항에 따라 동물보호센터로 지정을 받으려는 자는 별지 제4호서식의 동물보호센터 지정신청서에 다음 각 호의 서류를 첨부하여 시·도지사 또는 시장·군수·구청장이 공고하는 기간 내에 제출하여야 한다. <개정 2018. 3. 22.>

1. 별표 4의 기준을 충족함을 증명하는 자료
2. 동물의 구조·보호조치에 필요한 건물 및 시설의 명세서
3. 동물의 구조·보호조치에 종사하는 인력현황
4. 동물의 구조·보호조치 실적(실적이 있는 경우에만 해당한다)
5. 사업계획서

③ 제2항에 따라 동물보호센터 지정 신청을 받은 시·도지사 또는 시장·군수·구청장은 별표 4의 지정기준에 가장 적합한 법인·단체 또는 기관을 동물보호센터로 지정하고, 별지 제5호서식의 동물보호센터 지정서를 발급하여야 한다. <개정 2018. 3. 22.>

④ 동물보호센터를 지정한 시·도지사 또는 시장·군수·구청장은 제1항의 기준 및 제19조의 준수사항을 충족하는 지 여부를 연 2회 이상 점검하여야 한다. <개정 2018. 3. 22.>

⑤ 동물보호센터를 지정한 시·도지사 또는 시장·군수·구청장은 제4항에 따른 점검결과를 연 1회 이상 농림축산검역본부장(이하 "검역본부장"이라 한다)에게 통지하여야 한다. <신설 2019. 3. 21.>

제16조(동물의 보호비용 지원 등) ① 법 제15조제6항에 따라 동물의 보호비용을 지원받으려는 동물보호센터는 동물의 보호비용을 시·도지사 또는 시장·군수·구청장에게 청구하여야 한다. <개정 2018. 3. 22.>

② 시·도지사 또는 시장·군수·구청장은 제1항에 따른 비용을 청구받은 경우 그 명세를 확인하고 금액을 확정하여 지급할 수 있다. <개정 2018. 3. 22.>

제17조(동물보호센터 운영위원회의 설치 및 기능 등) ① 법 제15조제9항에서 "농림축산식품부령으로 정하는 일정 규모 이상"이란 연간 유기동물 처리 마릿수가 1천마리 이상인 것을 말한다. <개정 2013. 3. 23., 2018. 3. 22.>

② 법 제15조제9항에 따라 동물보호센터에 설치하는 운영위원회(이하 "운영위원회"라 한다)는 다음 각 호의 사항을 심의한다. <개정 2018. 3. 22.>

1. 동물보호센터의 사업계획 및 실행에 관한 사항
2. 동물보호센터의 예산·결산에 관한 사항
3. 그 밖에 이 법의 준수 여부 등에 관한 사항

제18조(운영위원회의 구성·운영 등) ① 운영위원회는 위원장 1명을 포함하여 3명 이상 10명 이하의 위원으로 구성한다.

② 위원장은 위원 중에서 호선(互選)하고, 위원은 다음 각 호의 어느 하나에 해당하는 사람 중에서 동물보호센터 운영자가 위촉한다. <개정 2018. 3. 22.>

1. 「수의사법」 제2조제1호에 따른 수의사
2. 법 제4조제4항에 따른 민간단체에서 추천하는 동물보호에 관한 학식과 경험이 풍부한 사람
3. 법 제41조에 따른 동물보호명예감시원으로서 그 동물보호센터를 지정한 지방자치단체의 장에게 위촉을 받은 사람
4. 그 밖에 동물보호에 관한 학식과 경험이 풍부한 사람

③ 운영위원회에는 다음 각 호에 해당하는 위원이 각 1명 이상 포함되어야 한다. <개정 2019. 3. 21.>

1. 제2항제1호에 해당하는 위원
2. 제2항제2호에 해당하는 위원으로서 동물보호센터와 이해관계가 없는 사람
3. 제2항제3호 또는 제4호에 해당하는 위원으로서 동물보호센터와 이해관계가 없는 사람

④ 위원의 임기는 2년으로 하며, 중임할 수 있다.

⑤ 동물보호센터는 위원회의 회의를 매년 1회 이상 소집하여야 하고, 그 회의록을 작성하여 3년 이상 보존하여야 한다.

⑥ 제1항부터 제5항까지에서 규정한 사항 외에 위원회의 구성 및 운영 등에 필요한 사항은 운영위원회의 의결을 거쳐 위원장이 정한다.

제19조(동물보호센터의 준수사항) 법 제15조제10항에 따른 동물보호센터의 준수사항은 별표 5와 같다. <개정 2018. 3. 22.>

제20조(공고) ① 시·도지사와 시장·군수·구청장은 영 제7조제1항 단서에 따라 동물 보호조치에 관한 공고를 하는 경우 별지 제6호서식의 동물보호 공고문을 작성하여 해당 지방자치단체의 게시판 및 인터넷 홈페이지에 공고하여야 한다. <개정 2018. 3. 22.>

② 시·도지사와 시장·군수·구청장은 영 제7조제2항에 따라 별지 제7호서식의 보호동물 개체관리카드와 별지 제8호서식의 보호동물 관리대장을 작성하여 동물보호관리시스템으로 관리하여야 한다. <개정 2018. 3. 22.>

제21조(보호비용의 납부) ① 시·도지사와 시장·군수·구청장은 법 제19조제2항에 따라 동물의 보호비용을 징수하려는 때에는 해당 동물의 소유자에게 별지 제9호서식의 비용징수통지서에 따라 통지하여야 한다. <개정 2018. 3. 22.>

② 제1항에 따라 비용징수통지서를 받은 동물의 소유자는 비용징수통지서를 받은 날부터 7일 이내에 보호비용을 납부하여야 한다. 다만, 천재지변이나 그 밖의 부득이한 사유로 보호비용을 낼 수 없을 때에는 그 사유가 없어진 날부터 7일 이내에 내야 한다.

③ 동물의 소유자가 제2항에 따라 보호비용을 납부기한까지 내지 아니한 경우에는 고지된 비용에 이자를 가산하되, 그 이자를 계산할 때에는 납부기한의 다음 날부터 납부일까지 「소송촉진 등에 관한 특례법」 제3조제1항에 따른 법정이율을 적용한다.

④ 법 제19조제1항 및 제2항에 따른 보호비용은 수의사의 진단·진료비용 및 동물보호센터의 보호비용을 고려하여 시·도의 조례로 정한다.

제22조(동물의 인도적인 처리) 법 제22조제1항에서 "농림축산식품부령으로 정하는 사유"란 다음 각 호의 어느 하나에 해당하는 경우를 말한다. <개정 2013. 3. 23., 2018. 3. 22.>

1. 동물이 질병 또는 상해로부터 회복될 수 없거나 지속적으로 고통을 받으며 살아야 할 것으로 수의사가 진단한 경우

2. 동물이 사람이나 보호조치 중인 다른 동물에게 질병을 옮기거나 위해를 끼칠 우려가 매우 높은 것으로 수의사가 진단한 경우

3. 법 제21조에 따른 기증 또는 분양이 곤란한 경우 등 시·도지사 또

는 시장·군수·구청장이 부득이한 사정이 있다고 인정하는 경우

제23조(동물실험금지의 적용 예외) ① 법 제24조 각 호 외의 부분 단서에서 "농림축산식품부령으로 정하는 불가피한 사유"란 다음 각 호의 어느 하나에 해당하는 경우를 말한다. <개정 2013. 3. 23., 2021. 2. 10.>

1. 인수공통전염병(人獸共通傳染病) 등 질병의 진단·치료 또는 연구를 하는 경우. 다만, 해당 질병의 확산으로 인간 및 동물의 건강과 안전에 심각한 위해가 발생될 것이 우려되는 때만 해당한다.

2. 법 제24조제2호에 따른 동물의 선발을 목적으로 하거나 해당 동물의 효율적인 훈련방식에 관한 연구를 하는 경우

3. 삭제 <2021. 2. 10.>

② 제1항에서 정한 사유로 실험을 하려면 해당 동물을 실험하려는 동물실험시행기관의 동물실험윤리위원회(이하 "윤리위원회"라 한다)의 심의를 거치되, 심의 결과 동물실험이 타당한 것으로 나타나면 법 제24조 각 호 외의 부분 단서에 따른 승인으로 본다.

제23조의2(미성년자 동물 해부실습 금지의 적용 예외) 법 제24조의2 단서에서 "「초·중등교육법」 제2조에 따른 학교 또는 동물실험시행기관 등이 시행하는 경우 등 농림축산식품부령으로 정하는 경우"란 「초·중등교육법」 제2조에 따른 학교 및 「영재교육 진흥법」 제2조제4호에 따른 영재학교(이하 이 조에서 "학교"라 한다) 또는 동물실험시행기관이 다음 각 호의 어느 하나에 해당하는 경우를 말한다.

1. 학교가 동물 해부실습의 시행에 대해 법 제25조제1항에 따른 동물실험시행기관의 동물실험윤리위원회의 심의를 거친 경우

2. 학교가 다음 각 목의 요건을 모두 갖추어 동물 해부실습을 시행하는 경우

　가. 동물 해부실습에 관한 사항을 심의하기 위하여 학교에 동물 해부실습 심의위원회(이하 "심의위원회"라 한다)를 둘 것

　나. 심의위원회는 위원장 1명을 포함하여 5명 이상 15명 이하의 위원으로 구성하되, 위원장은 위원 중에서 호선하고, 위원은 다음의 사람 중에서 학교의 장이 임명 또는 위촉할 것

　　1) 과학 관련 교원

　　2) 특별시·광역시·특별자치시·도 및 특별자치도(이하 "시·도"라 한다) 교육청 소속 공무원 및 그 밖의 교육과정 전문가

　　3) 학교의 소재지가 속한 시·도에 거주하는 「수의사법」 제2조제1

263

호에 따른 수의사, 「약사법」 제2조제2호에 따른 약사 또는 「의료법」 제2조제2항제1호부터 제3호까지의 규정에 따른 의사·치과의사·한의사

　4) 학교의 학부모

다. 학교의 장이 심의위원회의 심의를 거쳐 동물 해부실습의 시행이 타당하다고 인정할 것

라. 심의위원회의 심의 및 운영에 관하여 별표 5의2의 기준을 준수할 것

3. 동물실험시행기관이 동물 해부실습의 시행에 대해 법 제25조제1항 본문 또는 단서에 따른 동물실험윤리위원회 또는 실험동물운영위원회의 심의를 거친 경우

[본조신설 2021. 2. 10.]

제24조(윤리위원회의 공동 설치 등) ① 법 제25조제2항에 따라 다른 동물실험시행기관과 공동으로 윤리위원회를 설치할 수 있는 기관은 다음 각 호의 어느 하나에 해당하는 기관으로 한다. <개정 2017. 1. 25.>

1. 연구인력 5명 이하인 경우

2. 동물실험계획의 심의 건수 및 관련 연구 실적 등에 비추어 윤리위원회를 따로 두는 것이 적절하지 않은 것으로 판단되는 기관

② 법 제25조제2항에 따라 공동으로 윤리위원회를 설치할 경우에는 참여하는 동물실험시행기관 간에 윤리위원회의 공동설치 및 운영에 관한 업무협약을 체결하여야 한다.

제25조(운영 실적) 동물실험시행기관의 장이 영 제12조제6항에 따라 윤리위원회 운영 및 동물실험의 실태에 관한 사항을 검역본부장에게 통지할 때에는 별지 제10호서식의 동물실험윤리위원회 운영 실적 통보서(전자문서로 된 통보서를 포함한다)에 따른다. <개정 2013. 3. 23., 2019. 3. 21.>

제26조(윤리위원회 위원 자격) ① 법 제27조제2항제1호에서 "농림축산식품부령으로 정하는 자격기준에 맞는 사람"이란 다음 각 호의 어느 하나에 해당하는 사람을 말한다. <개정 2013. 3. 23.>

1. 「수의사법」 제23조에 따른 대한수의사회에서 인정하는 실험동물 전문 수의사

2. 영 제4조에 따른 동물실험시행기관에서 동물실험 또는 실험동물에 관한 업무에 1년 이상 종사한 수의사

3. 제2항제2호 또는 제4호에 따른 교육을 이수한 수의사

② 법 제27조제2항제2호에서 "농림축산식품부령으로 정하는 자격기준에 맞는 사람"이란 다음 각 호의 어느 하나에 해당하는 사람을 말한다. <개정 2013. 3. 23.>

1. 영 제5조 각 호에 따른 법인 또는 단체에서 동물보호나 동물복지에 관한 업무에 1년 이상 종사한 사람

2. 영 제5조 각 호에 따른 법인·단체 또는 「고등교육법」 제2조에 따른 학교에서 실시하는 동물보호·동물복지 또는 동물실험에 관련된 교육을 이수한 사람

3. 「생명윤리 및 안전에 관한 법률」 제6조에 따른 국가생명윤리심의위원회의 위원 또는 같은 법 제9조에 따른 기관생명윤리심의위원회의 위원으로 1년 이상 재직한 사람

4. 검역본부장이 실시하는 동물보호·동물복지 또는 동물실험에 관련된 교육을 이수한 사람

③ 법 제27조제2항제3호에서 "농림축산식품부령으로 정하는 사람"이란 다음 각 호의 어느 하나에 해당하는 사람을 말한다. <개정 2013. 3. 23.>

1. 동물실험 분야에서 박사학위를 취득한 사람으로서 동물실험 또는 실험동물 관련 업무에 종사한 경력이 있는 사람

2. 「고등교육법」 제2조에 따른 학교에서 철학·법학 또는 동물보호·동물복지를 담당하는 교수

3. 그 밖에 실험동물의 윤리적 취급과 과학적 이용을 위하여 필요하다고 해당 동물실험시행기관의 장이 인정하는 사람으로서 제2항제2호 또는 제4호에 따른 교육을 이수한 사람

④ 제2항제2호 및 제4호에 따른 동물보호·동물복지 또는 동물실험에 관련된 교육의 내용 및 교육과정의 운영에 관하여 필요한 사항은 검역본부장이 정하여 고시할 수 있다. <개정 2013. 3. 23.>

제27조(윤리위원회의 구성) ① 동물실험시행기관의 장은 윤리위원회를 구성하려는 경우에는 법 제4조제4항에 따른 민간단체에 법 제27조제2항제2호에 해당하는 위원의 추천을 의뢰하여야 한다. <개정 2018. 3. 22.>

② 제1항의 추천을 의뢰받은 민간단체는 해당 동물실험시행기관의 윤리위원회 위원으로 적합하다고 판단되는 사람 1명 이상을 해당 동물실험시행기관에 추천할 수 있다. <개정 2017. 1. 25.>

③ 동물실험시행기관의 장은 제2항에 따라 추천받은 사람 중 적임자를 선택하여 법 제27조제2항제1호 및 제3호에 해당하는 위원과 함께 법 제27조제4항에 적합하도록 윤리위원회를 구성하고, 그 내용을 검역본부장에게 통지하여야 한다. <개정 2013. 3. 23.>

④ 제3항에 따라 설치를 통지한 윤리위원회 위원이나 위원의 구성이 변경된 경우, 해당 동물실험시행기관의 장은 변경된 날부터 30일 이내에 그 사실을 검역본부장에게 통지하여야 한다. <개정 2013. 3. 23.>

제28조(윤리위원회 위원의 이해관계의 범위) 법 제27조제4항에 따른 해당 동물실험시행기관과 이해관계가 없는 사람은 다음 각 호의 어느 하나에 해당하지 않는 사람을 말한다.

1. 최근 3년 이내 해당 동물실험시행기관에 재직한 경력이 있는 사람과 그 배우자
2. 해당 동물실험시행기관의 임직원 및 그 배우자의 직계혈족, 직계혈족의 배우자 및 형제·자매
3. 해당 동물실험시행기관 총 주식의 100분의 3 이상을 소유한 사람 또는 법인의 임직원
4. 해당 동물실험시행기관에 실험동물이나 관련 기자재를 공급하는 등 사업상 거래관계에 있는 사람 또는 법인의 임직원
5. 해당 동물실험시행기관의 계열회사 또는 같은 법인에 소속된 임직원

제29조(동물복지축산농장의 인증대상 동물의 범위) 법 제29조제1항에서 "농림축산식품부령으로 정하는 동물"이란 소, 돼지, 닭, 오리, 그 밖에 검역본부장이 정하여 고시하는 동물을 말한다. <개정 2013. 3. 23.>

제30조(동물복지축산농장 인증기준) 법 제29조제1항에 따른 동물복지축산농장(이하 "동물복지축산농장"이라 한다) 인증기준은 별표 6과 같다. <개정 2017. 7. 3.>

제31조(인증의 신청) 법 제29조제2항에 따라 동물복지축산농장으로 인증을 받으려는 자는 별지 제11호서식의 동물복지축산농장 인증 신청서에 다음 각 호의 서류를 첨부하여 검역본부장에게 제출하여야 한다. <개정 2013. 3. 23., 2014. 4. 8., 2019. 8. 26.>

1. 「축산법」에 따른 축산업 허가증 또는 가축사육업 등록증 사본 1부
2. 검역본부장이 정하여 고시하는 서식의 가축종류별 축산농장 운영현황서 1부

266

제32조(동물복지축산농장의 인증 절차 및 방법) ① 검역본부장은 제31조에 따라 인증 신청을 받으면 신청일부터 3개월 이내에 인증심사를 하고, 별표 6의 인증기준에 맞는 경우 신청인에게 별지 제12호서식의 동물복지축산농장 인증서를 발급하고, 별지 제13호서식의 동물복지축산농장 인증 관리대장을 유지·관리하여야 한다. <개정 2013. 3. 23.>
② 제1항의 인증 관리대장은 전자적 처리가 불가능한 특별한 사유가 없으면 전자적 방법으로 작성·관리하여야 한다.
③ 제1항 전단에 따른 인증심사의 세부절차 및 방법은 별표 7과 같다.
④ 그 밖에 인증절차 및 방법에 관하여 필요한 사항은 검역본부장이 정하여 고시한다. <개정 2013. 3. 23.>

제33조(동물복지축산농장의 표시) ① 동물복지축산농장이나 동물복지축산농장에서 생산한 「축산물 위생관리법」 제2조제2호에 따른 축산물의 포장·용기 등에는 동물복지축산농장의 표시를 할 수 있다. 다만, 식육·포장육 및 식육가공품에는 그 생산과정에서 다음 각 호의 사항을 준수한 경우에만 동물복지축산농장의 표시를 할 수 있다. <개정 2017. 7. 3.>
1. 동물을 도살하기 위하여 도축장으로 운송할 때에는 법 제9조제2항에 따른 구조 및 설비기준에 맞는 동물 운송 차량을 이용할 것
2. 동물을 도살할 때에는 법 제10조제2항 및 이 규칙 제6조제2항에 따라 농림축산식품부장관이 고시하는 도살방법에 따를 것
② 제1항에 따른 동물복지축산농장의 표시방법은 별표 8과 같다.

제34조(동물복지축산농장 인증의 승계신고) ① 법 제31조제1항에 따라 동물복지축산농장 인증을 받은 자의 지위를 승계한 자는 별지 제14호서식의 동물복지축산농장 인증 승계신고서에 다음 각 호의 서류를 첨부하여 지위를 승계한 날부터 30일 이내에 검역본부장에게 제출하여야 한다. <개정 2013. 3. 23., 2014. 4. 8., 2019. 8. 26.>
1. 「축산법 시행규칙」 제29조에 따른 승계사항이 기재된 축산업 허가증 또는 가축사육업 등록증 사본 1부
2. 승계받은 농장의 동물복지축산농장 인증서 1부
3. 검역본부장이 정하여 고시하는 서식의 가축종류별 축산농장 운영현황서 1부
② 검역본부장은 제1항에 따른 동물복지축산농장 인증 승계신고서를 수리(受理)하였을 때에는 별지 제12호서식의 동물복지축산농장 인증서를 발급하여야 한다. <개정 2013. 3. 23.>

제35조(영업별 시설 및 인력 기준) 법 제32조제1항에 따라 반려동물과 관련된 영업을 하려는 자가 갖추어야 하는 시설 및 인력 기준은 별표 9와 같다.

[전문개정 2020. 8. 21.]

제36조(영업의 세부범위) 법 제32조제2항에 따른 동물 관련 영업의 세부범위는 다음 각 호와 같다. <개정 2012. 12. 26., 2017. 7. 3., 2018. 3. 22., 2020. 8. 21., 2021. 6. 17.>

1. 동물장묘업: 다음 각 목 중 어느 하나 이상의 시설을 설치·운영하는 영업
   가. 동물 전용의 장례식장
   나. 동물의 사체 또는 유골을 불에 태우는 방법으로 처리하는 시설[이하 "동물화장(火葬)시설"이라 한다], 건조·멸균분쇄의 방법으로 처리하는 시설[이하 "동물건조장(乾燥葬)시설"이라 한다] 또는 화학 용액을 사용해 동물의 사체를 녹이고 유골만 수습하는 방법으로 처리하는 시설[이하 "동물수분해장(水分解葬)시설"이라 한다]
   다. 동물 전용의 봉안시설
2. 동물판매업: 반려동물을 구입하여 판매, 알선 또는 중개하는 영업
3. 동물수입업: 반려동물을 수입하여 판매하는 영업
4. 동물생산업: 반려동물을 번식시켜 판매하는 영업
5. 동물전시업: 반려동물을 보여주거나 접촉하게 할 목적으로 영업자 소유의 동물을 5마리 이상 전시하는 영업. 다만, 「동물원 및 수족관의 관리에 관한 법률」 제2조제1호에 따른 동물원은 제외한다.
6. 동물위탁관리업: 반려동물 소유자의 위탁을 받아 반려동물을 영업장 내에서 일시적으로 사육, 훈련 또는 보호하는 영업
7. 동물미용업: 반려동물의 털, 피부 또는 발톱 등을 손질하거나 위생적으로 관리하는 영업
8. 동물운송업: 반려동물을 「자동차관리법」 제2조제1호의 자동차를 이용하여 운송하는 영업

제37조(동물장묘업 등의 등록) ① 법 제33조제1항에 따라 동물장묘업, 동물판매업, 동물수입업, 동물전시업, 동물위탁관리업, 동물미용업 또는 동물운송업의 등록을 하려는 자는 별지 제15호서식의 영업 등록 신청서(전자문서로 된 신청서를 포함한다)에 다음 각 호의 서류(전자문서를 포함한다)를 첨부하여 관할 시장·군수·구청장에게 제출해야 한다. <개정

2012. 12. 26., 2016. 1. 21., 2018. 3. 22., 2021. 6. 17.>

1. 인력 현황

2. 영업장의 시설 내역 및 배치도

3. 사업계획서

4. 별표 9의 시설기준을 갖추었음을 증명하는 서류가 있는 경우에는 그 서류

5. 삭제 <2016. 1. 21.>

6. 동물사체에 대한 처리 후 잔재에 대한 처리계획서(동물화장시설, 동물 건조장시설 또는 동물수분해장시설을 설치하는 경우에만 해당한다)

7. 폐업 시 동물의 처리계획서(동물전시업의 경우에만 해당한다)

② 제1항에 따른 신청서를 받은 시장·군수·구청장은 「전자정부법」 제36조제1항에 따른 행정정보의 공동이용을 통하여 다음 각 호의 서류를 확인해야 한다. 다만, 신청인이 주민등록표 초본 및 자동차등록증의 확인에 동의하지 않는 경우에는 해당 서류를 직접 제출하도록 해야 한다. <개정 2021. 6. 17.>

1. 주민등록표 초본(법인인 경우에는 법인 등기사항증명서)

2. 건축물대장 및 토지이용계획정보(자동차를 이용한 동물미용업 또는 동물운송업의 경우는 제외한다)

3. 자동차등록증(자동차를 이용한 동물미용업 또는 동물운송업의 경우에만 해당한다)

③ 시장·군수·구청장은 제1항에 따른 신청인이 법 제33조제4항제1호 또는 제4호에 해당되는지를 확인할 수 없는 경우에는 해당 신청인에게 제1항의 서류 외에 신원확인에 필요한 자료를 제출하게 할 수 있다. <개정 2021. 6. 17.>

④ 시장·군수·구청장은 제1항에 따른 등록 신청이 별표 9의 기준에 맞는 경우에는 신청인에게 별지 제16호서식의 등록증을 발급하고, 별지 제17호서식의 동물장묘업 등록(변경신고) 관리대장과 별지 제18호서식의 동물판매업·동물수입업·동물전시업·동물위탁관리업·동물미용업 및 동물운송업 등록(변경신고) 관리대장을 각각 작성·관리하여야 한다. <개정 2018. 3. 22.>

⑤ 제1항에 따라 등록을 한 영업자가 등록증을 잃어버리거나 헐어 못 쓰게 되어 재발급을 받으려는 경우에는 별지 제19호서식의 등록증 재발급신청서(전자문서로 된 신청서를 포함한다)를 시장·군수·구청장에게 제출하여야 한다. <개정 2018. 3. 22.>

⑥ 제4항의 등록 관리대장은 전자적 처리가 불가능한 특별한 사유가 없으면 전자적 방법으로 작성·관리하여야 한다.

제38조(등록영업의 변경신고 등) ① 법 제33조제2항에서 "농림축산식품부령으로 정하는 사항"이란 다음 각 호의 사항을 말한다. <개정 2013. 3. 23., 2021. 6. 17.>

1. 영업자의 성명(영업자가 법인인 경우에는 그 대표자의 성명)
2. 영업장의 명칭 또는 상호
3. 영업시설
4. 영업장의 주소

② 법 제33조제2항에 따라 동물장묘업, 동물판매업, 동물수입업, 동물전시업, 동물위탁관리업, 동물미용업 또는 동물운송업의 등록사항 변경신고를 하려는 자는 별지 제20호서식의 변경신고서(전자문서로 된 신고서를 포함한다)에 다음 각 호의 서류(전자문서를 포함한다. 이하 이 항에서 같다)를 첨부하여 시장·군수·구청장에게 제출해야 한다. 다만, 동물장묘업 영업장의 주소를 변경하는 경우에는 다음 각 호의 서류 외에 제37조제1항제3호·제4호 및 제6호의 서류 중 변경사항이 있는 서류를 첨부해야 한다. <개정 2012. 12. 26., 2017. 1. 25., 2018. 3. 22., 2021. 6. 17.>

1. 등록증
2. 영업시설의 변경 내역서(시설변경의 경우만 해당한다)

③ 제2항에 따른 변경신고서를 받은 시장·군수·구청장은「전자정부법」제36조제1항에 따른 행정정보의 공동이용을 통하여 다음 각 호의 서류를 확인해야 한다. 다만, 신고인이 주민등록표 초본 및 자동차등록증의 확인에 동의하지 않는 경우에는 해당 서류를 직접 제출하도록 해야 한다. <신설 2021. 6. 17.>

1. 주민등록표 초본(법인인 경우에는 법인 등기사항증명서)
2. 건축물대장 및 토지이용계획정보(자동차를 이용한 동물미용업 또는 동물운송업의 경우는 제외한다)
3. 자동차등록증(자동차를 이용한 동물미용업 또는 동물운송업의 경우에만 해당한다)

④ 제2항에 따른 변경신고에 관하여는 제37조제4항 및 제6항을 준용한다. <개정 2021. 6. 17.>

제39조(휴업 등의 신고) ① 법 제33조제2항에 따라 동물장묘업, 동물판매업, 동물수입업, 동물전시업, 동물위탁관리업, 동물미용업 또는 동물운송업의 휴업·재개업 또는 폐업신고를 하려는 자는 별지 제21호서식의 휴업(재개업·폐업) 신고서(전자문서로 된 신고서를 포함한다)에 등록증 원본(폐업 신고의 경우로 한정한다)을 첨부하여 관할 시장·군수·구청장에게 제출해야 한다. 다만, 휴업의 기간을 정하여 신고하는 경우 그 기간이 만료되어 재개업할 때에는 신고하지 않을 수 있다. <개정 2017. 7. 3., 2018. 3. 22., 2021. 6. 17.>

② 제1항에 따라 폐업신고를 하려는 자가 「부가가치세법」 제8조제7항에 따른 폐업신고를 같이 하려는 경우에는 제1항에 따른 폐업신고서에 「부가가치세법 시행규칙」 별지 제9호서식의 폐업신고서를 함께 제출하거나 「민원처리에 관한 법률 시행령」 제12조제10항에 따른 통합 폐업신고서를 제출하여야 한다. 이 경우 관할 시장·군수·구청장은 함께 제출받은 폐업신고서 또는 통합 폐업신고서를 지체없이 관할 세무서장에게 송부(정보통신망을 이용한 송부를 포함한다. 이하 이 조에서 같다)하여야 한다. <신설 2017. 7. 3., 2021. 6. 17.>

③ 관할 세무서장이 「부가가치세법 시행령」 제13조제5항에 따라 제1항에 따른 폐업신고를 받아 이를 관할 시장·군수·구청장에게 송부한 경우에는 제1항에 따른 폐업신고서가 제출된 것으로 본다. <신설 2017. 7. 3.>

제40조(동물생산업의 허가) ① 동물생산업을 하려는 자는 법 제34조제1항에 따라 별지 제22호서식의 동물생산업 허가신청서(전자문서로 된 신청서를 포함한다)에 다음 각 호의 서류를 첨부하여 관할 시장·군수·구청장에게 제출하여야 한다. <개정 2018. 3. 22.>

1. 영업장의 시설 내역 및 배치도
2. 인력 현황
3. 사업계획서
4. 폐업 시 동물의 처리계획서

② 제1항에 따른 신청서를 받은 시장·군수·구청장은 「전자정부법」 제36조제1항에 따른 행정정보의 공동이용을 통하여 다음 각 호의 서류를 확인해야 한다. 다만, 신청인이 주민등록표 초본의 확인에 동의하지 않는 경우에는 해당 서류를 직접 제출하도록 해야 한다. <개정 2018. 3. 22., 2021. 6. 17.>

1. 주민등록표 초본(법인인 경우에는 법인 등기사항증명서)

2. 건축물대장 및 토지이용계획정보

③ 시장·군수·구청장은 제1항에 따른 신청인이 법 제34조제4항제1호 또는 제5호에 해당되는지를 확인할 수 없는 경우에는 해당 신청인에게 제1항 또는 제2항의 서류 외에 신원확인에 필요한 자료를 제출하게 할 수 있다. <개정 2018. 3. 22., 2021. 6. 17.>

④ 시장·군수·구청장은 제1항에 따른 신청이 별표 9의 기준에 맞는 경우에는 신청인에게 별지 제23호서식의 허가증을 발급하고, 별지 제24호서식의 동물생산업 허가(변경신고) 관리대장을 작성·관리하여야 한다. <개정 2018. 3. 22.>

⑤ 제4항에 따라 허가를 받은 자가 허가증을 잃어버리거나 헐어 못 쓰게 되어 재발급을 받으려는 경우에는 별지 제19호서식의 허가증 재발급 신청서(전자문서로 된 신청서를 포함한다)를 시장·군수·구청장에게 제출하여야 한다. <개정 2018. 3. 22.>

⑥ 제4항의 동물생산업 허가(변경신고) 관리대장은 전자적 처리가 불가능한 특별한 사유가 없으면 전자적 방법으로 작성·관리하여야 한다. <개정 2018. 3. 22.>

[제목개정 2018. 3. 22.]

제41조(허가사항의 변경 등의 신고) ① 법 제34조제2항에서 "농림축산식품부령으로 정하는 사항"이란 다음 각 호의 사항을 말한다. <개정 2013. 3. 23., 2021. 6. 17.>

1. 영업자의 성명(영업자가 법인인 경우에는 그 대표자의 성명)

2. 영업장의 명칭 또는 상호

3. 영업시설

4. 영업장의 주소

② 법 제34조제2항에 따라 동물생산업의 허가사항 변경신고를 하려는 자는 별지 제20호서식의 변경신고서(전자문서로 된 신고서를 포함한다)에 다음 각 호의 서류를 첨부하여 시장·군수·구청장에게 제출해야 한다. 다만, 영업자가 영업장의 주소를 변경하는 경우에는 제40조제1항 각 호의 서류(전자문서로 된 서류를 포함한다) 중 변경사항이 있는 서류를 첨부해야 한다. <개정 2017. 1. 25., 2018. 3. 22., 2021. 6. 17.>

1. 허가증

2. 영업시설의 변경 내역서(시설 변경의 경우만 해당한다)

③ 법 제34조제2항에 따른 동물생산업의 휴업·재개업·폐업의 신고에 관하여는 제39조를 준용한다. 이 경우 "등록증"은 "허가증"으로 본다. <개정 2021. 6. 17.>

④ 제2항에 따른 변경신고에 관하여는 제40조제2항, 제4항 및 제6항을 준용한다. 이 경우 "신청서"는 "신고서"로, "신청인"은 "신고인"으로, "신청"은 "신고"로 본다. <개정 2021. 6. 17.>

[제목개정 2018. 3. 22.]

제42조(영업자의 지위승계 신고) ① 법 제35조에 따라 영업자의 지위승계 신고를 하려는 자는 별지 제25호서식의 영업자 지위승계 신고서(전자문서로 된 신고서를 포함한다)에 다음 각 호의 구분에 따른 서류를 첨부하여 등록 또는 허가를 한 시장·군수·구청장에게 제출해야 한다. <개정 2021. 6. 17.>

1. 양도·양수의 경우

　가. 양도·양수 계약서 사본 등 양도·양수 사실을 확인할 수 있는 서류

　나. 양도인의 인감증명서나 「본인서명사실 확인 등에 관한 법률」 제2조제3호에 따른 본인서명사실확인서 또는 같은 법 제7조제7항에 따른 전자본인서명확인서 발급증(양도인이 방문하여 본인확인을 하는 경우에는 제출하지 않을 수 있다)

2. 상속의 경우: 「가족관계의 등록 등에 관한 법률」 제15조제1항에 따른 가족관계증명서와 상속 사실을 확인할 수 있는 서류

3. 제1호와 제2호 외의 경우: 해당 사유별로 영업자의 지위를 승계하였음을 증명할 수 있는 서류

② 제1항에 따른 신고서를 받은 시장·군수·구청장은 영업양도의 경우 「전자정부법」 제36조제1항에 따른 행정정보의 공동이용을 통하여 양도·양수를 증명할 수 있는 법인 등기사항증명서(법인이 아닌 경우에는 대표자의 주민등록표 초본을 말한다), 토지 등기사항증명서, 건물 등기사항증명서 또는 건축물대장을 확인해야 한다. 다만, 신고인이 주민등록표 초본의 확인에 동의하지 않는 경우에는 해당 서류를 직접 제출하도록 해야 한다. <개정 2021. 6. 17.>

③ 제1항에 따른 지위승계신고를 하려는 자가 「부가가치세법」 제8조제7항에 따른 폐업신고를 같이 하려는 때에는 제1항에 따른 지위승계 신고서를 제출할 때에 「부가가치세법 시행규칙」 별지 제9호서식의 폐업신고

서를 함께 제출해야 한다. 이 경우 관할 시장·군수·구청장은 함께 제출받은 폐업신고서를 지체 없이 관할 세무서장에게 송부(정보통신망을 이용한 송부를 포함한다)해야 한다. <신설 2021. 6. 17.>

④ 시장·군수·구청장은 제1항에 따른 신고인이 법 제33조제4항제1호·제4호 및 법 제34조제4항제1호·제5호에 해당되는지를 확인할 수 없는 경우에는 해당 신고인에게 제1항 각 호의 서류 외에 신원확인에 필요한 자료를 제출하게 할 수 있다. <개정 2018. 3. 22., 2021. 6. 17.>

⑤ 제1항에 따라 영업자의 지위승계를 신고하는 자가 제38조제1항제2호 또는 제41조제1항제2호에 따른 영업장의 명칭 또는 상호를 변경하려는 경우에는 이를 함께 신고할 수 있다. <개정 2018. 3. 22., 2021. 6. 17.>

⑥ 시장·군수·구청장은 제1항의 신고를 받았을 때에는 신고인에게 별지 제16호서식의 등록증 또는 별지 제23호서식의 허가증을 재발급하여야 한다. <개정 2018. 3. 22., 2021. 6. 17.>

제43조(영업자의 준수사항) 영업자(법인인 경우에는 그 대표자를 포함한다)와 그 종사자의 준수사항은 별표 10과 같다. <개정 2018. 3. 22.>

제44조(동물판매업자 등의 교육) ① 법 제37조제1항 및 제2항에 따른 교육대상자별 교육시간은 다음 각 호의 구분에 따른다. <개정 2018. 3. 22.>

1. 동물판매업, 동물수입업, 동물생산업, 동물전시업, 동물위탁관리업, 동물미용업 또는 동물운송업을 하려는 자: 등록신청일 또는 허가신청일 이전 1년 이내 3시간

2. 법 제38조에 따라 영업정지 처분을 받은 자: 처분을 받은 날부터 6개월 이내 3시간

3. 영업자(동물장묘업자는 제외한다): 매년 3시간

② 교육기관은 다음 각 호의 내용을 포함하여 교육을 실시하여야 한다. <개정 2019. 3. 21.>

1. 이 법 및 동물보호정책에 관한 사항

2. 동물의 보호·복지에 관한 사항

3. 동물의 사육·관리 및 질병예방에 관한 사항

4. 영업자 준수사항에 관한 사항

5. 그 밖에 교육기관이 필요하다고 인정하는 사항

③ 교육기관은 법 제32조제1항제2호부터 제8호까지의 규정에 해당하는 영업 중 두 가지 이상의 영업을 하는 자에 대해 법 제37조제2항에 따른

교육을 실시하려는 경우에는 제2항 각 호의 교육내용 중 중복된 교육내용을 면제할 수 있다. <신설 2021. 6. 17.>

④ 교육기관의 지정, 교육의 방법, 교육결과의 통지 및 기록의 유지·관리·보관에 관하여는 제12조의4제2항·제4항 및 제5항을 준용한다. <신설 2019. 3. 21., 2021. 6. 17.>

⑤ 삭제 <2019. 3. 21.>

제45조(행정처분의 기준) ① 법 제38조에 따른 영업자에 대한 등록 또는 허가의 취소, 영업의 전부 또는 일부의 정지에 관한 행정처분기준은 별표 11과 같다. <개정 2018. 3. 22.>

② 시장·군수·구청장이 제1항에 따른 행정처분을 하였을 때에는 별지 제26호서식의 행정처분 및 청문 대장에 그 내용을 기록하고 유지·관리하여야 한다.

③ 제2항의 행정처분 및 청문 대장은 전자적 처리가 불가능한 특별한 사유가 없으면 전자적 방법으로 작성·관리하여야 한다.

제46조(시정명령) 법 제39조제1항제3호에서 "농림축산식품부령으로 정하는 시정명령"이란 다음 각 호의 어느 하나에 해당하는 명령을 말한다. <개정 2013. 3. 23.>

1. 동물에 대한 학대행위의 중지
2. 동물에 대한 위해 방지 조치의 이행
3. 공중위생 및 사람의 신체·생명·재산에 대한 위해 방지 조치의 이행
4. 질병에 걸리거나 부상당한 동물에 대한 신속한 치료

제47조(동물보호감시원의 증표) 법 제40조제3항에 따른 동물보호감시원의 증표는 별지 제27호서식과 같다.

제48조(등록 등의 수수료) 법 제42조에 따른 수수료는 별표 12와 같다. 이 경우 수수료는 정부수입인지, 해당 지방자치단체의 수입증지, 현금, 계좌이체, 신용카드, 직불카드 또는 정보통신망을 이용한 전자화폐·전자결제 등의 방법으로 내야 한다. <개정 2013. 12. 31.>

제49조(규제의 재검토) ① 농림축산식품부장관은 다음 각 호의 사항에 대하여 다음 각 호의 기준일을 기준으로 3년마다(매 3년이 되는 해의 기준일과 같은 날 전까지를 말한다) 그 타당성을 검토하여 개선 등의 조치를 해야 한다. <개정 2017. 1. 2., 2018. 3. 22., 2020. 11. 24.>

1. 삭제 <2020. 11. 24.>

2. 제5조에 따른 동물운송자의 범위: 2017년 1월 1일

3. 제6조에 따른 동물의 도살방법: 2017년 1월 1일

4. 삭제 <2020. 11. 24.>

5. 제8조 및 별표 2에 따른 등록대상동물의 등록사항 및 방법 등: 2017년 1월 1일

6. 제9조에 따른 등록사항의 변경신고 대상 및 절차 등: 2017년 1월 1일

7. 제19조 및 별표 5에 따른 동물보호센터의 준수사항: 2017년 1월 1일

8. 제24조에 따른 윤리위원회의 공동 설치 등: 2017년 1월 1일

9. 제26조에 따른 윤리위원회 위원 자격: 2017년 1월 1일

10. 제25조 및 별지 제10호서식의 동물실험윤리위원회 운영 실적 통보서의 기재사항: 2017년 1월 1일

11. 제27조에 따른 윤리위원회의 구성 절차: 2017년 1월 1일

12. 제35조 및 별표 9에 따른 영업의 범위 및 시설기준: 2017년 1월 1일

13. 제38조에 따른 등록영업의 변경신고 대상 및 절차: 2017년 1월 1일

14. 제41조에 따른 허가사항의 변경신고 대상 및 변경 등의 신고 절차: 2017년 1월 1일

15. 제43조 및 별표 10에 따른 영업자의 준수: 2017년 1월 1일

② 농림축산식품부장관은 제7조에 따른 동물등록제 제외 지역의 기준에 대하여 2020년 1월 1일을 기준으로 5년마다(매 5년이 되는 해의 기준일과 같은 날 전까지를 말한다) 그 타당성을 검토하여 개선 등의 조치를 해야 한다. <신설 2020. 11. 24.>

[본조신설 2015. 1. 6.]

부칙 <제516호, 2022. 1. 20.> (국민 편의를 높이는 서식 정비를 위한 7개 법령의 일부개정에 관한 농림축산식품부령)

이 규칙은 공포한 날부터 시행한다.

동물의 적절한 사육·관리 방법 등(제3조 관련)

1. 일반기준
 가. 동물의 소유자등은 최대한 동물 본래의 습성에 가깝게 사육·관리하고, 동물의 생명과 안전을 보호하며, 동물의 복지를 증진해야 한다.
 나. 동물의 소유자등은 동물이 갈증·배고픔, 영양불량, 불편함, 통증·부상·질병, 두려움과 정상적으로 행동할 수 없는 것으로 인하여 고통을 받지 않도록 노력해야 하며, 동물의 특성을 고려하여 전염병 예방을 위한 예방접종을 정기적으로 실시해야 한다.
 다. 동물의 소유자등은 동물의 사육환경을 다음의 기준에 적합하도록 해야 한다.
  1) 동물의 종류, 크기, 특성, 건강상태, 사육목적 등을 고려하여 최대한 적절한 사육환경을 제공할 것
  2) 동물의 사육공간 및 사육시설은 동물이 자연스러운 자세로 일어나거나 눕고 움직이는 등의 일상적인 동작을 하는 데에 지장이 없는 크기일 것

2. 개별기준
 가. 동물의 소유자등은 다음 각 호의 동물에 대해서는 동물 본래의 습성을 유지하기 위해 낮 시간 동안 축사 내부의 조명도를 다음의 기준에 맞게 유지해야 한다.
  1) 돼지의 경우: 바닥의 평균조명도가 최소 40럭스(lux) 이상이 되도록 하되, 8시간 이상 연속된 명기(明期)를 제공할 것
  2) 육계의 경우: 바닥의 평균조명도가 최소 20럭스(lux) 이상이 되도록 하되, 6시간 이상 연속된 암기(暗期)를 제공할 것
 나. 소, 돼지, 산란계 또는 육계를 사육하는 축사 내 암모니아 농도는 25 피피엠(ppm)을 넘어서는 안 된다.
 다. 깔짚을 이용하여 육계를 사육하는 경우에는 깔짚을 주기적으로 교체하여 건조하게 관리해야 한다.
 라. 개는 분기마다 1회 이상 구충(驅蟲)을 하되, 구충제의 효능 지속기간이 있는 경우에는 구충제의 효능 지속기간이 끝나기 전에 주기

적으로 구충을 해야 한다.

마. 돼지의 송곳니 발치·절치 및 거세는 생후 7일 이내에 수행해야 한다.

■ **[별표 1의2]** <개정 2020. 8. 21.>

반려동물에 대한 사육·관리 의무(제4조제5항 관련)

1. 동물을 사육하기 위한 시설 등 사육공간은 다음 각 목의 요건을 갖출 것
   가. 사육공간의 위치는 차량, 구조물 등으로 인한 안전사고가 발생할 위험이 없는 곳에 마련할 것
   나. 사육공간의 바닥은 망 등 동물의 발이 빠질 수 있는 재질로 하지 않을 것
   다. 사육공간은 동물이 자연스러운 자세로 일어나거나 눕거나 움직이는 등의 일상적인 동작을 하는 데에 지장이 없도록 제공하되, 다음의 요건을 갖출 것
      1) 가로 및 세로는 각각 사육하는 동물의 몸길이(동물의 코부터 꼬리까지의 길이를 말한다. 이하 같다)의 2.5배 및 2배 이상일 것. 이 경우 하나의 사육공간에서 사육하는 동물이 2마리 이상일 경우에는 마리당 해당 기준을 충족하여야 한다.
      2) 높이는 동물이 뒷발로 일어섰을 때 머리가 닿지 않는 높이 이상일 것
   라. 동물을 실외에서 사육하는 경우 사육공간 내에 더위, 추위, 눈, 비 및 직사광선 등을 피할 수 있는 휴식공간을 제공할 것
   마. 목줄을 사용하여 동물을 사육하는 경우 목줄의 길이는 다목에 따라 제공되는 동물의 사육공간을 제한하지 않는 길이로 할 것

2. 동물의 위생·건강관리를 위하여 다음 각 목의 사항을 준수할 것
   가. 동물에게 질병(골절 등 상해를 포함한다. 이하 같다)이 발생한 경우 신속하게 수의학적 처치를 제공할 것
   나. 2마리 이상의 동물을 함께 사육하는 경우에는 동물의 사체나 전염

병이 발생한 동물은 즉시 다른 동물과 격리할 것

다. 목줄을 사용하여 동물을 사육하는 경우 목줄에 묶이거나 목이 조이는 등으로 인해 상해를 입지 않도록 할 것

라. 동물의 영양이 부족하지 않도록 사료 등 동물에게 적합한 음식과 깨끗한 물을 공급할 것

마. 사료와 물을 주기 위한 설비 및 휴식공간은 분변, 오물 등을 수시로 제거하고 청결하게 관리할 것

바. 동물의 행동에 불편함이 없도록 털과 발톱을 적절하게 관리할 것

■ **[별표 2]** <개정 2020. 8. 21.>

동물등록번호의 부여방법 등(제8조제2항 관련)

1. 동물등록번호의 부여방법
  가. 검역본부장은 동물보호관리시스템을 통하여 등록대상동물의 동물등
     록번호를 부여한다.
  나. 외국에서 등록된 등록대상동물은 해당 국가에서 부여된 등록번호를
     사용하되, 호환되지 않는 번호체계인 경우 제2호나목의 규격에 맞
     는 번호를 부여한다.
  다. 검역본부장은 무선식별장치 공급업체에 대하여 제4호에 따라 정한
     범위 내에서 동물등록번호 영역을 할당·부여한다.
  라. 동물등록번호 체계에 따라 이미 등록된 동물등록번호는 재사용할
     수 없으며, 무선식별장치의 훼손 및 분실 등으로 무선식별장치를
     재주입하거나 재부착하는 경우에는 동물등록번호를 다시 부여받아
     야 한다.

2. 무선식별장치의 규격
  가. 무선식별장치의 등록번호 체계는 동물개체식별-코드구조(KS C ISO
     11784 : 2009)에 따라 다음 각 호와 같이 구성된다.
   1) 구성: 총 15자리(국가코드3 + 개체식별코드 12)
   2) 표시

코드종류	기관코드 (5-9비트)	국가코드 (17-26비트)	개체식별코드 (27-64비트)
KS C ISO 11784	1	410	12자리

  가) 기관코드(1자리): 농림축산식품부는 "1"로 등록하되, 리더기로 인식
      (표시)할 때에는 표시에서 제외
   나) 국가코드(3자리): 대한민국을 "410"으로 표시
   다) 개체식별코드(12자리): 검역본부장이 무선식별장치 공급업체별로
      일괄 할당한 번호체계
  나. 무선식별장치의 표준규격은 다음에 따라야 한다.

1) 「산업표준화법」제5조에 따른 동물개체식별-코드구조(KS C ISO 11784 : 2009)와 동물개체식별 무선통신-기술적개념(KS C ISO 11785 : 2007)에 따를 것
2) 동물의 체내에 주입하는 무선식별장치의 경우에는 「의료기기법」제39조에 따른 동물용 의료기기 개체인식장치 기준규격에 따를 것
3) 외장형 무선식별장치의 경우에는 등록동물 및 외부충격 등에 의하여 쉽게 훼손되지 않는 재질로 제작되어야 할 것
다. 삭제 <2020. 8. 21.>

3. 무선식별장치의 주입 또는 부착방법
가. 등록대상동물을 등록할 때 내장형의 무선식별장치를 주입하도록 하며, 주입위치는 양쪽 어깨뼈 사이의 피하에 주입한다.
나. 외장형 무선식별장치는 해당동물이 기르던 곳에서 벗어나는 경우 반드시 부착하고 있어야 한다.

4. 그 밖에 동물등록번호 체계, 무선식별장치 공급업체에 할당·부여할 수 있는 동물등록번호 영역 범위 및 운영규정 등에 관한 사항은 검역본부장이 정하는 바에 따른다.

맹견에 대한 격리조치 등에 관한 기준(제12조의3 관련)

1. 격리조치 기준
   가. 시·도지사와 시장·군수·구청장은 맹견이 사람에게 신체적 피해를 주는 경우 소유자등의 동의 없이 다음 기준에 따라 생포하여 격리해야 한다.
      1) 격리조치를 할 때에는 그물 또는 포획틀을 사용하는 등 마취를 하지 않고 격리하는 방법을 우선적으로 사용할 것
      2) 1)에 따른 조치에도 불구하고 맹견이 흥분된 상태에서 계속하여 사람을 공격하거나 군중 속으로 도망치는 등 다른 사람이 상해를 입을 우려가 있을 때에는 수의사가 처방한 약물을 투여한 바람총(Blow Gun) 등의 장비를 사용하여 맹견을 마취시켜 생포할 것. 이 경우 장비를 사용할 때에는 엉덩이, 허벅지 등 근육이 많은 부위에 마취약을 발사해야 한다.
   나. 시·도지사와 시장·군수·구청장은 경찰관서의 장, 소방관서의 장, 보건소장 등 관계 공무원, 동물보호센터의 장, 법 제40조 및 제41조에 따른 동물보호감시원 및 동물보호명예감시원에게 가목에 따른 생포 및 격리조치를 요청할 수 있다. 이 경우 해당 기관 및 센터의 장 등은 정당한 사유가 없으면 이에 협조해야 한다.
2. 보호조치 및 반환 기준
   가. 시·도지사와 시장·군수·구청장은 제1호에 따라 생포하여 격리한 맹견에 대하여 치료 및 보호에 필요한 조치(이하 "보호조치"라 한다)를 해야 한다.
   나. 보호조치 장소는 동물보호센터 또는 시·도 조례나 시·군·구 조례로 정하는 장소로 한다.
   다. 시·도지사와 시장·군수·구청장은 보호조치 중인 맹견에 대하여 등록 여부를 확인하고, 맹견의 소유자등이 확인된 경우에는 지체 없이 소유자등에게 격리 및 보호조치 중인 사실을 통지해야 한다.
   라. 시·도지사와 시장·군수·구청장은 보호조치를 시작한 날부터 10일 이내에 보호해제 여부를 결정하고 맹견을 소유자등에게 반환해야 한다. 이 경우 부득이한 사유로 10일 이내에 보호해제 여부

를 결정할 수 없을 때에는 그 기간이 끝나는 날의 다음 날부터 기산(起算)하여 10일의 범위에서 보호해제 여부 결정 기간을 연장할 수 있으며, 연장 사실과 그 사유를 맹견의 소유자등에게 지체 없이 통지해야 한다.

■ **[별표 3의2]** <신설 2021. 2. 10.>

<u>보험금액</u>(제12조의5 관련)

1. 상해등급에 따른 보험금액

등급	보험금액	상해 내용
1급	1,500만 원	1. 엉덩관절 골절 또는 골절성 탈구 2. 척추체 분쇄성 골절 3. 척추체 골절 또는 탈구로 인한 각종 신경증상으로 수술이 불가피한 상해 4. 외상성 두개강(頭蓋腔) 내 출혈로 개두수술(開頭手術)이 불가피한 상해 5. 두개골의 함몰골절로 신경학적 증상이 심한 상해 6. 심한 뇌 타박상으로 생명이 위독한 상해(48시간 이상 혼수상태가 지속되는 경우를 말한다) 7. 넓적다리뼈 중간부분의 분쇄성 골절 8. 정강이뼈 아래 3분의 1에 해당하는 분쇄성 골절 9. 3도 화상 등 연조직(soft tissue) 손상이 신체 표면의 9퍼센트 이상인 상해 10. 팔다리와 몸체에 연조직 손상이 심하여 유경(有莖)피부이식술(pedicled skin graft: 피부·피하조직을 전면에 걸쳐 잘라내지 않고 일부를 남기고 이식하는 방법을 말한다)이 불가피한 상해 11. 그 밖에 1급에 해당한다고 인정되는 상해
2급	800 만원	1. 위팔뼈 중간부분 분쇄성 골절 2. 척추체의 설상압박골절(wedge compression fracture: 전방굴곡에 의한 척추 앞부분의 손상으로 신경증상이 없는 안정성 골절을 말한다)이 있으나 각종 신경증상이 없는 상해 3. 두개골 골절로 신경학적 증상이 현저한 상해 4. 흉복부장기파열과 골반 골절이 동반된 상해 5. 무릎관절 탈구 6. 발목관절부 골절과 골절성 탈구가 동반된 상해

		7. 자뼈(아래팔 뼈 중 안쪽에 있는 뼈를 말한다. 이하 같다) 중간부분 골절과 노뼈(아래팔 뼈 중 바깥쪽에 있는 뼈를 말한다. 이하 같다) 뼈머리 탈구가 동반된 상해 8. 천장골 간 관절 탈구 9. 그 밖에 2급에 해당한다고 인정되는 상해
3급	750 만원	1. 위팔뼈 윗목부분 골절 2. 위팔뼈 복사부분[踝部] 골절과 팔꿉관절 탈구가 동반된 상해 3. 노뼈와 자뼈의 중간부분 골절이 동반된 상해 4. 손목손배뼈[水根舟狀骨] 골절 5. 노뼈 신경손상을 동반한 위팔뼈 중간부분 골절 6. 넓적다리뼈 중간부분 골절 7. 무릎뼈의 분쇄골절과 탈구로 인하여 무릎뼈 완전적출술이 적용되는 상해 8. 정강이뼈 복사부분 골절이 관절 부분을 침범하는 상해 9. 발목뼈·발허리뼈 간 관절 탈구와 골절이 동반된 상해 10. 전후십자인대나 내외측 반월상 연골 파열과 정강이뼈 가시 골절 등이 복합된 슬내장(膝內障: 무릎관절을 구성하는 뼈, 반월판, 인대 등의 손상과 장애를 말한다) 11. 복부내장파열로 수술이 불가피한 상해 12. 뇌손상으로 뇌신경마비를 동반한 상해 13. 중한 뇌 타박상으로 신경학적 증상이 심한 상해 14. 그 밖에 3급에 해당한다고 인정되는 상해
4급	700 만원	1. 넓적다리뼈 복사부분 골절 2. 정강이뼈 중간부분 골절 3. 목말뼈[距骨] 윗목부분 골절 4. 슬개인대(무릎뼈와 정강이뼈를 연결하는 인대를 말한다) 파열 5. 어깨 관절부의 회전 근개 파열 6. 위팔뼈외측과 전위골절 7. 팔꿉관절부 골절과 탈구가 동반된 상해 8. 3도 화상 등 연조직 손상이 신체 표면의 4.5퍼센트 이상인 상해 9. 안구 파열로 적출술이 불가피한 상해 10. 그 밖에 4급에 해당한다고 인정되는 상해

5급	500 만원	1. 골반뼈의 중복골절(말가이그니씨 골절 등)
		2. 발목관절부의 내외과골절이 동반된 상해
		3. 무릎관절부의 내측 또는 외측부 인대 파열
		4. 발꿈치뼈[足終骨] 골절
		5. 위팔뼈 중간부분 골절
		6. 노뼈 먼쪽 부위[遠位部] 골절
		7. 자뼈 몸쪽 부위[近位部] 골절
		8. 다발성 늑골 골절로 혈흉 또는 기흉이 동반된 상해
		9. 발등부 근건 파열창
		10. 손바닥부 근건 파열창
		11. 아킬레스건 파열
		12. 2도 화상 등 연조직 손상이 신체 표면의 9퍼센트 이상인 상해
		13. 23개 이상의 치아에 보철이 필요한 상해
		14. 그 밖에 5급에 해당한다고 인정되는 상해
6급	400 만원	1. 소아의 다리 긴뼈의 중간부분 골절
		2. 넓적다리뼈 대전자부절편 골절
		3. 넓적다리뼈 소전자부절편 골절
		4. 다발성 발허리뼈[中足骨] 골절
		5. 치골·좌골·긴뼈의 단일골절
		6. 단순 무릎뼈 골절
		7. 노뼈 중간부분 골절(원위부 골절은 제외한다)
		8. 자뼈 중간부분 골절(근위부 골절은 제외한다)
		9. 자뼈 팔꿈치머리 골절
		10. 다발성 손허리뼈 골절
		11. 두개골 골절로 신경학적 증상이 경미한 상해
		12. 외상성 지주막하 출혈
		13. 뇌 타박상으로 신경학적 증상이 심한 상해
		14. 19개 이상 22개 이하의 치아에 보철이 필요한 상해
		15. 그 밖에 6급에 해당한다고 인정되는 상해
7급	250 만원	1. 소아의 팔 긴뼈 중간부분 골절
		2. 발목관절 안복사뼈[內踝骨] 또는 바깥복사뼈[外踝骨] 골절
		3. 위팔뼈 골절 윗복사부분 굴곡골절
		4. 엉덩관절 탈구

		5. 어깨관절 탈구
		6. 어깨봉우리·쇄골 간 관절 탈구
		7. 발목관절 탈구
		8. 2도 화상 등 연조직 손상이 신체 표면의 4.5퍼센트 이상인 상해
		9. 16개 이상 18개 이하의 치아에 보철이 필요한 상해
		10. 그 밖에 7급에 해당한다고 인정되는 상해
8급	180만원	1. 위팔뼈 윗복사부분 신전(伸展)골절
		2. 쇄골 골절
		3. 팔꿈관절 탈구
		4. 어깨뼈 골절
		5. 팔꿈관절 내 위팔뼈 작은 머리 골절
		6. 코뼈 중간부분 골절
		7. 발가락뼈의 골절과 탈구가 동반된 상해
		8. 다발성 늑골 골절
		9. 뇌 타박상으로 신경학적 증상이 경미한 상해
		10. 위턱뼈 골절 또는 아래턱뼈 골절
		11. 13개 이상 15개 이하의 치아에 보철이 필요한 상해
		12. 그 밖에 8급에 해당한다고 인정되는 상해
9급	140만원	1. 척추골의 극상돌기(棘狀突起) 또는 횡돌기(橫突起) 골절
		2. 노뼈 골두골 골절
		3. 손목관절 내 월상골 전방탈구 등 손목뼈 탈구
		4. 손가락뼈의 골절과 탈구가 동반된 상해
		5. 손허리뼈 골절
		6. 손목뼈 골절(손배뼈는 제외한다)
		7. 발목뼈 골절(목말뼈 및 발꿈치뼈는 제외한다)
		8. 발허리뼈 골절
		9. 발목관절부 염좌
		10. 늑골 골절
		11. 척추체 간 관절부 염좌와 인대, 근육 등 주위의 연조직 손상이 동반된 상해
		12. 손목관절 탈구
		13. 11개 이상 12개 이하의 치아에 보철이 필요한 상해

		14. 그 밖에 9급에 해당한다고 인정되는 상해
10급	120만원	1. 외상성 무릎관절 내 혈종 2. 손허리뼈 지골 간 관절 탈구 3. 손목뼈·손허리뼈 간 관절 탈구 4. 손목관절부 염좌 5. 모든 불완전골절(코뼈, 손가락뼈 및 발가락뼈 골절은 제외한다) 6. 9개 이상 10개 이하의 치아에 보철이 필요한 상해 7. 그 밖에 10급에 해당한다고 인정되는 상해
11급	100만원	1. 발가락뼈 관절 탈구 및 염좌 2. 손가락 관절 탈구 및 염좌 3. 코뼈 골절 4. 손가락뼈 골절 5. 발가락뼈 골절 6. 뇌진탕 7. 고막 파열 8. 6개 이상 8개 이하의 치아에 보철이 필요한 상해 9. 그 밖에 11급에 해당한다고 인정되는 상해
12급	60만원	1. 8일 이상 14일 이하의 입원이 필요한 상해 2. 15일 이상 26일 이하의 통원이 필요한 상해 3. 4개 이상 5개 이하의 치아에 보철이 필요한 상해
13급	40만원	1. 4일 이상 7일 이하의 입원이 필요한 상해 2. 8일 이상 14일 이하의 통원이 필요한 상해 3. 2개 이상 3개 이하의 치아에 보철이 필요한 상해
14급	20만원	1. 3일 이하의 입원이 필요한 상태 2. 7일 이하의 통원이 필요한 상해 3. 1개 이하의 치아에 보철이 필요한 상해

비고
1. 위 표에서 2급부터 11급까지의 부상·질병명 중 개방성 골절(뼈가 피부 밖으로 튀어나온 골절을 말한다)은 해당 등급보다 한 등급 높게 보상한다.

2. 위 표에서 2급부터 11급까지의 부상·질병명 중 단순성 선 모양 골절(線狀骨折)로 뼛조각의 위치 변화가 없는 골절의 경우에는 해당 등급보다 한 등급 낮게 보상한다.
3. 위 표에서 2급부터 11급까지의 부상·질병명 중 2가지 이상의 상해가 중복된 경우에는 가장 높은 등급에 해당하는 상해부터 하위 3등급(예: 2급이 주종일 때에는 5급까지의 사이) 사이의 상해가 중복된 경우에만 한 등급 높게 보상한다.
4. 일반 외상과 치아보철이 필요한 상해가 중복되었을 때에는 1급의 금액을 초과하지 않는 범위에서 각 상해등급에 해당하는 금액의 합산액을 보상한다.

2. 후유장애등급에 따른 보험금액

등급	보험금액	신체장애
1급	8,000만 원	1. 두 눈이 실명된 사람 2. 말하는 기능과 음식물을 씹는 기능을 완전히 잃은 사람 3. 신경계통의 기능 또는 정신기능에 뚜렷한 장애가 남아 항상 보호를 받아야 하는 사람 4. 흉복부장기에 뚜렷한 장애가 남아 항상 보호를 받아야 하는 사람 5. 반신마비가 된 사람 6. 두 팔을 팔꿈치관절 이상의 부위에서 잃은 사람 7. 두 팔을 완전히 사용하지 못하게 된 사람 8. 두 다리를 무릎관절 이상의 부위에서 잃은 사람 9. 두 다리를 완전히 사용하지 못하게 된 사람
2급	7,200만 원	1. 한쪽 눈이 실명되고 다른 눈의 시력이 0.02 이하로 된 사람 2. 두 눈의 시력이 각각 0.02 이하로 된 사람 3. 두 팔을 손목관절 이상의 부위에서 잃은 사람 4. 두 다리를 발목관절 이상의 부위에서 잃은 사람 5. 신경계통의 기능 또는 정신기능에 뚜렷한 장애가 남아 수시로 보호를 받아야 하는 사람 6. 흉복부장기의 기능에 뚜렷한 장애가 남아 수시로 보호를 받아야 하는 사람

3급	6,400만 원	1. 한쪽 눈이 실명되고 다른 쪽 눈의 시력이 0.06 이하로 된 사람 2. 말하는 기능 또는 음식물을 씹는 기능을 완전히 잃은 사람 3. 신경계통의 기능 또는 정신기능에 뚜렷한 장애가 남아 일생 동안 노무에 종사할 수 없는 사람 4. 흉복부장기의 기능에 뚜렷한 장애가 남아 일생 동안 노무에 종사할 수 없는 사람 5. 두 손의 손가락을 모두 잃은 사람
4급	5,600만 원	1. 두 눈의 시력이 각각 0.06 이하로 된 사람 2. 말하는 기능과 음식물을 씹는 기능에 뚜렷한 장애가 남은 사람 3. 고막이 전부 결손되거나 그 외의 원인으로 두 귀의 청력을 완전히 잃은 사람 4. 한쪽 팔을 팔꿈치관절 이상의 부위에서 잃은 사람 5. 한쪽 다리를 무릎관절 이상의 부위에서 잃은 사람 6. 두 손의 손가락을 모두 제대로 못 쓰게 된 사람 7. 두 발을 발목발허리관절 이상에서 잃은 사람
5급	4,800만 원	1. 한쪽 눈이 실명되고 다른 눈의 시력이 0.1 이하로 된 사람 2. 한 팔을 손목관절 이상의 부위에서 잃은 사람 3. 한 다리를 발목관절 이상의 부위에서 잃은 사람 4. 한 팔을 완전히 사용하지 못하게 된 사람 5. 한 다리를 완전히 사용하지 못하게 된 사람 6. 두 발의 발가락을 모두 잃은 사람 7. 흉복부장기의 기능에 뚜렷한 장애가 남아 특별히 손쉬운 노무 외에는 종사할 수 없는 사람 8. 신경계통의 기능 또는 정신기능에 뚜렷한 장애가 남아 특별히 손쉬운 노무 외에는 종사할 수 없는 사람
6급	4,000만 원	1. 두 눈의 시력이 각각 0.1 이하로 된 사람 2. 말하는 기능 또는 음식물을 씹는 기능에 뚜렷한 장애가 남은 사람 3. 고막이 대부분 결손되거나 그 외의 원인으로 두 귀의 청력이 모두 귀에 입을 대고 말하지 않으면 큰 말소리를 알아듣지 못하는 사람 4. 한쪽 귀가 전혀 들리지 않게 되고, 다른 귀의 청력이 40센티미터 이상의 거리에서는 보통의 말소리를 알아듣지

		못하게 된 사람
		5. 척추에 뚜렷한 기형이나 뚜렷한 운동장애가 남은 사람
		6. 한쪽 팔의 3대 관절 중 2개 관절을 못 쓰게 된 사람
		7. 한쪽 다리의 3대 관절 중 2개 관절을 못 쓰게 된 사람
		8. 한쪽 손의 5개 손가락을 잃거나 엄지손가락과 둘째손가락을 포함하여 4개의 손가락을 잃은 사람
7급	3,200만 원	1. 한쪽 눈이 실명되고 다른 쪽 눈의 시력이 0.6 이하로 된 사람
		2. 두 귀의 청력이 모두 40센티미터 이상의 거리에서는 보통의 말소리를 알아듣지 못하게 된 사람
		3. 한쪽 귀가 전혀 들리지 않게 되고, 다른 귀의 청력이 1미터 이상의 거리에서는 보통의 말소리를 알아듣지 못하게 된 사람
		4. 신경계통의 기능 또는 정신기능에 뚜렷한 장애가 남아 손쉬운 노무 외에는 종사할 수 없는 사람
		5. 흉복부장기의 기능에 장애가 남아 손쉬운 노무 외에는 종사할 수 없는 사람
		6. 한쪽 손의 엄지손가락과 둘째손가락을 잃은 사람 또는 엄지손가락이나 둘째손가락을 포함하여 3개 이상의 손가락을 잃은 사람
		7. 한쪽 손의 5개 손가락을 잃거나 엄지손가락과 둘째손가락을 포함하여 4개의 손가락을 제대로 못 쓰게 된 사람
		8. 한쪽 발을 발목발허리관절 이상의 부위에서 잃은 사람
		9. 한쪽 팔에 가관절(假關節, 부러진 뼈가 완전히 아물지 못하여 그 부분이 마치 관절처럼 움직이는 상태)이 남아 뚜렷한 운동장애가 남은 사람
		10. 한쪽 다리에 가관절이 남아 뚜렷한 운동장애가 남은 사람
		11. 두 발의 발가락을 모두 못 쓰게 된 사람
		12. 외모에 뚜렷한 흉터가 남은 사람
		13. 양쪽의 고환 또는 난소를 잃은 사람
8급	2,400만 원	1. 한쪽 눈의 시력이 0.02 이하로 된 사람
		2. 척추에 운동장애가 남은 사람
		3. 한쪽 손의 엄지손가락을 포함하여 2개의 손가락을 잃은 사람
		4. 한쪽 손의 엄지손가락과 둘째손가락을 제대로 못 쓰게 된

		사람 또는 한쪽 손의 엄지손가락이나 둘째손가락을 포함하여 3개 이상의 손가락을 제대로 못 쓰게 된 사람
		5. 한쪽 다리가 다른 쪽 다리보다 5센티미터 이상 짧아진 사람
		6. 한쪽 팔의 3대 관절 중 1개 관절을 제대로 못 쓰게 된 사람
		7. 한쪽 다리의 3대 관절 중 1개 관절을 제대로 못 쓰게 된 사람
		8. 한쪽 팔에 가관절이 남은 사람
		9. 한쪽 다리에 가관절이 남은 사람
		10. 한쪽 발의 발가락을 모두 잃은 사람
		11. 비장 또는 한쪽의 신장을 잃은 사람
9급	1,800만 원	1. 두 눈의 시력이 각각 0.6 이하로 된 사람
		2. 한쪽 눈의 시력이 0.06 이하로 된 사람
		3. 두 눈에 반맹증·시야협착 또는 시야결손이 남은 사람
		4. 두 눈의 눈꺼풀에 뚜렷한 결손이 남은 사람
		5. 코가 결손되어 그 기능에 뚜렷한 장애가 남은 사람
		6. 말하는 기능과 음식물을 씹는 기능에 장애가 남은 사람
		7. 두 귀의 청력이 모두 1미터 이상의 거리에서는 보통의 말소리를 알아듣지 못하게 된 사람
		8. 한쪽 귀의 청력이 귀에 입을 대고 말하지 않으면 큰 말소리를 알아듣지 못하고 다른 귀의 청력이 1미터 이상의 거리에서는 보통의 말소리를 알아듣지 못하게 된 사람
		9. 한쪽 귀의 청력을 완전히 잃은 사람
		10. 한쪽 손의 엄지손가락을 잃은 사람 또는 둘째손가락을 포함하여 2개의 손가락을 잃은 사람 또는 엄지손가락과 둘째손가락 외의 3개의 손가락을 잃은 사람
		11. 한쪽 손의 엄지손가락을 포함하여 2개 이상의 손가락을 제대로 못 쓰게 된 사람
		12. 한쪽 발의 엄지발가락을 포함하여 2개 이상의 발가락을 잃은 사람
		13. 한쪽 발의 발가락을 모두 제대로 못 쓰게 된 사람
		14. 생식기에 뚜렷한 장애가 남은 사람
		15. 신경계통의 기능 또는 정신기능에 장애가 남아 종사할 수 있는 노무가 상당한 정도로 제한된 사람
		16. 흉복부장기의 기능에 장애가 남아 종사할 수 있는 노무

		가 상당한 정도로 제한된 사람
10급	1,500만 원	1. 한쪽 눈의 시력이 0.1 이하로 된 사람 2. 말하는 기능 또는 음식물을 씹는 기능에 장애가 남은 사람 3. 14개 이상의 치아에 대하여 치아 보철을 한 사람 4. 한쪽 귀의 청력이 귀에 입을 대고 말하지 않으면 큰 말소리를 알아듣지 못하는 사람 5. 두 귀의 청력이 모두 1미터 이상의 거리에서는 보통의 말소리를 알아듣는 데에 지장이 있는 사람 6. 한쪽 손의 둘째손가락을 잃은 사람 또는 엄지손가락과 둘째손가락 외의 2개 손가락을 잃은 사람 7. 한쪽 손의 엄지손가락을 제대로 못 쓰게 된 사람 또는 둘째손가락을 포함하여 2개의 손가락을 제대로 못 쓰게 된 사람 또는 엄지손가락과 둘째손가락 외의 3개 손가락을 제대로 못 쓰게 된 사람 8. 한쪽 다리가 다른 쪽 다리보다 3센티미터 이상 짧아진 사람 9. 한쪽 발의 엄지발가락 또는 그 외의 4개 발가락을 잃은 사람 10. 한쪽 팔의 3대 관절 중 1개 관절의 기능에 뚜렷한 장애가 남은 사람 11. 한쪽 다리의 3대 관절 중 1개 관절의 기능에 뚜렷한 장애가 남은 사람
11급	1,200만 원	1. 두 눈이 모두 근접 반사기능에 뚜렷한 장애가 남거나 뚜렷한 운동장애가 남은 사람 2. 두 눈의 눈꺼풀에 뚜렷한 운동장애가 남은 사람 3. 한쪽 눈의 눈꺼풀에 뚜렷한 결손이 남은 사람 4. 한쪽 귀의 청력이 40센티미터 이상의 거리에서는 보통의 말소리를 알아듣지 못하게 된 사람 5. 척추에 기형이 남은 사람 6. 한 쪽 손의 가운데손가락 또는 넷째손가락을 잃은 사람 7. 한쪽 손의 둘째손가락을 제대로 못 쓰게 된 사람 또는 엄지손가락과 둘째손가락 외의 2개의 손가락을 제대로 못 쓰게 된 사람 8. 한쪽 발의 엄지발가락을 포함하여 2개 이상의 발가락을 제대로 못 쓰게 된 사람

		9. 흉복부장기의 기능에 장애가 남은 사람
		10. 10개 이상 13개 이하의 치아에 대하여 치아 보철을 한 사람
		11. 두 귀의 청력이 모두 1미터 이상의 거리에서는 작은 말소리를 알아듣지 못하게 된 사람
12급	1,000만원	1. 한쪽 눈의 근접반사기능에 뚜렷한 장애가 있거나 뚜렷한 운동장애가 남은 사람 2. 한쪽 눈의 눈꺼풀에 뚜렷한 운동장애가 남은 사람 3. 7개 이상 9개 이하의 치아에 대하여 치아보철을 한 사람 4. 한쪽 귀의 귓바퀴의 대부분이 결손된 사람 5. 쇄골·흉골·늑골·어깨뼈 또는 골반뼈에 뚜렷한 기형이 남은 사람 6. 한쪽 팔의 3대 관절 중 1개 관절의 기능에 장애가 남은 사람 7. 한쪽 다리의 3대 관절 중 1개 관절의 기능에 장애가 남은 사람 8. 다리의 긴뼈에 기형이 남은 사람 9. 한쪽 손의 가운데손가락 또는 넷째손가락을 제대로 못 쓰게 된 사람 10. 한쪽 발의 둘째발가락을 잃은 사람 또는 둘째발가락을 포함하여 2개의 발가락을 잃은 사람 또는 가운데발가락 이하 3개의 발가락을 잃은 사람 11. 한쪽 발의 엄지발가락 또는 그 외의 4개 발가락을 제대로 못 쓰게 된 사람 12. 신체 일부에 뚜렷한 신경증상이 남은 사람 13. 외모에 흉터가 남은 사람
13급	800만원	1. 한쪽 눈의 시력이 0.6 이하로 된 사람 2. 한쪽 눈에 반맹증, 시야협착 또는 시야결손이 남은 사람 3. 두 눈의 눈꺼풀 일부나 속눈썹에 결손이 남은 사람 4. 5개 이상 6개 이하의 치아에 대하여 치아 보철을 한 사람 5. 한쪽 손의 새끼손가락을 잃은 사람 6. 한쪽 손의 엄지손가락 마디뼈의 일부를 잃은 사람 7. 한쪽 손의 둘째손가락 마디뼈의 일부를 잃은 사람 8. 한쪽 손의 둘째손가락의 끝관절을 굽히고 펼 수 없게 된 사람 9. 한쪽 다리가 다른 쪽 다리보다 1센티미터 이상 짧아진 사람

		10. 한쪽 발의 가운데발가락 이하 1개 또는 2개의 발가락을 잃은 사람
		11. 한쪽 발의 둘째발가락을 제대로 못 쓰게 된 사람 또는 둘째발가락을 포함하여 2개의 발가락을 제대로 못 쓰게 된 사람 또는 가운데발가락 이하 3개의 발가락을 제대로 못 쓰게 된 사람
14급	500만원	1. 한쪽 눈의 눈꺼풀 일부나 속눈썹에 결손이 남은 사람
		2. 3개 이상 4개 이하의 치아에 대하여 치아 보철을 한 사람
		3. 팔이 보이는 부분에 손바닥 크기의 흉터가 남은 사람
		4. 다리가 보이는 부분에 손바닥 크기의 흉터가 남은 사람
		5. 한쪽 손의 새끼손가락을 제대로 못 쓰게 된 사람
		6. 한쪽 손의 엄지손가락과 둘째손가락 외의 손가락 마디뼈의 일부를 잃은 사람
		7. 한쪽 손의 엄지손가락과 둘째손가락 외의 손가락 끝관절을 제대로 못 쓰게 된 사람
		8. 한쪽 발의 가운데발가락 이하 1개 또는 2개의 발가락을 제대로 못 쓰게 된 사람
		9. 신체 일부에 신경증상이 남은 사람
		10. 한쪽 귀의 청력이 1미터 이상의 거리에서는 보통의 말소리를 알아듣지 못하게 된 사람

비고
1. 신체장애가 둘 이상 있을 경우에는 중한 신체장애에 해당하는 장애등급 보다 한 등급 높게 보상한다.
2. 시력의 측정은 국제식 시력표로 하며, 굴절 이상이 있는 사람의 경우에는 원칙적으로 교정시력을 측정한다.
3. "손가락을 잃은 것"이란 엄지손가락은 손가락관절, 그 밖의 손가락은 제1 관절 이상을 잃은 경우를 말한다.
4. "손가락을 제대로 못 쓰게 된 것"이란 손가락 말단의 2분의 1 이상을 잃거나 손허리손가락관절 또는 제1지관절(엄지손가락은 손가락관절을 말한다)에 뚜렷한 운동장애가 남은 경우를 말한다.
5. "발가락을 잃은 것"이란 발가락 전부를 잃은 경우를 말한다.
6. "발가락을 제대로 못 쓰게 된 것"이란 엄지발가락은 끝관절의 2분의 1 이

상, 그 밖의 발가락은 끝관절 이상을 잃은 경우 또는 발허리발가락관절 [中足趾關節] 또는 제1지관절(엄지발가락은 발가락관절을 말한다)에 뚜렷한 운동장애가 남은 경우를 말한다.

7. "흉터가 남은 것"이란 성형수술을 했어도 맨눈으로 알아볼 수 있는 흔적이 있는 상태를 말한다.

8. "항상 보호를 받아야 하는 것"이란 일상생활에서 기본적인 음식섭취, 배뇨 등을 다른 사람에게 의존해야 하는 것을 말한다.

9. "수시로 보호를 받아야 하는 것"이란 일상생활에서 기본적인 음식섭취, 배뇨 등은 가능하나 그 외의 일을 다른 사람에게 의존해야 하는 것을 말한다.

10. 항상보호 또는 수시보호의 기간은 의사가 판정하는 노동력 상실기간을 기준으로 하여 타당한 기간으로 한다.

■ [별표 4]

동물보호센터의 시설기준(제15조제1항 관련)

1. 일반기준

가. 진료실, 사육실, 격리실 및 사료보관실을 각각 구분하여 설치하여야 하며, 동물 구조 및 운반용 차량을 보유하여야 한다. 다만, 시·도지사 또는 위탁보호센터 운영자가 동물에 대한 진료를 동물병원에 위탁하는 경우에는 진료실을 설치하지 아니할 수 있다.

나. 동물의 탈출 및 도난방지, 방역 등을 위하여 방범시설 및 외부인의 출입을 통제할 수 있는 장치가 있어야 한다.

다. 시설의 청결유지와 위생관리에 필요한 급수시설 및 배수시설을 갖추어야 하며, 바닥은 청소와 소독이 용이한 재질이어야 한다. 다만, 운동장은 제외한다.

라. 보호동물을 인도적인 방법으로 처리하기 위하여 동물의 수용시설과 독립된 별도의 처리공간이 있어야 한다. 다만, 동물보호센터 내 독립된 진료실을 갖춘 경우 그 시설로 대체할 수 있다.

마. 동물 사체를 보관할 수 있는 잠금장치가 있는 냉동시설을 갖추어야 한다.

2. 개별기준

가. 진료실에는 진료대, 소독장비 등 동물의 진료에 필요한 기구·장비를 갖추어야 하며, 2차 감염을 막기 위해 진료대 및 진료기구를 위생적으로 관리하여야 한다.

나. 사육실은 다음의 시설조건을 갖추어야 한다.

1) 동물을 위생적으로 건강하게 관리하기 위하여 온도 및 습도 조절이 가능하여야 한다.

2) 채광과 환기가 충분히 이루어질 수 있도록 하여야 한다.

3) 사육실이 외부에 노출된 경우, 직사광선, 비바람 등을 피할 수 있는 시설을 갖추어야 한다.

다. 격리실은 다음의 시설조건을 갖추어야 한다.

1) 독립된 건물이거나, 다른 용도로 사용되는 시설과 분리되어야 한다.

2) 외부환경에 노출되어서는 아니 되고, 온도 및 습도 조절이 가능하며, 채광과 환기가 충분히 이루어질 수 있어야 한다.

3) 전염성 질병에 걸린 동물은 질병이 다른 동물에게 전염되지 않도록 별도로 구획되어야 하며, 출입구에 소독조를 설치하여야 한다.

4) 격리실에 보호중인 동물에 대해서는 외부에서 상태를 수시로 관찰할 수 있는 구조여야 한다. 다만, 해당 동물의 습성상 사정이 있는 경우는 제외한다.

라. 사료보관실은 청결하게 유지하고, 해충이나 쥐 등이 침입할 수 없도록 하여야 하며, 상호 오염원이 될 수 있는 그 밖의 관리물품을 보관하는 경우 서로 분리하여 구별할 수 있어야 한다.

마. 진료실, 사육실 또는 격리실 내에서 개별 동물을 분리하여 수용할 수 있는 시설은 다음의 조건을 갖추어야 한다.

1) 크기는 동물이 자유롭게 움직일 수 있는 충분한 크기이어야 하며, 개와 고양이의 경우 권장하는 크기는 아래와 같다.

가) 소형견(5kg 미만): 50 × 70 × 60(cm)

나) 중형견(5kg 이상 15kg 미만): 70 × 100 × 80(cm)

다) 대형견(15kg 이상): 100 × 150 × 100(cm)

라) 고양이: 50 × 70 × 60(cm)

2) 시설의 바닥이 철망 등으로 된 경우 철망의 간격이 동물의 발이 빠지지 않는 규격이어야 한다.

3) 시설의 재질은 청소, 소독 및 건조가 쉽게 되고 부식성이 없으며 동물에 의해 쉽게 부서지거나 동물에게 상해를 입히지 아니하는 것이어야 하며, 시설을 2단 이상 쌓은 경우 충격에 의해 무너지지 않도록 설치하여야 한다.

4) 배설물을 처리할 수 있는 장치를 갖추고, 매일 1회 이상 분변 등을 청소하여 동물이 위생적으로 관리될 수 있어야 한다.

5) 동물을 개별적으로 확인할 수 있도록 외부에 표지판이 붙어 있어야 한다.

바. 동물구조 및 운송용 차량은 동물을 안전하게 운송할 수 있도록 개별 수용장치를 설치하여야 하며, 화물자동차인 경우 직사광선, 비바람 등을 피할 수 있는 장치가 설치되어야 한다.

동물보호센터의 준수사항(제19조 관련)

1. 일반사항

가. 동물보호센터에 입소되는 모든 동물은 안전하고, 위생적이며 불편함이 없도록 관리하여야 한다.

나. 동물은 종류별, 성별(어리거나 중성화되어있는 동물은 제외한다), 크기별로 질환이 있는 동물(상해를 입은 동물을 포함한다), 공격성이 있는 동물, 늙은 동물, 어린 동물(어미와 함께 있는 경우는 제외한다) 및 새끼를 배거나 젖을 먹이고 있는 동물은 분리하여 보호하여야 한다.

다. 축종, 품종, 나이, 체중에 맞는 사료 등 먹이를 적절히 공급하고 항상 깨끗한 물을 공급하며, 그 용기는 청결한 상태로 유지하여야 한다.

라. 소독약과 소독장비를 가지고 정기적으로 소독 및 청소를 실시하여야 한다.

마. 보호센터는 방문목적이 합당한 경우, 누구에게나 개방하여야 하며, 방문시 방문자 성명, 방문일시, 방문목적, 연락처 등을 기록하여야 한다. 다만, 보호 중인 동물의 적절한 관리를 위해 개방시간을 정하는 등의 제한을 둘 수 있다.

바. 보호 중인 동물은 진료 등 특별한 사정이 없는 한 보호시설 내에서 보호함을 원칙으로 한다.

2. 개별사항

가. 동물의 구조 및 포획은 구조자와 해당 동물 양측에게 안전한 방법으로 실시하며, 구조직후 동물의 상태를 확인하여 건강하지 아니한 개체는 추가로 응급조치 등의 조치를 취하여야 한다.

나. 보호동물 입소 시 개체별로 별지 제7호서식의 보호동물 개체관리카드를 작성하고, 처리결과 및 그 관련서류를 3년간 보관하여야 한다(전자적 방법을 포함한다).

다. 보호동물의 등록 여부를 확인하고, 보호동물이 등록된 동물인 경우에는 지체 없이 해당 동물의 소유자에게 보호 중인 사실을 통보해야 한다.

라. 보호동물의 반환 시 소유자임을 증명할 수 있는 사진, 기록 또는 해

당 보호동물의 반응 등을 참고하여 반환해야 하고, 보호동물을 다시 분실하지 않도록 교육을 실시해야 하며, 해당 보호동물이 동물등록이 되어 있지 않은 경우에는 동물등록을 하도록 안내해야 한다.

마. 보호동물의 분양 시 번식 등의 상업적인 목적으로 이용되는 것을 방지하기 위해 중성화수술에 동의하는 자에게 우선 분양하고, 미성년자에게 분양하지 않아야 한다. 또한 보호동물이 다시 유기되지 않도록 교육을 실시해야 하며, 해당 보호동물이 동물등록이 되어 있지 않은 경우에는 동물등록을 하도록 안내해야 한다.

바. 제22조에 해당하는 동물을 인도적으로 처리하는 경우 동물보호센터 종사자 1명 이상의 참관하에 수의사가 시행하도록 하며, 마취제 사용 후 심장에 직접 작용하는 약물 등을 사용하는 등 인도적인 방법을 사용하여 동물의 고통을 최소화하여야 한다.

사. 동물보호센터 내에서 발생한 사체는 별도의 냉동장치에 보관 후, 「폐기물관리법」에 따르거나 법 제32조제1항제1호에 따른 동물장묘업의 등록을 한 자가 설치·운영하는 동물장묘시설을 통해 처리한다.

■ **[별표 5의2]** <신설 2021. 2. 10.>

동물 해부실습 심의위원회의 심의 및 운영
기준(제23조의2제2호라목 관련)

1. 심의위원회는 동물 해부실습에 대한 다음 각 호의 사항을 심의한다.
   가. 동물 해부실습을 대체할 수 있는 방법이 우선적으로 고려되었는지 여부
   나. 동물 해부실습이 학생들에게 미칠 수 있는 정서적 충격을 고려하였는지 여부
   다. 동물 해부실습을 원하지 않는 학생에 대한 별도의 지도방법이 마련되어 있는지 여부
   라. 지도 교원이 동물 해부실습에 대한 과학적 지식과 경험을 갖추었는지 여부
   마. 동물을 최소한으로만 사용하는지 여부
   바. 동물의 고통이 수반될 것으로 예상되는 실습의 경우 실습 과정에서 동물의 고통을 덜어주기 위한 적절한 수의학적인 방법 또는 조치가 계획되어 있는지 여부
2. 심의위원회의 회의는 재적위원 과반수의 출석으로 개의하고, 출석위원 과반수의 찬성으로 의결한다.
3. 학교의 장은 심의위원회의 독립성을 보장하고, 심의위원회의 심의결과를 존중해야 하며, 심의위원회의 심의 및 운영에 필요한 인력·장비·장소 및 비용을 부담해야 한다.
4. 심의위원회는 제1호 각 목의 사항에 대한 심의를 할 때 필요하다고 인정하는 경우에는 법 제27조제2항제1호 또는 제2호에 해당하는 사람으로 하여금 심의위원회에 출석하여 발언하게 할 수 있다.
5. 동물 해부실습의 시행에 관해 심의위원회의 심의를 거친 경우에는 해당 동물 해부실습과 지도 교원, 동물 해부실습 방식, 사용 동물의 종(種) 및 마릿수가 모두 같은 동물 해부실습에 대해서는 심의위원회의 심의를 거친 때부터 2년간 심의를 거치지 않을 수 있다. 다만, 심의위원회 개최일부터 1년이 경과한 이후에 학생, 학부모 등의 재심의 요청이 있거나 학교의 장이 재심의가 필요하다고 인정하여 재심의를 요청하는 경우 심의위원회는 재심의를 해야 한다.
6. 심의위원회의 원활한 운영을 위해 간사 1명을 두되, 간사는 심의위원회를 개최하는 경우 심의 일시, 장소, 참석자, 안건, 발언요지, 결정사항 등이 포함된 회의록을 서면 또는 전자적인 방법으로 작성해야 한다.
7. 동물 해부실습 지도 교원은 해부실습이 종료한 후 해당 해부실습의 결

과보고서를 작성하여 심의위원회에 보고해야 한다.
8. 간사는 제6호 및 제7호에 따른 회의록 및 결과보고서를 작성일부터 3년 간 보관해야 한다.

동물복지축산농장 인증기준(제30조 관련)

1. 이 표에서 사용하는 용어의 정의는 다음과 같다.
  가. "관리자"란 동물을 사육하는 농업인 또는 농업인이 축산농장 관리를
    직접 할 수 없는 경우 해당 농장의 관리를 책임지고 있는 사람을 말
    한다.
  나. "자유방목"이란 축사 외 실외에 방목장을 갖추고 방목장에서 동물이
    자유롭게 돌아다닐 수 있도록 하는 것을 말한다.

2. 일반 기준
  가. 사육시설 및 환경
  1) 「축산법」 제22조에 따라 축산업 허가를 받거나 가축사육업 등록을
    한 농장이어야 하며, 축산업 허가를 받거나 가축사육업 등록을 한
    농장 전체를 동물복지 인증기준에 따라 관리 · 운영하여야 한다.
  2) 농장 내에서 동물복지 사육 방법과 일반(관행) 사육 방법을 병행해서
    는 안 된다.
  3) 동물복지 자유방목 농장으로 표시하려는 자는 검역본부장이 정하여
    고시하는 실외 방목장 기준을 갖추어야 한다.

  나. 관리자의 의무
  1) 관리자는 사육하고 있는 동물의 복지와 관련된 법과 규정 및 먹이
    공급, 급수, 환기, 보온, 질병 등 관리방법에 대한 지식을 갖추어야
    한다.
  2) 관리자는 동물의 생리적 요구에 맞는 적절한 사양관리로 동물의 불
    필요한 고통과 스트레스를 최소화하면서 항상 인도적인 방식으로 동
    물을 취급하고 질병예방과 건강유지를 위해 노력하여야 한다.
  3) 관리자는 검역본부장이 주관하거나 지정하여 고시한 교육전문기관에
    위탁한 동물복지 규정과 사양 관리 방법 등에 대한 정기교육(원격
    교육도 포함한다)을 매년 4시간 이상 받아야 하며, 해당 농장에 동물
    과 직접 접촉하는 고용인이 있을 경우 교육 내용을 전달하여야 한
    다.
  4) 관리자는 검역본부장 또는 인증심사원이 심사를 위하여 필요한 정보

를 요구하는 때에는 해당 정보를 제공하여야 한다.

다. 동물의 사육 및 관리
1) 다른 농장에서 동물을 들여오려는 경우 해당 동물은 동물복지축산농
장으로 인증된 농장에서 사육된 동물이어야 한다. 다만, 동물의 특
성, 사육기간, 사육방법 등을 고려하여 가축의 종류별로 검역본부장
이 정하여 고시하는 경우에는 일반 농장에서 사육된 동물을 들여올
수 있다.
2) 농장 내 동물이 전체적으로 활기가 있고 털에 윤기가 나며, 걸음걸이
가 활발하며, 사료와 물의 섭취 행동에 활력이 있어야 한다.
3) 가축의 질병을 예방하기 위해 적절한 조치를 취해야 하고, 질병이 발
생한 경우에는 수의사의 처방에 따라 질병을 치료해야 한다. 이 경
우 질병 치료 과정에서 동물용의약품을 사용한 동물은 해당 동물용
의약품의 휴약기간의 2배가 지난 후에 해당 축산물에 동물복지축산
농장 표시를 할 수 있다.
4) 가축에 질병이 없는 경우에는 항생제, 합성항균제, 성장촉진제 및 호
르몬제 등 동물용의약품을 투여(사료나 마시는 물에 첨가하는 행위
를 포함한다)해서는 안 된다.
5) 동물용의약품, 동물용의약외품 및 농약 등을 사용하는 경우 각각의
용법, 용량, 주의사항을 준수하여야 하며, 구입 및 사용내역을 기록
·관리하여야 한다.
6) 동물복지축산농장에서 생산된 축산물에서 검출되는 농약 및 동물용
의약품은 「축산물 위생관리법」 제4조제2항에 따라 식품의약품안전처
장이 고시한 잔류허용기준을 초과하지 않아야 한다.

3. 가축의 종류별 개별기준
가축의 종류별 인증 기준은 검역본부장이 정하여 고시한다.

■ **[별표 7]** <개정 2013.3.23.>

동물복지축산농장 인증심사의 세부절차 및 방법(제32조제3항 관련)

1. 검역본부장은 제32조에 따라 인증신청인이 제출한 서류의 적합성을 검
   토하고 '서류 부적합'으로 판정할 경우에는 신청일로부터 30일 이내에
   그 사유를 구체적으로 밝혀 신청인에게 서류를 반려하여야 한다.
2. 검역본부장은 '서류 적합'으로 판정할 경우에는 신청일로부터 30일 이
   내에 신청인에게 인증심사일정을 알리고 그 계획에 따라 현장 인증심사
   를 하여야 한다.
3. 인증심사원은 인증신청인의 농장을 방문하여 동물의 관리방법, 사육
   시설 및 환경, 동물의 상태 점검 등 동물복지 축산농장 평가기준에 따
   라 인증평가를 실시하고 별지 제28호서식의 동물복지축산농장 인증심
   사 결과보고서를 작성하여야 한다.
4. 인증심사원은 인증심사를 완료한 때에는 인증평가 관련 자료 및 사진
   등과 함께 인증심사결과보고서를 검역본부장에게 제출하여야 한다.
5. 검역본부장은 인증심사원으로부터 받은 인증심사결과보고서를 참고로
   하여 제30조의 인증기준에 따라 적합 여부를 판정하여야 한다. 만일,
   적합 여부를 판정하기 어려울 경우에는 자문위원회를 구성하여 자문할
   수 있다.
6. 인증 부적합으로 판정할 경우에는 그 사유를 명시하여 신청인에게 서
   면으로 통지하여야 한다.
7. 인증심사원과 동물복지축산농장 인증 자문위원은 인증신청인과 관련된
   자료와 심사내용에 대하여 비밀을 유지하여야 한다.

■ [별표 8] <개정 2020. 12. 1.>

동물복지축산농장의 표시방법(제33조제2항 관련)

1. 제33조에 따라 동물복지축산농장임을 농장에 표시하려는 자는 아래의 형식에 맞추어 동물복지축산농장 표시간판을 설치할 수 있다.

비고
 1. 간판의 크기: 가로 80㎝, 세로 60㎝
 2. 글자 및 심벌의 크기
  가. 농장명: 세로 10㎝(청색)
  나. 인증번호 제 호: 세로 5㎝(청색)
  다. 동물복지축산농장 심벌 원: 반지름 15㎝(외부 원은 녹색, 내부 원은 노란색, 산 모양은 녹색, 울타리 및 농장도로는 검정색, 동물복지축산농장 글자는 흰색)
  라. 농림축산식품부 심벌 및 글자: 세로 10㎝
 3. 바탕색: 흰색
 4. 심벌의 받침 반 타원: 회색
 5. 간판 및 글자의 크기는 조정이 가능하나, 간판의 내용 및 심벌의 형태와 색깔은 위 기준에 따라야 한다. 다만, 별표 6 제2호가목3)에 따라 검역본부장이 정하여 고시하는 실외 방목장 기준을

준수하는 농장의 경우에는 동물복지 자유방목 농장이라는 표시를 추가적으로 할 수 있다.

2. 제33조에 따라 축산물의 포장·용기 등에 동물복지축산농장의 표시를 하려는 경우에는 다음 각 목의 표시방법에 따른다.

    가. 제3호가목의 동물복지축산농장 표시도형과 동물복지축산농장 인증을 받은 자의 성명 또는 농장명, 인증번호, 축종, 농장 소재지를 함께 표시하여야 하며, 별표 6 제2호가목3)에 따라 검역본부장이 정하여 고시하는 실외 방목장 기준을 준수하는 농장에서 유래한 축산물인 경우에는 동물복지 자유방목 농장이라는 표시를 추가적으로 할 수 있다.

    나. 별표 6 제2호가목3)에 따라 검역본부장이 정하여 고시하는 실외 방목장 기준을 준수하는 농장에서 유래한 축산물이 아닌 경우에는 동물복지 자유방목 농장으로 표시하거나 방목, 방사 등 소비자가 동물복지 자유방목 농장으로 오인·혼동 할 우려가 있는 표시를 해서는 아니 된다.

3. 동물복지축산농장 표시도형

    가. 표시도형

인증기관   **Organization Name**

나. 작도법

동물복지축산농장의 작도법에 관하여는 「농림축산식품부 소관 친환경농어업 육성 및 유기식품 등의 관리·지원에 관한 법률 시행규칙」 별표 6을 준용한다.

4. 삭제 <2014.4.8.>

반려동물 관련 영업별 시설 및 인력 기준(제35조 관련)

1. 공통 기준

가. 영업장은 독립된 건물이거나 다른 용도로 사용되는 시설과 같은 건물에 있을 경우에는 해당 시설과 분리(벽이나 층 등으로 나누어진 경우를 말한다. 이하 같다)되어야 한다. 다만, 다음의 경우에는 분리하지 않을 수 있다.

　1) 영업장(동물장묘업은 제외한다)과 「수의사법」에 따른 동물병원(이하 "동물병원"이라 한다)의 시설이 함께 있는 경우

　2) 영업장과 금붕어, 앵무새, 이구아나 및 거북이 등을 판매하는 시설이 함께 있는 경우

　3) 제2호라목1)바)에 따라 개 또는 고양이를 소규모로 생산하는 경우

나. 영업 시설은 동물의 습성 및 특징에 따라 채광 및 환기가 잘 되어야 하고, 동물을 위생적으로 건강하게 관리할 수 있도록 온도와 습도 조절이 가능해야 한다.

다. 청결 유지와 위생 관리에 필요한 급수시설 및 배수시설을 갖춰야 하고, 바닥은 청소와 소독을 쉽게 할 수 있고 동물들이 다칠 우려가 없는 재질이어야 한다.

라. 설치류나 해충 등의 출입을 막을 수 있는 설비를 해야 하고, 소독약과 소독장비를 갖추고 정기적으로 청소 및 소독을 실시해야 한다.

마. 영업장에는 「화재예방, 소방시설 설치·유지 및 안전관리에 관한 법률」 제9조제1항에 따라 소방시설을 소방청장이 정하여 고시하는 화재안전기준에 적합하게 설치 또는 유지·관리해야 한다.

바. 영업장에 「개인정보 보호법」 제2조제7호에 따른 영상정보처리기기(이하 "영상정보처리기기"라 한다)를 설치·운영하는 경우에는 「개인정보 보호법」 등 관련 법령을 준수해야 한다.

2. 개별 기준

가. 동물장묘업

　1) 동물 전용의 장례식장은 장례 준비실과 분향실을 갖춰야 한다.

　2) 동물화장시설, 동물건조장시설 및 동물수분해장시설

가) 동물화장시설의 화장로는 동물의 사체 또는 유골을 완전히 연소
할 수 있는 구조로 영업장 내에 설치하고, 영업장 내의 다른
시설과 분리되거나 별도로 구획되어야 한다.

나) 동물건조장시설의 건조·멸균분쇄시설은 동물의 사체 또는 유
골을 완전히 건조하거나 멸균분쇄할 수 있는 구조로 영업장
내에 설치하고, 영업장 내의 다른 시설과 분리되거나 별도로
구획되어야 한다.

다) 동물수분해장시설의 수분해시설은 동물의 사체 또는 유골을 완
전히 수분해할 수 있는 구조로 영업장 내에 설치하고, 영업장
내의 다른 시설과 분리되거나 별도로 구획되어야 한다.

라) 동물화장시설, 동물건조장시설 및 동물수분해장시설에는 연소,
건조·멸균분쇄 및 수분해 과정에서 발생하는 소음, 매연, 분
진, 폐수 또는 악취를 방지하는 데에 필요한 시설을 설치해야
한다.

마) 동물화장시설, 동물건조장시설 및 동물수분해장시설에는 각각
화장로, 건조·멸균분쇄시설 및 수분해시설의 작업내용을 확
인할 수 있는 영상정보처리기기를 사각지대의 발생이 최소화
될 수 있도록 설치·운영해야 한다.

3) 냉동시설 등 동물의 사체를 위생적으로 보관할 수 있는 설비를
갖춰야 한다.

4) 동물 전용의 봉안시설은 유골을 안전하게 보관할 수 있어야 하고,
유골을 개별적으로 확인할 수 있도록 표지판이 붙어 있어야 한
다.

5) 1)부터 4)까지에서 규정한 사항 외에 동물장묘업 시설기준에 관한
세부사항은 농림축산식품부장관이 정하여 고시한다.

6) 시장·군수·구청장은 필요한 경우 1)부터 5)까지에서 규정한 사항
외에 해당 지역의 특성을 고려하여 화장로의 개수 등 동물장묘업
의 시설 기준을 정할 수 있다.

나. 동물판매업
1) 일반 동물판매업의 기준
가) 사육실과 격리실을 분리하여 설치해야 하며, 사육설비는 다음의
기준에 따라 동물들이 자유롭게 움직일 수 있는 충분한 크기
여야 한다.

(1) 사육설비의 가로 및 세로는 각각 사육하는 동물의 몸길이의 2배 및 1.5배 이상일 것

(2) 사육설비의 높이는 사육하는 동물이 뒷발로 일어섰을 때 머리가 닿지 않는 높이 이상일 것

나) 사육설비는 직사광선, 비바람, 추위 및 더위를 피할 수 있도록 설치되어야 하고, 사육설비를 2단 이상 쌓은 경우에는 충격으로 무너지지 않도록 설치해야 한다.

다) 사료와 물을 주기 위한 설비와 동물의 체온을 적정하게 유지할 수 있는 설비를 갖춰야 한다.

라) 토끼, 페럿, 기니피그 및 햄스터만을 판매하는 경우에는 급수시설 및 배수시설을 갖추지 않더라도 같은 건물에 있는 급수시설 또는 배수시설을 이용하여 청결유지와 위생 관리가 가능한 경우에는 필요한 급수시설 및 배수시설을 갖춘 것으로 본다.

마) 개 또는 고양이의 경우 50마리당 1명 이상의 사육·관리 인력을 확보해야 한다.

바) 격리실은 동물생산업의 격리실 기준을 적용한다.

사) 삭제 <2021. 6. 17>

2) 경매방식을 통한 거래를 알선·중개하는 동물판매업의 경매장 기준

가) 접수실, 준비실, 경매실 및 격리실을 각각 구분(선이나 줄 등으로 나누어진 경우를 말한다. 이하 같다)하여 설치해야 한다.

나) 3명 이상의 운영인력을 확보해야 한다.

다) 전염성 질병이 유입되는 것을 예방하기 위해 소독발판 등의 소독장비를 갖춰야 한다.

라) 접수실에는 경매되는 동물의 건강상태를 검진할 수 있는 검사장비를 구비해야 한다.

마) 준비실에는 경매되는 동물을 해당 동물의 출하자별로 분리하여 넣을 수 있는 설비를 준비해야 한다. 이 경우 해당 설비는 동물이 쉽게 부술 수 없어야 하고 동물에게 상해를 입히지 않는 것이어야 한다.

바) 경매실에 경매되는 동물이 들어 있는 설비를 2단 이상 쌓은 경우 충격으로 무너지지 않도록 설치해야 한다.

3) 「전자상거래 등에서의 소비자보호에 관한 법률」 제2조제1호에 따른 전자상거래(이하 "전자상거래"라 한다) 방식만으로 반려

동물의 판매를 알선 또는 중개하는 동물판매업의 경우에는 제
1호의 공통 기준과 1)의 일반 동물판매업의 기준을 갖추지 않
을 수 있다.

다. 동물수입업
  1) 사육실과 격리실을 구분하여 설치해야 한다.
  2) 사료와 물을 주기 위한 설비를 갖추고, 동물의 생태적 특성에 따라
     채광 및 환기가 잘 되어야 한다.
  3) 사육설비의 바닥은 지면과 닿아 있어야 하고, 동물의 배설물 청소
     와 소독이 쉬운 재질이어야 한다.
  4) 사육설비는 직사광선, 비바람, 추위 및 더위를 피할 수 있도록 설치
     되어야 한다.
  5) 개 또는 고양이의 경우 50마리당 1명 이상의 사육·관리 인력을 확
     보해야 한다.
  6) 격리실은 라목4)의 격리실에 관한 기준에 적합하게 설치해야 한다.

라. 동물생산업
  1) 일반기준
    가) 사육실, 분만실 및 격리실을 분리 또는 구획(칸막이나 커튼 등으
       로 나누어진 경우를 말한다. 이하 같다)하여 설치해야 하며,
       동물을 직접 판매하는 경우에는 판매실을 별도로 설치하여야
       한다. 다만, 바)에 해당하는 경우는 제외한다.
    나) 사육실, 분만실 및 격리실에 사료와 물을 주기 위한 설비를 갖춰
       야 한다.
    다) 사육설비의 바닥은 동물의 배설물 청소와 소독이 쉬워야 하고,
       사육설비의 재질은 청소, 소독 및 건조가 쉽고 부식성이 없어
       야 한다.
    라) 사육설비는 동물이 쉽게 부술 수 없어야 하고 동물에게 상해를
       입히지 않는 것이어야 한다.
    마) 번식이 가능한 12개월 이상이 된 개 또는 고양이 50마리당 1명
       이상의 사육·관리 인력을 확보해야 한다.
    바) 「건축법」 제2조제2항제1호에 따른 단독주택(「건축법 시행령」
       별표 1 제1호나목·다목의 다중주택·다가구주택은 제외한
       다)에서 다음의 요건에 따라 개 또는 고양이를 소규모로 생산

하는 경우에는 동물의 소음을 최소화하기 위한 소음방지설비
등을 갖춰야 한다.
(1) 체중 5킬로그램 미만: 20마리 이하
(2) 체중 5킬로그램 이상 15킬로그램 미만: 10마리 이하
(3) 체중 15킬로그램 이상: 5마리 이하
2) 사육실
가) 사육실이 외부에 노출된 경우 직사광선, 비바람, 추위, 및 더위
를 피할 수 있는 시설이 설치되어야 한다.
나) 사육설비의 크기는 다음의 기준에 적합해야 한다.
(1) 사육설비의 가로 및 세로는 각각 사육하는 동물의 몸길이의
2.5배 및 2배(동물의 몸길이 80센티미터를 초과하는 경
우에는 각각 2배) 이상일 것
(2) 사육설비의 높이는 사육하는 동물이 뒷발로 일어섰을 때 머
리가 닿지 않는 높이 이상일 것
다) 개의 경우에는 운동공간을 설치하고, 고양이의 경우에는 배변시
설, 선반 및 은신처를 설치하는 등 동물의 특성에 맞는 생태
적 환경을 조성해야 한다.
라) 사육설비는 사육하는 동물의 배설물 청소와 소독이 쉬운 재질이
어야 한다.
마) 사육설비는 위로 쌓지 않아야 한다. 다만, 2018년 3월 22일 전
에 동물생산업의 신고를 하고 설치된 사육설비로서 다음의
요건을 갖춘 경우에는 설비기준을 갖춘 것으로 본다.
(1) 2단까지만 쌓을 것
(2) 충격으로 무너지지 않도록 설치될 것
바) 사육설비의 바닥은 망으로 하지 않아야 한다. 다만, 2018년 3월
22일 전에 동물생산업의 신고를 하고 설치된 사육설비로서
다음의 요건을 갖춘 경우에는 설비기준을 갖춘 것으로 본다.
(1) 사육동물의 발이 빠지지 않도록 사육설비 바닥의 망 사이 간
격이 촘촘하게 되어 있을 것
(2) 사육설비 바닥 면적의 50퍼센트 이상에 평평한 판을 넣어 동물
이 누워 쉴 수 있는 공간을 확보할 것
3) 분만실
가) 새끼를 가지거나 새끼에게 젖을 먹이는 동물을 안전하게 보호할
수 있도록 별도로 구획되어야 한다.

나) 분만실의 바닥과 벽면은 물 청소와 소독이 쉬워야 하고, 부식되지 않는 재질이어야 한다.

다) 분만실의 바닥에는 망을 사용하지 않아야 한다.

라) 직사광선, 비바람, 추위 및 더위를 피할 수 있어야 하며, 동물의 체온을 적정하게 유지할 수 있는 설비를 갖춰야 한다.

4) 격리실

가) 전염성 질병이 다른 동물에게 전염되지 않도록 별도로 분리되어야 한다. 다만, 토끼, 페럿, 기니피그 및 햄스터의 경우 개별 사육시설의 바닥, 천장 및 모든 벽(환기구를 제외한다)이 유리, 플라스틱 또는 그 밖에 이에 준하는 재질로 만들어진 경우는 해당 개별 사육시설이 격리실에 해당하고 분리된 것으로 본다.

나) 격리실의 바닥과 벽면은 물 청소와 소독이 쉬워야 하고, 부식되지 않는 재질이어야 한다.

다) 격리실에 보호 중인 동물에 대해서 외부에서 상태를 수시로 관찰할 수 있는 구조를 갖춰야 한다. 다만, 동물의 생태적 특성을 고려하여 특별한 사정이 있는 경우는 제외한다.

마. 동물전시업

1) 전시실과 휴식실을 각각 구분하여 설치해야 한다.

2) 전염성 질병의 유입을 예방하기 위해 출입구에 손 소독제 등 소독장비를 갖춰야 한다.

3) 전시되는 동물이 영업장 밖으로 나가지 않도록 출입구에 이중문과 잠금장치를 설치해야 한다.

4) 개의 경우에는 운동공간을 설치하고, 고양이의 경우에는 배변시설, 선반 및 은신처를 설치하는 등 전시되는 동물의 생리적 특성을 고려한 시설을 갖춰야 한다.

5) 개 또는 고양이의 경우 20마리당 1명 이상의 관리인력을 확보해야 한다.

바. 동물위탁관리업

1) 동물의 위탁관리실과 고객응대실은 분리, 구획 또는 구분되어야 한다. 다만, 동물판매업, 동물전시업 또는 동물병원을 같이 하는 경우에는 고객응대실을 공동으로 이용할 수 있다.

2) 위탁관리하는 동물을 위한 개별 휴식실이 있어야 하며 사료와 물을 주기 위한 설비를 갖춰야 한다.
3) 위탁관리하는 동물이 영업장 밖으로 나가지 않도록 출입구에 이중 문과 잠금장치를 설치해야 한다.
4) 동물병원을 같이 하는 경우 동물의 위탁관리실과 동물병원의 입원실은 분리 또는 구획되어야 한다.
5) 위탁관리실에 동물의 상태를 확인할 수 있는 영상정보처리기기를 사각지대의 발생이 최소화될 수 있도록 설치해야 한다.
6) 개 또는 고양이 20마리당 1명 이상의 관리인력을 확보해야 한다.

사. 동물미용업
1) 고정된 장소에서 동물미용업을 하는 경우에는 다음의 시설기준을 갖춰야 한다.
가) 미용작업실, 동물대기실 및 고객응대실은 분리 또는 구획되어 있을 것. 다만, 동물판매업, 동물전시업, 동물위탁관리업 또는 동물병원을 같이 하는 경우에는 동물대기실과 고객응대실을 공동으로 이용할 수 있다.
나) 미용작업실에는 미용을 위한 미용작업대와 충분한 작업 공간을 확보하고, 미용작업대에는 동물이 떨어지는 것을 방지하기 위한 고정장치를 갖출 것
다) 미용작업실에는 소독기 및 자외선살균기 등 미용기구를 소독하는 장비를 갖출 것
라) 미용작업실에는 동물의 목욕에 필요한 충분한 크기의 욕조, 급·배수시설, 냉·온수설비 및 건조기를 갖출 것
마) 미용 중인 동물의 상태를 확인할 수 있는 영상정보처리기기를 사각지대의 발생이 최소화될 수 있도록 설치할 것
2) 자동차를 이용하여 동물미용업을 하는 경우에는 다음의 시설기준을 갖춰야 한다.
가) 동물미용업에 이용하는 자동차는 다음의 어느 하나에 해당하는 자동차로 할 것. 이 경우 동물미용업에 이용하는 자동차는 동물미용업의 영업장으로 본다.
(1) 「자동차관리법 시행규칙」 별표 1에 따른 승합자동차(특수형으로 한정한다) 또는 특수자동차(특수용도형으로 한정한다)
(2) 「자동차관리법」 제34조에 따라 동물미용업 용도로 튜닝한 자

315

동차

나) 영업장은 오·폐수가 외부로 유출되지 않는 구조로 되어 있어야
하고, 영업장에는 다음의 설비를 갖출 것

(1) 물을 저장·공급할 수 있는 급수탱크와 배출밸브가 있는 오
수탱크를 각각 100리터 이상의 크기로 설치하되, 각 탱
크 표면에 용적을 표기할 것

(2) 조명 및 환기장치를 설치할 것. 다만, 창문 또는 썬루프 등
자동차의 환기장치를 이용하여 환기가 가능한 경우에는
별도의 환기장치를 설치하지 않을 수 있다.

(3) 전기를 이용하는 경우에는 전기개폐기를 설치할 것

(4) 자동차 내부에 누전차단기와 「자동차 및 자동차부품의 성능
과 기준에 관한 규칙」 제57조에 따라 소화설비를 갖출
것

(5) 미용 중인 동물의 상태를 확인할 수 있는 영상정보처리기기
를 사각지대의 발생이 최소화될 수 있도록 설치할 것

(6) 자동차에 부품·장치 또는 보호장구를 장착 또는 사용하려
는 경우에는 「자동차관리법」 제29조제2항에 따라 안전
운행에 필요한 성능과 기준에 적합하도록 할 것

다) 미용작업실을 두되, 미용작업실에는 미용을 위한 미용작업대와
충분한 작업 공간을 확보할 것

라) 미용작업대에는 동물이 떨어지는 것을 방지하기 위한 고정장치
를 갖추되, 미용작업대의 권장 크기는 아래와 같다.

(1) 소·중형견에 대한 미용작업대: 가로 75cm×세로 45cm×높
이 50cm 이상

(2) 대형견에 대한 미용작업대: 가로 100cm×세로 55cm 이상

마) 미용작업실에는 동물의 목욕에 필요한 충분한 크기의 욕조, 급
·배수시설, 냉·온수설비 및 건조기를 갖출 것

바) 미용작업실에는 소독기 및 자외선살균기 등 미용기구를 소독하
는 장비를 갖출 것

아. 동물운송업

1) 동물을 운송하는 자동차는 다음의 어느 하나에 해당하는 자동차로
한다. 이 경우 동물운송업에 이용되는 자동차는 동물운송업의
영업장으로 본다.

316

가) 「자동차관리법 시행규칙」 별표 1에 따른 승용자동차 및 승합자동
　　차(일반형으로 한정한다)
나) 「자동차관리법 시행규칙」 별표 1에 따른 화물자동차(경형 또는 소
　　형 화물자동차로서, 밴형인 화물자동차로 한정한다)
2) 동물을 운송하는 자동차는 다음의 기준을 갖춰야 한다.
　가) 직사광선 및 비바람을 피할 수 있는 설비를 갖출 것
　나) 적정한 온도를 유지할 수 있는 냉·난방설비를 갖출 것
　다) 이동 중 갑작스러운 출발이나 제동 등으로 동물이 상해를 입지 않
　　　도록 예방할 수 있는 설비를 갖출 것
　라) 이동 중에 동물의 상태를 수시로 확인할 수 있는 구조일 것
　마) 운전자 및 동승자와 동물의 안전을 위해 차량 내부에 사람이
　　　이용하는 공간과 동물이 위치하는 공간이 구획되도록 망,
　　　격벽 또는 가림막을 설치할 것
　바) 동물의 움직임을 최소화하기 위해 개별 이동장(케이지) 또는 안
　　　전벨트를 설치하고, 이동장을 설치하는 경우에는 운송 중
　　　이동장이 떨어지지 않도록 고정장치를 갖출 것
　사) 운송 중인 동물의 상태를 확인할 수 있는 영상정보처리기기를
　　　사각지대의 발생이 최소화될 수 있도록 설치할 것
　아) 동물운송용 자동차임을 누구든지 쉽게 알 수 있도록 차량 외
　　　부의 옆면 또는 뒷면에 동물운송업을 표시하는 문구를 표시
　　　할 것
3) 동물을 운송하는 인력은 2년 이상의 운전경력을 갖춰야 한다.

■ **[별표 10]** <개정 2021. 10. 8.>

영업자와 그 종사자의 준수사항(제43조 관련)

1. 공통 준수사항
   가. 영업장 내부에는 다음의 구분에 따른 사항을 게시 또는 부착해야 한다. 다만, 전자상거래 방식만으로 영업을 하는 경우에는 영업자의 인터넷 홈페이지 등에 해당 내용을 게시해야 한다.
      1) 동물장묘업, 동물판매업, 동물수입업, 동물생산업, 동물전시업, 동물위탁관리업 및 동물미용업: 영업등록(허가)증 및 요금표
      2) 동물운송업: 영업등록증, 자동차등록증, 운전자 성명 및 요금표
   나. 동물을 안전하고 위생적으로 사육·관리해야 한다.
   다. 동물은 종류별, 성별(어리거나 중성화된 동물은 제외한다) 및 크기별로 분리하여 관리해야 하며, 질환이 있거나 상해를 입은 동물, 공격성이 있는 동물, 늙은 동물, 어린 동물(어미와 함께 있는 경우는 제외한다) 및 새끼를 배거나 젖을 먹이고 있는 동물은 분리하여 관리해야 한다.
   라. 영업장에 새로 들어온 동물에 대해서는 체온의 적정 여부, 외부 기생충과 피부병의 존재 여부 및 배설물의 상태 등 건강상태를 확인해야 한다.
   마. 영업장이나 동물운송차량에 머무는 시간이 4시간 이상인 동물에 대해서는 항상 깨끗한 물과 사료를 공급하고, 물과 사료를 주는 용기를 청결하게 유지해야 한다.
   바. 시정명령이나 시설개수명령 등을 받은 경우 그 명령에 따른 사후조치를 이행한 후 그 결과를 지체 없이 보고해야 한다.
   사. 영업장에서 발생하는 동물 소음을 최소화하기 위해서 노력해야 한다.
   아. 동물판매업자, 동물수입업자, 동물생산업자, 동물전시업자 및 동물위탁관리업자는 각각 판매, 수입, 생산, 전시 및 위탁관리하는 동물에 대해 별지 제29호서식 또는 별지 제29호의2서식의 개체관리카드를 작성하고 비치해야 하며, 우리 또는 개별사육시설에 개체별 정보(품종, 암수, 출생일, 예방접종 및 진료사항 등)를 표시하여야 한다. 다만, 기니피그와 햄스터의 경우 무리별로 개체관리카드를 작성할 수 있다.
   자. 동물판매업자, 동물수입업자 및 동물생산업자는 입수하거나 판매한 동물에 대해서 그 내역을 기록한 거래내역서와 개체관리카드를 2년간 보관해야 한다.

318

차. 동물장묘업자, 동물위탁관리업자, 동물미용업자 및 동물운송업자는 영
상정보처리기기로 촬영하거나 녹화·기록한 정보를 촬영 또는 녹화·
기록한 날부터 30일간 보관해야 한다.

카. 동물생산업자 및 동물전시업자가 폐업하는 경우에는 폐업 시 처리계획
서에 따라 동물을 기증하거나 분양하는 등 적절하게 처리하고, 그 결과
를 시장·군수·구청장에게 보고해야 한다.

타. 동물전시업자, 동물위탁관리업자, 동물미용업자 및 동물운송업자는 각
각 전시, 위탁관리, 미용 및 운송하는 동물이 등록대상동물인 경우에
는 해당 동물의 소유자등에게 등록대상동물의 등록사항 및 등록방법을
알려주어야 한다.

2. 개별 준수사항
  가. 동물장묘업자
    1) 동물의 소유자와 사전에 합의한 방식대로 동물의 사체를 처리해야 한
    다.
    2) 동물의 사체를 처리한 경우에는 동물의 소유자등에게 다음의 서식에
    따라 작성된 장례확인서를 발급해 주어야 한다. 다만, 동물장묘업자
    는 필요하면 서식에 기재사항을 추가하거나 기재사항의 순서를 변경
    하는 등의 방법으로 서식을 수정해서 사용할 수 있다.

영업등록번호:

업 체 명

장례(화장, 건조장, 수분해장) 확인서

■ 장례 의뢰인 정보

성 명		님	동물등록번호	
주 소			동물병원 상호	
전화번호			전자우편 주소	

■ 반려동물 정보

동물 소유자 (관리자) 성 명		님	전화번호	
주 소			전자우편 주소	
이름(나이)	(살)		등록번호	
태어난 날			무게	kg
죽은 날			동물의 종류	예시) 개, 고양이,햄스터 등 동물의 종류 기재
잔재의 처리방법				

위 동물은 0000. 00. 00. 동물 장례식장 "○○○○"에서 장례(화장, 건조장, 수분해장)를 진행하였음을 확인합니다.

0000년 00월 00일

동물 장례식장 ○○○   대표자 성 명   (서명 또는 날인)

---

3) 동물화장시설, 동물건조장시설 또는 동물수분해장시설을 운영하는 경우 「대기환경보전법」 등 관련 법령에 따른 기준에 적합하도록 운영해야 한다.

4) 「환경분야 시험·검사 등에 관한 법률」 제16조에 따른 측정대행업자에게 동물화장시설에서 나오는 배기가스 등 오염물질을 6개월마다 1회 이상 측정을 받고, 그 결과를 지체 없이 시장·군수·구청장에게 제출해야 한다.

5) 동물화장시설, 동물건조장시설 또는 동물수분해장시설이 별표 9에 따른 기준에 적합하게 유지·관리되고 있는지 여부를 확

인하기 위해 농림축산식품부장관이 정하여 고시하는 정기검
사를 동물화장시설 및 동물수분해장시설은 3년마다 1회 이
상, 동물건조장시설은 6개월마다 1회 이상 실시하고, 그 결과
를 지체 없이 시장·군수·구청장에게 제출해야 한다.
6) 동물의 사체를 처리한 경우에는 등록대상동물의 소유자에게 등
록 사항의 변경신고 절차를 알려주어야 한다.
7) 동물장묘업자는 신문, 방송, 인터넷 등을 통해 영업을 홍보하
려는 때에는 영업등록증을 함께 게시해야 한다.
8) 별지 제30호서식의 영업자 실적 보고서를 다음 연도 1월 말일
까지 시장·군수·구청장에게 제출해야 한다.

나. 동물판매업자
1) 동물을 실물로 보여주지 않고 판매해서는 안 된다.
2) 다음의 월령(月齡) 이상인 동물을 판매, 알선 또는 중개해야 한
다.
가) 개·고양이: 2개월 이상
나) 그 외의 동물: 젖을 뗀 후 스스로 사료 등 먹이를 먹을
수 있는 월령
3) 미성년자에게는 동물을 판매, 알선 또는 중개해서는 안 된다.
4) 동물 판매, 알선 또는 중개 시 해당 동물에 관한 다음의 사항
을 구입자에게 반드시 알려주어야 한다.
가) 동물의 습성, 특징 및 사육방법
나) 등록대상동물을 판매하는 경우에는 등록 및 변경신고 방법
·기간 및 위반 시 과태료 부과에 관한 사항 등 동물등록
제도의 세부내용
5) 「소비자기본법 시행령」 제8조제3항에 따른 소비자분쟁해결기
준에 따라 다음의 내용을 포함한 계약서와 해당 내용을 증명
하는 서류를 판매할 때 제공해야 하며, 계약서를 제공할 의무
가 있음을 영업장 내부(전자상거래 방식으로 판매하는 경우에
는 인터넷 홈페이지 또는 휴대전화에서 사용되는 응용프로그
램을 포함한다)의 잘 보이는 곳에 게시해야 한다.

가) 동물판매업 등록번호, 업소명, 주소 및 전화번호

나) 동물의 출생일자 및 판매업자가 입수한 날

다) 동물을 생산(수입)한 동물생산(수입)업자 업소명 및 주소

라) 동물의 종류, 품종, 색상 및 판매 시의 특징

마) 예방접종, 약물투여 등 수의사의 치료기록 등

바) 판매 시의 건강상태와 그 증빙서류

사) 판매일 및 판매금액

아) 판매한 동물에게 질병 또는 사망 등 건강상의 문제가 생긴 경우의 처리방법

자) 등록된 동물인 경우 그 등록내역

6) 5)에 따른 계약서의 예시는 다음과 같고, 동물판매업자는 다음 계약서의 기재사항을 추가하거나 순서를 변경하는 등 수정해서 사용할 수 있다.

반려동물 매매 계약서(예시)

1. 계약내용

매매(분양) 금액	금 원 정 (₩)	인도(분양)일	년 월 일

2. 반려동물 기본 정보

동물의 종류		품 종		성별	암 / 수
출생일		부		모	
입수일		생산자/수입자 정보	업소명 및 주소, 전화번호		
털색		동물등록번호 (등록대상 동물만 적습니다)			
특징					

3. 건강상태 및 진료 사항(예방접종기록 포함)

현재 상태		[ ]양호 [ ]이상 [ ]치료 필요		중성화여부	[ ]예 [ ]아니오	
세부기록	일자	질병명 또는 상태	처치내역			비고

4. 분쟁해결기준

1) 구입 후 15일 이내 폐사한 경우	동종의 반려동물로 교환 또는 구입 금액 환급(다만, 소비자의 중대한 과실로 인하여 피해가 발생한 경우에는 배상을 요구할 수 없음)
2) 구입 후 15일 이내 질병이 발생한 경우	판매업소(사업자)가 제반비용을 부담하여 회복시켜 소비자에게 인도. 다만, 업소 책임하의 회복기간이 30일을 경과하거나, 판매업소 관리 중 폐사 시에는 동종의 반려동물로 교환 또는 구입가 환급
3) 계약서를 교부하지 않은 경우	계약해제(다만, 구입 후 7일 이내)

5. 매수인(입양인) 주의사항

- 반려동물의 관리에 관한 사항으로 사업자가 반려동물별로 작성합니다.
- 다만, 소비자의 중대한 과실에 해당할 수 있어 분쟁해결기준에 따른 배상이 제한될 수 있는 주의사항은 일반적인 주의사항과 구분하여 적시합니다.

위와 같이 계약을 체결하고 계약서 2통을 작성, 서명날인 후 각각 1통씩 보관한다.

년   월   일

매도인 (분양인)	주소			
	영업등록번호			
	연락처		성명	
매수인 (입양인)	주소			
	연락처		성명	

7) 별표 9 제2호나목2)에 따른 기준을 갖추지 못한 곳에서 경매방식을 통한 동물의 거래를 알선·중개해서는 안 된다.

8) 온라인을 통해 홍보하는 경우에는 등록번호, 업소명, 주소 및 전화번호를 잘 보이는 곳에 표시해야 한다.

9) 동물판매업자 중 경매방식을 통한 거래를 알선·중개하는 동물판매업자는 다음 사항을 준수해야 한다.

가) 경매수수료를 경매참여자에게 미리 알려야 한다.

나) 경매일정을 시장·군수·구청장에게 경매일 10일 전까지 통보해야 하고, 통보한 일정을 변경하려는 경우에는 시장·군수·구청장에게 경매일 3일 전까지 통보해야 한다.

다) 수의사로 하여금 경매되는 동물에 대해 검진하도록 해야 한다.

라) 준비실에서는 경매되는 동물이 식별이 가능하도록 구분해야 한다.

마) 경매되는 동물의 출하자로부터 별지 제29호서식의 동물생산·판매·수입업 개체관리카드를 제출받아 기재내용을

확인해야 하며, 제출받은 개체관리카드에 기본정보, 판매일, 건강상태 · 진료사항, 구입기록 및 판매기록이 기재된 경우에만 경매를 개시해야 한다.

　바) 경매방식을 통한 거래는 경매일에 경매 현장에서 이루어져야 한다.

　사) 경매에 참여하는 자에게 경매되는 동물의 출하자와 동물의 건강상태에 관한 정보를 제공해야 한다.

　아) 경매 상황을 녹화하여 30일간 보관해야 한다.

10) 별지 제30호서식의 영업자 실적 보고서를 다음 연도 1월 말일까지 시장 · 군수 · 구청장에게 제출해야 한다.

다. 동물수입업자

1) 동물수입업자는 수입국과 수입일 등 검역과 관련된 서류 등을 수입일로부터 2년 이상 보관해야 한다.

2) 별지 제30호서식의 영업자 실적 보고서를 다음 연도 1월 말일까지 시장 · 군수 · 구청장에게 제출해야 한다.

3) 동물수입업자가 동물을 직접 판매하는 경우에는 동물판매업자의 준수사항을 지켜야 한다.

라. 동물생산업자

1) 사육하는 동물에게 주 1회 이상 정기적으로 운동할 기회를 제공해야 한다.

2) 사육실 내 질병의 발생 및 확산에 주의하여야 하고, 백신 접종 등 질병에 대한 예방적 조치를 취한 후 개체관리카드에 이를 기입하여 관리해야 한다.

3) 사육 · 관리하는 동물에 대해서 털 관리, 손 · 발톱 깎기 및 이빨 관리 등을 연 1회 이상 실시하여 동물을 건강하고 위생적으로 관리해야 하며, 그 내역을 기록해야 한다.

4) 월령이 12개월 미만인 개 · 고양이는 교배 및 출산시킬 수 없고, 출산 후 다음 출산 사이에 10개월 이상의 기간을 두어야 한다.

5) 개체관리카드에 출산 날짜, 출산동물 수, 암수 구분 등 출산에 관한 정보를 포함하여 작성·관리해야 한다.
6) 노화 등으로 번식능력이 없는 동물은 보호하거나 입양되도록 노력해야 하고, 동물을 유기하거나 폐기를 목적으로 거래해서는 안 된다.
7) 질병이 있거나 상해를 입은 동물은 즉시 격리하여 치료받도록 하고, 해당 동물이 회복될 수 없거나 다른 동물에게 질병을 옮기거나 위해를 끼칠 우려가 높다고 수의사가 진단한 경우에는 수의사가 인도적인 방법으로 처리하도록 해야 한다. 이 경우, 안락사 처리내역, 사유 및 수의사의 성명 등을 개체관리카드에 기록해야 한다.
8) 별지 제30호서식의 영업자 실적 보고서를 다음 연도 1월 말일까지 시장·군수·구청장에게 제출하여야 한다.
9) 동물을 직접 판매하는 경우 동물판매업자의 준수사항을 지켜야 한다.

마. 동물전시업자
1) 전시하는 개 또는 고양이는 월령이 6개월 이상이어야 하며, 등록대상 동물인 경우에는 동물등록을 해야 한다.
2) 전시된 동물에 대해서는 정기적인 예방접종과 구충을 실시하고, 매년 1회 검진을 해야 하며, 건강에 이상이 있는 것으로 의심되는 경우에는 격리한 후 수의사의 진료 및 적절한 치료를 해야 한다.
3) 전시하는 개 또는 고양이는 안전을 위해 체중 및 성향에 따라 구분·관리해야 한다.
4) 영업시간 중에도 동물이 자유롭게 휴식을 취할 수 있도록 해야 한다.
5) 전시하는 동물은 하루 10시간 이내로 전시해야 하며, 10시간이 넘게 전시하는 경우에는 별도로 휴식시간을 제공해야 한다.
6) 동물의 휴식 시에는 몸을 숨기거나 운동이 가능한 휴식공간을

제공해야 한다.
7) 깨끗한 물과 사료를 충분히 제공해야 하며, 사료나 간식 등을 과도하게 섭취하지 않도록 적절히 관리해야 한다.
8) 전시하는 동물의 배설물은 영업장과 동물의 위생관리, 청결유지를 위해서 즉시 처리해야 한다.
9) 전시하는 동물을 생산이나 판매의 목적으로 이용해서는 안 된다.

바. 동물위탁관리업자
1) 위탁관리하고 있는 동물에게 정기적으로 운동할 기회를 제공해야 한다.
2) 사료나 간식 등을 과도하게 섭취하지 않도록 적절히 관리해야 한다.
3) 동물에게 건강상 위해요인이 발생하지 아니하도록 영업관련 시설 및 설비를 위생적이고 안전하게 관리해야 한다.
4) 위탁관리하고 있는 동물에게 건강 문제가 발생하거나 이상 행동을 하는 경우 즉시 소유주에게 알려야 하며 병원 진료 등 적절한 조치를 취해야 한다.
5) 위탁관리하고 있는 동물은 안전을 위해 체중 및 성향에 따라 구분·관리해야 한다.
6) 영업자는 위탁관리하는 동물에 대한 다음의 내용이 담긴 계약서를 제공해야 한다.
   가) 등록번호, 업소명 및 주소, 전화번호
   나) 위탁관리하는 동물의 종류, 품종, 나이, 색상 및 그 외 특이사항
   다) 제공하는 서비스의 종류, 기간 및 비용
   라) 위탁관리하는 동물에게 건강 문제가 발생했을 때 처리방법
   마) 위탁관리하는 동물을 위탁관리 기간이 종료된 이후에도 일정기간 찾아가지 않는 경우의 처리 방법 및 절차
7) 동물을 위탁관리하는 동안에는 관리자가 상주하거나 관리자가 해당 동물의 상태를 수시로 확인할 수 있어야 한다.
사. 동물미용업자

1) 동물에게 건강 문제가 발생하지 않도록 시설 및 설비를 위생적
이고 안전하게 관리해야 한다.
2) 소독한 미용기구와 소독하지 않은 미용기구를 구분하여 보관
해야 한다.
3) 미용기구의 소독방법은「공중위생관리법 시행규칙」별표 3에
따른 이용기구 및 미용기구의 소독기준 및 방법에 따른다.
4) 미용을 위하여 마취용 약품을 사용하는 경우「수의사법」등 관
련 법령의 기준에 따른다.

아. 동물운송업자
1) 법 제9조에 따른 동물운송에 관한 기준을 준수해야 한다.
2) 동물의 질병 예방 등을 위해 동물을 운송하기 전과 후에 동물을
운송하는 차량에 대한 소독을 실시해야 한다.
3) 동물의 종류, 품종, 성별, 마릿수, 운송일 및 소독일자를 기록
하여 비치해야 한다.
4) 2시간 이상 이동 시 동물에게 적절한 휴식시간을 제공해야 한
다.
5) 2마리 이상을 운송하는 경우에는 개체별로 분리해야 한다.
6) 동물의 운송 운임은 동물의 종류, 크기 및 이동 거리 등을 고
려하여 산정해야 하고, 소유주 등 사람의 동승 여부에 따라
운임이 달라져서는 안 된다.

행정처분기준(제45조 관련)

1. 일반기준

가. 법 위반행위에 대한 행정처분은 다른 법률에 별도의 처분기준이 있
는 경우 외에는 이 기준에 따르며 영업정지처분기간 1개월은 30일로
본다.

나. 위반행위가 둘 이상인 경우로서 그에 해당하는 각각의 처분기준이
다른 경우에는 그 중 무거운 처분기준에 따르며, 둘 이상의 처분기준
이 같은 영업정지인 경우에는 무거운 처분기준의 2분의 1까지 늘릴
수 있다. 이 경우 각 처분기준을 합산한 기간을 초과할 수 없다.

다. 하나의 위반행위에 대한 처분기준이 둘 이상인 경우에는 그 중 무거
운 처분기준에 따라 처분한다.

라. 위반행위의 횟수에 따른 행정처분기준은 최근 2년간 같은 위반 행위
로 행정처분을 받은 경우에 적용한다. 이 경우 행정처분 기준의 적용
은 같은 위반행위에 대하여 최초로 행정처분을 한 날과 다시 같은
유형의 위반행위를 적발한 날을 기준으로 한다.

마. 처분권자는 위반행위의 동기·내용·횟수 및 위반의 정도 등 다음에 해
당하는 사유를 고려하여 그 처분을 가중하거나 감경할 수 있다. 이
경우 그 처분이 영업정지인 경우에는 그 처분기준의 2분의 1의 범위
에서 가중하거나 감경할 수 있고, 등록취소인 경우에는 6개월 이상의
영업정지 처분으로 감경할(법 제38조제1항제1호에 해당하는 경우는
제외한다) 수 있다.

1) 가중사유

가) 위반행위가 사소한 부주의나 오류가 아닌 고의나 중대한 과실에 의
한 것으로 인정되는 경우

나) 위반의 내용·정도가 중대하여 소비자에게 미치는 피해가 크다고 인
정되는 경우

2) 감경사유

가) 위반행위가 고의나 중대한 과실이 아닌 사소한 부주의나 오류로 인
한 것으로 인정되는 경우

나) 위반의 내용·정도가 경미하여 소비자에게 미치는 피해가 적다고 인
정되는 경우

다) 위반 행위자가 처음 해당 위반행위를 한 경우로서 5년 이상 해당
영업을 모범적으로 해온 사실이 인정되는 경우
라) 위반 행위자가 해당 위반행위로 인하여 검사로부터 기소유예 처분
을 받거나 법원으로부터 선고유예의 판결을 받은 경우
마) 그 밖에 해당 영업에 대한 정부정책상 필요하다고 인정되는 경우

2. 개별기준

위반사항	근거 법조문	행정처분기준		
		1차 위반	2차 위반	3차 이상 위반
가. 거짓이나 그 밖의 부정한 방법으로 등록을 하거나 허가를 받은 것이 판명된 경우	법 제38조 제1항제1호	등록 (허가) 취소		
나. 법 제8조제1항부터 제3항까지의 규정을 위반하여 동물에 대한 학대행위 등의 행위를 한 경우	법 제38조 제1항제2호	영업 정지 1개월	영업 정지 3개월	영업정지 6개월
다. 등록 또는 허가를 받은 날부터 1년이 지나도 영업을 시작하지 않은 경우	법 제38조 제1항제3호	등록 (허가) 취소		
라. 법 제32조제1항 각 호 외의 부분에 따른 기준에 미치지 못하게 된 경우	법 제38조 제1항제4호			
1) 동물판매업자(경매방식을 통한 거래를 알선·중개하는 동물판매업자로 한정한다) 및 동물생산업자의 경우		영업 정지 15일	영업 정지 1개월	영업정지 3개월
2) 1) 외의 영업자의 경우		영업 정지 7일	영업 정지 15일	영업정지 1개월

마. 법 제33조제2항 및 제34조제2 항에 따라 변경신고를 하지 않 은 경우	법 제38조 제1항제5호	영업 정지 7일	영업 정지 15일	영업정지 1개월
바. 법 제36조에 따른 준수사항을 지키지 않은 경우	법 제38조 제1항제6호			
1) 동물판매업자(경매방식을 통한 거래를 알선·중개하는 동물판 매업자로 한정한다) 및 동물생 산업자의 경우		영업 정지 15일	영업 정지 1개월	영업정지 3개월
2) 1) 외의 영업자의 경우		영업 정지 7일	영업 정지 15일	영업정지 1개월

■ **[별표 12]** <개정 2018. 3. 22.>

등록 등 수수료(제48조 관련)

1. 등록대상동물의 등록
   가. 신규
   1) 내장형 무선식별장치를 삽입하는 경우: 1만원(무선식별장치는 소유자가 직접 구매하거나 지참하여야 한다)
   2) 외장형 무선식별장치 또는 등록인식표를 부착하는 경우: 3천원(무선식별장치 또는 등록인식표는 소유자가 직접 구매하거나 지참하여야 한다)
   나. 변경신고
   소유자가 변경된 경우, 소유자의 주소, 전화번호가 변경된 경우, 등록대상동물을 잃어버리거나 죽은 경우 또는 등록대상동물 분실신고 후 다시 찾은 경우 시장·군수·구청장에게 서면을 통해 신고하는 경우: 무료

2. 동물복지축산농장 인증
   가. 신청비: 1건당 10만원
   나. 인증심사원의 출장비
   1) 「공무원여비규정」에 따른 5급공무원 상당의 지급기준을 적용하고, 인증신청인이 부담한다.
   2) 출장기간은 인증심사에 소요되는 기간 및 목적지까지 왕복에 소요되는 기간을 적용하고, 출장인원은 실제 심사에 필요한 인원을 적용한다.

3. 영업의 등록·허가·신고 또는 변경신고
   가. 영업등록 또는 영업허가: 1만원
   나. 영업자 지위승계 신고: 1만원
   다. 등록사항 또는 허가사항의 변경신고: 1만원
   라. 등록증 또는 허가증의 재교부: 5천원

동물등록 [ ] 신청서 [ ] 변경신고서

※ 아래의 신청서(신고서) 작성 유의사항을 참고하여 작성하시고 바탕색이 어두운 난은 신청인(신고인)이 적지 않으며, [ ]에는 해당되는 곳에 √ 표시를 합니다.

※ 동물등록번호란과 변경사항란은 변경신고 시 해당 사항이 있는 경우에만 적습니다.

(앞쪽)

접수번호	접수 일시	처리 일	처리 기간	10일

신청인 (신고인)	성명(법인명)	주민등록번호 (외국인등록번호 , 법인등록번호)	전화번호					
	주소(법인인 경우에는 주된 사무소의 소재지) ※ 현재 거주지가 주소와 다를 경우 현재 거주지 주소를 함께 기재합니다.							

동물관리자 (신청인이 법인인 경우)	성명	직위	전화번호	관리장소(주소)				

동물	동물등록번호							
	이름	품종	털색깔	성별	중성화	출생일	취득일	특이사항
				임 수 0 부				

변경사항	구분	변경 전	변경 후
	소유자		
	주소		
	전화번호		
	무선식별장치 및 등록인식표의 분실 또는 훼손으로 인한 동물등록번호		
	기타	[ ] 등록대상동물의 분실 [ ] 등록대상동물의 사망 [ ] 등록대상동물의 분실 후 회수 [ ] 기타	

변경사유 발생일

등록대상동물 분실 또는 사망 장소

등록대상동물 분실 또는 사망 사유

「동물보호법」 제12조제1항·제2항 및 같은 법 시행규칙 제8조제1항 및 제9조제2항에 따라 위와 같이 동물등록(변경)을 신청(신고)합니다.

년   월   일

신청인(신고인)　　　　　(서명 또는 인)

(시장·군수·구청장) 귀하

210mm×297mm[백상지(80g/㎡) 또는 중질지(80g/㎡)]

첨부서류	1. 동물등록증(변경신고 시) 2. 등록동물이 죽었을 경우에는 그 사실을 증명할 수 있는 자료 또는 그 경위서	수수료	
		신규, 무선식별장치 및 등록인식표의 분실 또는 훼손	변경
		1. 무선식별장치 체내삽입: 1만원 2. 무선식별장치 체외부착: 3천원 3. 등록인식표의 부착: 3천원	무료
담당공무원 확인사항	1. 개인인 경우: 주민등록표 초본 또는 외국인등록사실증명 2. 법인인 경우: 법인 등기사항증명서		

행정정보 공동이용 동의서

본인은 이 건 업무처리와 관련하여 「전자정부법」 제36조제1항에 따른 행정정보의 공동이용을 통하여 담당공무원이 위 담당공무원 확인사항 중 주민등록표 초본 또는 외국인등록사실증명을 확인하는 것에 동의합니다.

★ 동의하지 않는 경우 해당 서류를 제출해야 합니다.

신청인(신고인)　　　　　　　　　　(서명 또는 인)

[동의]

1. 동물등록 업무처리를 목적으로 위 신청인(신고인)의 정보와 신청(신고)내용을 등록 유효기간 동안 수집·이용하는 것에 동의합니다. 신청인(신고인)　　(서명 또는 인)
2. 유기·유실동물의 반환 등의 목적으로 등록대상동물의 소유자의 정보와 등록내용을 활용할 수 있도록 해당 지방자치단체 등에 제공함에 동의합니다. 신청인(신고인)　　(서명 또는 인)

유의사항

1. 등록대상동물의 소유자는 등록대상동물을 잃어버린 경우에는 잃어버린 날부터 10일 이내에, 다음 각 목의 사항이 변경된 경우에는 변경된 날부터 30일 이내에 변경신고를 하여야 합니다.
가. 소유자(법인인 경우에는 법인 명칭이 변경된 경우를 포함합니다)
나. 소유자의 주소 및 전화번호(법인인 경우에는 주된 사무소의 소재지 및 전화번호를 말합니다)
다. 등록대상동물이 죽은 경우
라. 등록대상동물 분실 신고 후, 그 동물을 다시 찾은 경우
마. 무선식별장치 또는 등록인식표를 잃어버리거나 헐어 못 쓰게 되는 경우
2. 잃어버린 동물에 대한 정보는 동물보호관리시스템(www.animal.go.kr)에 공고됩니다.
3. 소유자의 주소가 변경된 경우, 전입신고 시 변경신고가 있는 것으로 봅니다.
4. 소유자의 주소나 전화번호가 변경된 경우, 등록대상동물이 죽은 경우 또는 등록대상동물 분실 신고 후 그 동물을 다시 찾은 경우에는 동물보호관리시스템(www.animal.go.kr)을 통해 변경 신고를 할 수 있습니다.

처리절차

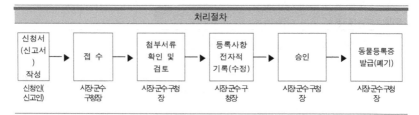

신청서 (신고서) 작성	→	접 수	→	첨부서류 확인 및 검토	→	등록사항 전자적 기록(수정)	→	승인	→	동물등록증 발급(폐기)
신청인(신고인)		시장·군수· 구청장		시장·군수·구청 장		시장·군수·구 청장		시장·군수·구청 장		시장·군수·구청 장

(앞쪽)

동 물 등 록 증

동물등록번호:

소유자 정보

  성명(법인명):

  주소   :

  전화번호 :

동물의 정보

이름:	성별:	중성화: O/X
동물의종류:	품종:	털색깔:
출생일:	취득일:	특이사항:

「동물보호법」 제12조제1항 및 같은 법 시행규칙 제8조제2항, 제9조제3항에 따라 위와 같이 등록되었음을 증명합니다.

년   월   일

시장·군수·구청장 [직인]

100mm×60mm[백상지(150g/㎡)]

(뒤쪽)

변경내용		일자/ 확인 서명 또는 날인
(변경항목)	(변경내용)	(일자)/ (확인 서명 또는 날인)

* 이 등록증을 습득하신 분은 가까운 우체통에 넣어주십시오.
관할 시장·군수·구청장의 주소 및 전화번호:

비고 : 동물등록증의 재질과 규격은 지방자치단체의 여건을 고려하여
      변경이 가능합니다.

동물등록증 재발급 신청서

※ 바탕색이 어두운 난은 신청인이 적지 않으며, [ ]에는 해당되는 곳에 √ 표시를 합니다.

접수번호	접수일	처리일	처리기간	3일

소유자	성명		주민등록번호			전화번호		
	주민등록주소			현거주지주소				

동물	동물등록번호							
	이름	품종	털색깔	성별 암 수	중성화 여 부	생년월(일)	취득일	특이사항

신청사유	[ ] 동물등록증 분실	신청사유	
	[ ] 동물등록증 훼손	발생일	
	[ ] 그 밖의 사유:	동물등록증 분실장소	

「동물보호법」 제12조제1항·제2항과 같은 법 시행규칙 제8조제3항에 따라 위와 같이 동물등록증의 재발급을 신청합니다.

년   월   일

신청인   (서명 또는 인)

(시장·군수·구청장) 귀하

첨부서류	없음	수수료
담당 공무원 확인사항 (동의하지 않는 경우 해당 제출 서류)	동물 소유자의 주민등록표 초본	무료

행정정보 공동이용 동의서

본인은 이 건 업무처리와 관련하여 「전자정부법」 제36조제1항에 따른 행정정보의 공동이용을 통하여 담당 공무원이 주민등록표 초본을 확인하는 것에 동의합니다.

신청인   (서명 또는 인)

처리절차

신청서 작성	→	접 수	→	첨부서류 확인 및 검토	→	동물등록증 재발급
신청인		시장·군수·구청장		시장·군수·구청장		시장·군수·구청장

210mm×297mm[백상지(80g/㎡) 또는 중질지(80g/㎡)]

동물보호센터 지정신청서

※ 아래의 신청서 작성 유의사항을 참고하시어 작성하시고 바탕색이 어두운 난은 신청인이 적지 않습니다.

접수번호	접수일시	처 리 일	처 리 기 간	40일

신청인	기관명	
	성명(대표자)	주민등록번호
	소재지	

구조·보호 대상 동물	

「동물보호법」 제15조제5항 및 같은 법 시행규칙 제15조제2항에 따라 동물보호센터의 지정을 신청합니다.

년   월   일

신청인   (서명 또는 인)

(시·도지사·시장·군수·구청장) 귀하

첨부서류	1. 「동물보호법 시행규칙」 별표 4의 기준을 충족하는 증명하는 자료 2. 동물의 구조·보호조치에 필요한 건물 및 시설의 명세서 1부 3. 동물의 구조·보호조치에 종사하는 인력현황 1부 4. 동물의 구조·보호실적(실적이 있는 경우만 제출합니다) 1부 5. 사업계획서 1부	수수료 없음

유의사항
1. 「동물보호법 시행규칙」 제15조제2항에 따라 시·도지사(시장·군수·구청장)이 공고하는 기간 내에 제출하여야 합니다. 2. 검토 시 「동물보호법 시행규칙」 제15조제1항에 따른 동물보호센터 시설기준의 충족 여부를 확인합니다.

처리절차

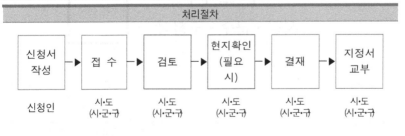

210mm×297mm[백상지(80g/㎡) 또는 중질지(80g/㎡)]

지정번호 제   호

동물보호센터 지정서

기관명	
성명(대표자)	생년월일
소 재 지	전화번호

구조·보호대상 동물
유효기간
지정조건

「동물보호법」 제15조제4항 및 같은 법 시행규칙 제15조제3항에 따라 동물보호센터로 지정합니다.

년   월   일

시 · 도지사
시장 · 군수 · 구청장

직인

210㎜×297㎜[백상지(150g/㎡)]

■ [별지 제6호서식] <개정 2016.1.21.>

공고 번호 제   호

동물보호 공고문

「동물보호법」 제17조, 같은 법 시행령 제7조 및 같은 법 시행규칙 제20조에 따라 구조
된 동물의 보호상황을 아래와 같이 공고합니다.

1. 동물의 정보

축종		보호동물사진 (5X6Cm)
품종		
털색		
성별	암 / 수 / 미상	
중성화 여부	예 / 아니오 / 미상	
특징		

2. 구조 정보

구조일	
구조사유	
구조장소	
공고기간	

3. 동물보호센터 안내

		대표자	
관할보호 센터명			
주소			
전화번호			

4. 기타

위 동물을 잃어버린 소유자는 보호센터로 문의하시어 동물을 찾아가시기 바랍니다. 다
만, 「동물보호법」 제19조 및 같은 법 시행규칙 제21조에 따라 소유자에게 보호비용
이 청구될 수 있습니다. 또한 「동물보호법」 제17조에 따른 공고가 있는 날부터 10
일이 경과하여도 소유자등을 알 수 없는 경우에는 「유실물법」 제12조 및 「민법」
제253조의 규정에도 불구하고 해당 시·도지사 또는 시장·군수·구청장이 그 동물의
소유권을 취득하게 됩니다.

년   월   일

(시·도지사, 시장·군수·구청장)   [직인]

210㎜×297㎜[백상지(150g/㎡)]

보호동물 개체관리카드

1. 관리번호							
2. 구조정보	신고일			구조일			
	신고자			주소(전화번호)			
	구조자			구조장소			
	기타						
3. 동물정보	축종		품종		성별	암 / 수 / 미상	
	나이		중성화	O / X / 미상	체중		
	특징						

4. 보호동물 사진

보호동물 사진1(3X4Cm)	보호동물 사진2(3X4Cm)	보호동물 사진3(3X4Cm)

5. 건강상태 및 진료 사항

일자	담당자	내용

6. 처리결과

처리일	처리결과	내용		비고
년 월 일	[ ] 반환 [ ] 분양 [ ]기증	이름		생년월일	
		주소		연락처	
		동물등록번호			
	[ ]폐사 [ ]안락사	사유		확인자	
	[ ]방사	방사장소		확인자	
	[ ]기타			

7. 기타

210mm×297mm[백상지(150g/㎡)]

보호동물 관리대장

연번	신고내역				구조내역			개체정보							보호내역			처리결과			비고
	신고일	신고자	주소	전화번호	구조일	장소	구조자	축종	품종	나이	성별	체중	특징	건강상태	처치및치료	기타	처리일	방법	내용	
1																				
2																				
3																				
4																				
5																				
6																				
7																				
8																				
9																				
10																				

364mm×257mm[백상지(80g/㎡)]

비용징수통지서 (O차)

비용 납부 자	성명		전화번호	
	생년월일			
	주소			

납부 사유	

납부 액		원	납부 장소	

납부 기한	년 월 일까지	산출 내역	별 첨

「동물보호법」 제19조제2항 및 같은 법 시행규칙 제21조에 따라 동물의 보호비용을 징수하려고 하오니 위의 금액을 납부기한까지 납부하여 주시기 바랍니다.

년   월   일

시 · 도지사
시장 · 군수 · 구청장

직인

안내	1. 「유실물법」 제12조·「민법」 제253조에도 불구하고 「동물보호법」 제17조에 따라 공고한 날부터 10일이 지나도 동물의 소유자등을 알 수 없는 경우, 동물의 소유권을 포기한 경우, 동물의 소유자가 보호비용의 납부기한이 종료된 날부터 10일이 지나도 보호비용을 납부하지 않는 경우 또는 동물의 소유자를 확인한 날부터 10일이 지나도 정당한 사유 없이 동물의 소유자와 연락이 되지 않거나 소유자가 반환받을 의사를 표시하는 않는 경우에는 동물의 소유권이 시·도(시·군·구)로 귀속됩니다. 2. 「동물보호법」 제20조제2호에 따라 동물의 소유권을 포기한 경우에는 비용의 전부가 면제될 수 있습니다. 3. 보호비용을 납부기한까지 내지 않은 경우에는 보호비용에 납부기한 다음 날부터 납부일까지 「소송촉진 등에 관한 특례법」 제3조제1항에 따른 이율의 이자가 가산됩니다. 4. 이 통지서에 이의가 있는 경우에는 통지서를 받은 날부터 90일 이내에 「행정심판법」에 따른 행정심판을 청구하거나 「행정소송법」에 따른 행정소송을 제기할 수 있습니다.

210mm×297mm[백상지(80g/㎡)]

동물실험윤리위원회 운영 실적(년) 통보서

(앞쪽)

동물실험 시행기관	명칭	
	주소	
	전화번호	
동물실험 윤리위원회	등록번호	
	명칭	
	주소	
	전화번호	
	전자우편(E-mail)	

「동물보호법」 제26조제4항, 같은 법 시행령 제12조제6항 및 같은 법 시행규칙 제25조에 따라 동물실험윤리위원회의 운영 실적을 아래와 같이 통지합니다.

년   월   일

동물실험시행기관
장

(서명 또는 인)

(농림축산검역본부장) 귀하

1. 위원 현황 (총   명)

성 명	전문분야	소속

2. 위원회 개최 횟수 (회)

3. 위원회의 동물실험 실태 확인 및 평가에 관한 사항

가. 동물실험시행기관에 대한 위원회의 확인 및 평가(필요조치 요구 내용을 포함)

나. 동물실험시행기관의 운영자 또는 종사자에 대한 교육 훈련 등에 대한 위원회의 확인 및 평가

다. 실험동물의 생산·도입·관리·실험 및 이용과 실험이 끝난 후 해당 동물의 처리에 관한 위원회의 확인 및 평가

4. 위원회의 동물실험계획의 심의 및 승인

심사 건수	승인 건수	변경 승인 건수	미승인 건수

210㎜×594㎜[백상지(80g/㎡)]

343

5. 고통의 정도에 따른 동물 사용량　　　　　(단위: 마리)

동물 종 \ 정도	등급 A	등급 B	등급 C	등급 D	등급 E	합계 (C+D+E)	종별 총계 (B+C+D+E)
설치류 마우스							
랫드							
기니피그							
햄스터류							
기타 설치류							
토 끼							
원숭이류 원숭이류(영장류)							
원숭이류(비영장류)							
포유류 개							
고양이							
미니피그							
돼지							
소							
염소							
기타 포유동물							
조류 조류(닭)							
기타 조류							
파충류							
양서류							
어류							
기타 척추동물							
기 타							
총 계							

등급 A: 생물개체를 이용하지 아니하거나 세균, 원충 및 무척추동물을 사용한 실험, 교육, 연구, 수술 또는 시험

등급 B: 실험, 교육, 연구, 수술 또는 시험을 목적으로 사육, 적응 또는 유지되는 척추동물

등급 C: 척추동물을 대상으로 고통이나 억압이 없고, 고통을 줄여주는 약물을 사용하지 아니하는 실험, 교육, 연구, 수술 또는 시험

등급 D: 척추동물을 대상으로 고통이나 억압을 동반하는 실험, 교육, 연구, 수술 또는 시험으로서, 적절한 마취제나 진통제 등이 사용된 경우

등급 E: 척추동물을 대상으로 고통이나 억압을 동반하는 실험, 교육, 연구, 수술 또는 시험으로서, 마취제나 진통제 등이 사용되지 아니한 경우

유의사항

① 항목 1. 의 전문분야의 경우, 수의사, 동물보호전문가, 기타 전문가(세부영역)로 구분하여 기재합니다.

② 항목 3. 의 경우, 가에서 다까지의 내용이 적힌 서류를 첨부하기 바랍니다.

③ 위원회의 동물실험계획 심의 및 승인내용이 기재된 서류를 첨부하시기 바랍니다.(승인 또는 변경 승인 시 소수의견과 미승인 사유를 포함한다)

■ [별지 제11호서식] <개정 2016.1.21.>

동물복지축산농장 인증 신청서

※ 아래의 신청서 작성 유의사항을 참고하시어 작성하시고 바탕색이 어두운 난은 신청인이 적지 않습니다.

접수번호		접수일	처리일	처리기간 3개월

신청인	①법인명(조직명, 농장명)		②조직원(고용인) 수	
	③대표자 성명		사업자등록번호(생년월일)	
	④주소		전화번호	

신청내용	인증의 구분	⑤축종		
		⑥자유방목 기준 충족 여부: 여/부		
	⑦농장소재지		사육시설 : 동	
			㎡	
			사육규모 :	

「동물보호법」 제29조제2항 및 같은 법 시행규칙 제31조에 따라 동물복지축산농장의 인증을 위와 같이 신청합니다.

년   월   일

신청인   (서명 또는 인)

농림축산검역본부장 귀하

첨부서류	1. 「축산법」에 따른 축산업 허가증 또는 가축사육업 등록증 사본 1부 2. 농림축산검역본부장이 정하여 고시하는 서식의 축종별 축산농장 운영현황서 1부	수수료 제48조에서 정하는 수수료

[동의]

1. 동물복지 축산농장 인증 업무처리를 목적으로 위 신청인 정보와 신청내용을 인증 유효기간 동안 수집·이용함에 동의합니다.

신청인   (서명 또는 인)

2. 「동물보호법」 제29조제6항에 따른 교육·홍보와 동물복지 축산농장 표시 축산물의 유통활성화를 목적으로 동물복지 축산농장의 인증을 받은 자의 정보와 인증내용을 동물보호관리시스템에 공개하고, 지방자치단체, 축산단체, 민간단체 등에 제공함에 동의합니다.

신청인   (서명 또는 인)

유의사항

1. 작성내용이 많을 경우 별지를 작성하여 붙여도 됩니다.
2. 문자는 흑색을 사용하여 한글로 정확히 적어야 합니다. (필요한 경우에는 괄호 안에 원어를 함께 쓸 수 있습니다.)
3. 신청인이 개인인 경우에는 ①농장명 ②동물과 직접 접촉하는 고용인 수 및 ③란에 신청인(농장주) 성명을 적습니다.
4. 신청인의 ④주소란에는 법인 또는 신청인의 주소를 시·도, 시·군·구, 읍(면), 리(동) 번지까지 적어야 합니다.
5. ⑤축종에는 한우·육우·젖소·돼지·육계·산란계·오리로 구분하여 적고, ⑥동물복지 자유방목 축산농장으로 표시하려면 "여"에 표시합니다.
6. ⑦란에는 농장 지번까지 적어야 하며, 소재지가 여러 곳인 경우에는 별지를 첨부하여 적습니다.
7. 법인(조직)이 신청인인 경우에는 축종별 축산농장 운영현황서는 생산자별로 작성하여야 합니다.

처리절차

210mm×297mm[백상지(80g/㎡) 또는 중질지(80g/㎡)]

인증 번호 제   호

동물복지축산농장 인증서

농장명 (대표자명)		사업자등록 번호 (생년월일)	
주소			

인증구분	축종
	자유방목 기준 충족 여부: 여 / 부

농장소재지	
사육시설	동 m²
사육규모	. . . .

「동물보호법」 제29조제1항 및 같은 법 시행규칙 제32조제1항에 따라 위와 같이 동물복지축산농장임을 인증합니다.

년   월   일

(농림축산검역본부장)   [직인]

210mm×297mm[백상지(150g/㎡)]

동물복지축산농장 인증 관리대장

연번	인증연월일	인증번호	축종	농장명	대표자	주소	전화번호	비고
1								
2								
3								
4								
5								
6								
7								
8								
9								
10								

364mm×257mm[백상지(80g/㎡)]

■ **[별지 제14호서식]** <개정 2016.1.21.>

동물복지축산농장 인증 승계신고서

※ 아래의 신고서 작성 유의사항을 참고하시어 작성하시고 바탕색이 어두운 난은 신고인이 적지 않으며, [ ]에는 해당
되는 곳에 √ 표시를 합니다.

접수번호		접수일	처리일	처 리 기간	30일
승계를 하는 사람	법인(조직, 농장)명		조직원(고용인) 수		
	대표자 성명		사업자등록번호(생년월일)		
	주소		전화번호		
승계를 받는 사람	①법인(조직, 농장)명		②조직원(고용인) 수		
	③대표자 성명		사업자등록번호(생년월일)		
	④주소		전화번호		
승계내용	⑤인증번호				
	인증의 구분	⑥축종			
		⑦자유방목 기준 충족 여부: 여/부			
	⑧농장소재지		사육시설 : 동 m'		
			사육규모 :		
⑨승계사유	[ ] 양수 [ ] 상속 [ ] 기타( )				

「동물보호법」 제31조제2항 및 같은 법 시행규칙 제34조제1항에 따라 위와 같이 동물복지축산농장 인증을 받은
자의 지위승계 사실을 신고합니다.

년   월   일

신고인   (서명 또는
인)

농림축산검역본부장   귀하

구비서류	1. 승계사항이 적힌 「축산법」에 따른 축산업 허가증 또는 가축사육업 등록증 사본 1부 2. 승계받은 농장의 동물복지축산농장 인증서 1부 3. 농림축산검역본부장이 정하여 고시하는 서식의 축종별 축산농장 운영현황서 1부	

[동의]

1. 동물복지 축산농장 인증 업무처리를 목적으로 위 신고인 정보와 신고내용을 인증 유효기간 동안 수집·이용함에 동
의합니다.

신고인   (서명 또는 인)

2. 「동물보호법」 제29조제6항에 따른 교육·홍보와 동물복지 축산농장 표시 축산물의 유통활성화를 목적으로 동물
복지 축산농장의 인증을 받은 자의 정보와 인증내용을 동물보호관리시스템에 공개하고, 지방자치단체, 축산단체,
민간단체 등에 제공함에 동의합니다.

신고인   (서명 또는 인)

유의사항

1. 작성내용이 많을 경우 별지를 작성하여 붙여도 됩니다.
2. 문자는 흑색을 사용하여 한글로 정확히 적어야 합니다. (필요한 경우에는 괄호 안에 원어를 함께 쓸 수 있습니다.)
3. 신고인이 개인인 경우에는 ①농장명 ②동물과 직접 접촉하는 고용인 수 및 ③란에 신고인(농장주) 성명을 적습니다.
4. 신고인의 ④주소란에는 법인 또는 신청인의 주소를 시·도, 시·군·구, 읍(면), 리(동) 번지까지 적어야 합니다.
5. ⑥축종에는 한우·육우·젖소·돼지·육계·산란계·오리로 구분하여 적고, ⑦동물복지 자유방목 축산농장으로 표
시하려면 "여"에 표시합니다.
6. ⑧란에는 농장 지번까지 적어야 하며, 소재지가 여러 곳인 경우에는 별지를 첨부하여 적습니다.
7. 법인(조직)이 신고인인 경우에는 축종별 축산농장 운영현황서는 생산자별로 작성하여야 합니다.

처리절차

210mm×297mm[백상지(80g/㎡) 또는 중질지(80g/㎡)]

영업 등록 신청서

※ 바탕색이 어두운 난은 신청인이 적지 않습니다.   (앞쪽)

접수 번호	접수일시	발급일	처리기간 15일

신청 인	대표자의 성명(법인명)		주민등록번호(법인등록번호)
	주소		
			(전화번호:)

영업 장	영업장 의 명칭(상 호)		
	주소		(전화번호:)
	신청업 종	[ ]동물장묘업 – 장례식장: 설치 / 미설치 – 동물화장시설: 설치 / 미설치 – 동물건조장시설: 설치 / 미설치 – 동물수분해장시설: 설치 / 미설치 – 봉안시설: 설치 / 미설치	[ ]동물판매업(일반, 알선·중개, 경매 알선·중개) [ ]동물수입업 [ ]동물전시업 [ ]동물위탁관리업 [ ]동물미용업(일반, 자동차 이용) [ ]동물운송업 *다수 영업의 등록 신청 시 각각의 영 업등록 신청서 작성 필요

「동물보호법」 제33조제1항 및 같은 법 시행규칙 제37조제1항에 따라 위와 같이 영업의 등록을 신청합니다.

년   월   일

신청인   (서명 또는 인)

(시장 · 군수 · 구청장) 귀하

210mm×297mm[백상지(80g/㎡) 또는 중질지(80g/㎡)]

첨부서류	1. 인력 현황 2. 영업장의 시설 내역 및 배치도 3. 사업계획서 4. 「동물보호법 시행규칙」 별표 9의 시설기준을 갖추었음을 증명하는 서류가 있는 경우에는 그 서류 5. 동물사체에 대한 처리 후 잔재에 대한 처리계획서(동물화장시설, 동물건조장시설 또는 동물수분해장시설을 설치하는 경우에만 해당합니다) 6. 폐업 시 동물의 처리계획서(동물전시업의 경우에만 해당합니다)	수수료 영업등록 건별 1만원
담당공무원확인사항	1. 주민등록표 초본(법인인 경우에는 법인 등기사항증명서) 2. 건축물대장 및 토지이용계획정보(자동차를 이용한 동물미용업 또는 동물운송업의 경우에는 제외합니다) 3. 자동차등록증(자동차를 이용한 동물미용업 또는 동물운송업의 경우에만 해당합니다)	

행정정보 공동이용 등 동의서

1. 본인은 이 건 업무처리와 관련하여 「전자정부법」 제36조제1항에 따른 행정정보의 공동이용을 통하여 담당 공무원이 주민등록표 초본 또는 자동차등록증을 확인하는 것에 동의합니다. * 동의하지 않는 경우에는 해당 서류를 제출해야 합니다.
2. 「동물보호법」 제29조제6항에 따른 교육·홍보와 반려동물 관련 영업정보의 효율적인 관리를 목적으로 영업 등록내용(영업장의 명칭, 영업의 종류, 영업장의 주소)을 「동물보호법 시행령」 제7조제1항에 따른 동물보호관리시스템에 게시하는 것에 동의합니다.

신청인
(서명 또는 인)

작성방법

1. 신청인의 업종에 따라 신청업종란의 동물장묘업, 동물판매업, 동물수입업, 동물전시업, 동물위탁관리업, 동물미용업, 동물운송업 중 해당되는 업종의 "[ ]"란에 √ 표시를 하고, ( )안의 영업의 세부범위에 표시합니다. 다수의 업종에 대해 동시에 영업 등록 신청을 하려면 각각의 영업 등록 신청서 작성이 필요하며, 영업등록 처리는 각각의 영업으로 별도 등록합니다.
2. 동물장묘업의 등록을 하려는 자는 장례식장, 동물화장시설, 동물건조장시설, 동물수분해장시설, 봉안시설 중 설치·운영하려는 시설 모두에 대하여 설치 여부를 표시합니다.

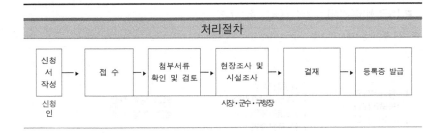

등록번호 제   호

[ ]동물장묘업   [ ]동물전시업

[ ]동물판매업   [ ]동물위탁관리업

[ ]동물수입업   [ ]동물미용업

               [ ]동물운송업

등록증

영업장의 명칭(상호)	
주소	
대표자	
주소	
영업의 종류	※ 동물장묘업의 경우에는 시설(장례식장, 동물화장시설, 동물건조장시설, 동물수분해장시설, 봉안시설) 설치 여부를 함께 표시
등록조건	

「동물보호법」 제33조제1항 및 같은 법 시행규칙 제37조제4항에 따라 위와 같이

[ ]동물장묘업   [ ]동물전시업

[ ]동물판매업(일반, 알선·중개, 경매 알선·중개)   [ ]동물위탁관리업

[ ]동물수입업   [ ]동물미용업(일반, 자동차 이용)

                           [ ]동물운송업

으로 등록하였음을 증명합니다.

년   월   일

시장·군수·구청장 [직인]

210mm×297mm[백상지(150g/㎡)]

동물장묘업 등록(변경신고) 관리대장

1. 영업등록사항

영업장의 명칭 (상호)			
등록번호		등록일자	년 월 일
영업의 종류	동물장묘업	시설의 종류	장례식장/동물화장시설/동물건조장 시설/ 동물수분해장시설/봉안시설
주 소		(전화번호:)	
대표자	성명		
	생년월일		
	주소	(전화번호:)	

2. 영업등록의 변경사항

연 월 일	변경내용	작성자 (직급· 성명)	연 월 일	변경내용	작성자 (직급·성 명)

3. 영업장 현황

시설	면적	장례식 장	m²	동물화 장시설 / 동물건 조장시 설 / 동물수 분해장 시 설	m²	봉안시 설	m²
	화장로/ 건조·멸균분쇄시설/ 수분해시설	규격 (수량)					
	종업원 수		명				

4. 행정처분사항

처분 연월일	문서번호	위반사 항	처분의 내용 및 기간	작성자 (직급·성 명)

5. 비고

210mm×594mm[백상지(80g/㎡)]

[ ]동물판매업
[ ]동물위탁관리업
]동물수입업 [ ]동물미용업 등록(변경신고) 관리대장
[ ]동물운송업
]동물전시업

1. 영업등록사항

영업장의 명칭(상호)					
등록번호		등록일자		년 월 일	
영업의 종류		영업의 내용			
소재지			(전화 :)		
대표자	성명				
	주민등록번호				
	주소		(전화 :)		

2. 영업등록의 변경사항

연 월 일	변경내용	기재자 (직급·성명)	연 월 일	변경내용	기재자 (직급·성명)

3. 영업장 현황

시설면적	사육실/경매실	m²	전시실/위탁관리실/접수실 /운송차량번호	m²
	격리실	m²	준비실/대기실/휴식실	m²
	건물소유구분	[ ]자가 [ ]임대	취급 동물의 종류	
종업원수	명			

4. 기타 행정조치사항

연 월 일	구분	조치내용	기재자 (직급·성명)	연 월 일	구분	조치내용	기재자 (직급·성명)

5. 행정처분사항

처 분 연 월 일	문서번호	위반사항	처분의 내용 및 기간	기재자 (직급·성명)

6. 비고

210mm×594mm[백상지(80g/㎡)]

■ [별지 제19호서식] <개정 2021. 6. 17.>

[ ]동물장묘업 [ ]동물전시업
[ ]동물판매업 [ ]동물위탁관리업
[ ]동물수입업 [ ]동물미용업 **등록증(허가증) 재발급 신청서**
[ ]동물생산업 [ ]동물운송업

※ 바탕색이 어두운 난은 신청인이 적지 않으며, [ ]에는 해당되는 곳에 √ 표시를 합니다.

접수번호	접수일시	발 급 일	처리기간	즉시

신청인	성명(법인명)	주민등록번호(법인등록번호)	대표자 성명	
	주소		(전화번호:)	

영업장	명칭 (상호)	
	주소	(전화번호:)
	신청 업종	[ ] 동물장묘업 [ ] 동물판매업(일반, 알선·중개, 경매 알선·중개) [ ] 동물수입업 [ ] 동물생산업 [ ] 동물전시업 [ ] 동물위탁관리업 [ ] 동물미용업(일반, 자동차 이용) [ ] 동물운송업

재발급 사유	
등록증 (허가증) 분실 사유	※ 등록증(허가증)을 분실한 경우에만 작성합니다.

「동물보호법」 제33조 및 같은 법 시행규칙 제37조제5항에 따라 위와 같이 [ ] 동물장묘업 [ ] 동물판매업 [ ] 동물수입업 [ ] 동물전시업 [ ] 동물위탁관리업 [ ] 동물미용업 [ ] 동물운송업 등록증 또는 「동물보호법」 제34조 및 같은 법 시행규칙 제40조제5항에 따라 [ ] 동물생산업 허가증의 재발급을 신청합니다.

년 월 일
(서명 또는 인)

신청인

(시장·군수·구청장) 귀하

첨부서류	등록증 또는 허가증	수수료 5천원

처리절차

신청서 작성	→	접 수	→	서류 검토	→	결재	→	등록증(허가증) 재발급
신청인		시장·군수 ·구청장		시장·군수·구 청장		시장·군수·구 청장		시장·군수·구 청장

210mm×297mm[백상지(80g/㎡) 또는 중질지(80g/㎡)]

[ ]동물장묘업　　　[ ]동물전시업
[ ]동물판매업　　　[ ]동물위탁관리업　등록(허가)사항
[ ]동물수입업　　　[ ]동물미용업　　　변경신고서
[ ]동물생산업　　　[ ]동물운송업

※ 해당되는 곳에 √ 표시를 하고, 바탕색이 어두운 난은 신고인이 적지 않습니다.

(앞쪽)

접수 번호		접 수 일시	처 리 일	처리기간　7일
신고인 성명(법인명)			주민등록번호 (법인등록번호)	
영업의 종류			등록(허가)번 호	

	구분	변경 전	변경 후
변경사항	영업자의 성명 (법인인 경우에는 대표자의 성명)		
	영업장의 명칭 (상호)		
	영업시설		
	영업장의 주소		
변경사유			
등록증(허가증) 분실사유	※ 등록증(허가증)을 분실한 경우에만 작성합니다.		

「동물보호법」 제33조제2항 및 같은 법 시행규칙 제38조제2항에 따라 [ ]동물장묘업 [ ]동물판매업
 [ ]동물수입업 [ ]동물전시업 [ ]동물위탁관리업 [ ]동물미용업 [ ]동물운송업의 등록사항 또는 「동물보호법」 제34조제2항·같은 법 시행규칙 제41조제2항에 따라 [ ]동물생산업의 허가사항 중 변경사항을 위와 같이 신고합니다.

년　　　　월　　　　일

신고인　　　　　　　　(서명 또는 인)

시장·군수·구청장　귀하

210mm×297mm[백상지(80g/㎡) 또는 중질지(80g/㎡)]

첨부서류	영업자의 성명, 영업장의 명칭 또는 상호를 변경할 때	등록증 또는 허가증	수수료 영업 변경신고 건 별로 1만원
	영업시설을 변경할 때	1. 등록증 또는 허가증 2. 영업시설의 변경 내역서	
	영업장의 주소를 변경할 때	공통 서류 1. 등록증 또는 허가증 2. 영업시설의 변경 내역서(시설변경의 경우에만 첨부합니다) 동물장묘업 변경신고 시 추가 서류 3. 사업계획서(변경이 있는 경우에만 첨부합니다) 4. 「동물보호법 시행규칙」 별표 9의 시설기준을 갖추었음을 증명하는 서류가 있는 경우에는 그 서류(변경이 있는 경우에만 첨부합니다) 5. 동물사체에 대한 처리 후 잔재에 대한 처리계획서(동물화장시설, 동물건조장시설 또는 동물수분해장시설을 설치하는 경우에만 해당하며, 변경이 있는 경우에만 첨부합니다) 동물생산업 변경신고 시 추가 서류 3. 영업장의 시설 내역 및 배치도(변경이 있는 경우에만 첨부합니다) 4. 인력 현황(변경이 있는 경우에만 첨부합니다) 5. 사업계획서(변경이 있는 경우에만 첨부합니다) 6. 폐업 시 동물의 처리계획서(변경이 있는 경우에만 첨부합니다)	
담당 공무원 확인사항		1. 주민등록표 초본(법인인 경우에는 법인 등기사항증명서) 2. 건축물대장 및 토지이용계획정보(자동차를 이용한 동물미용업 또는 동물운송업의 경우에는 제외합니다) 3. 자동차등록증(자동차를 이용한 동물미용업 또는 동물운송업의 경우에만 해당합니다)	

행정정보 공동이용 등 동의서

1. 본인은 이 건 업무처리와 관련하여 「전자정부법」 제36조제1항에 따른 행정정보의 공동이용을 통하여 담당 공무원이 주민등록표 초본을 확인하는 것에 동의합니다.
 * 동의하지 않는 경우 해당 서류를 제출해야 합니다.
2. 「동물보호법」 제29조제6항에 따른 교육·홍보와 반려동물 관련 영업정보의 효율적인 관리를 목적으로 영업등록 또는 허가 내용(영업장의 명칭, 영업의 종류, 영업장의 주소)을 「동물보호법 시행령」 제7조제1항에 따른 동물보호관리시스템에 게시하는 것에 동의합니다.

신고인　　　　　　　　　　　(서명 또는 인)

처리절차

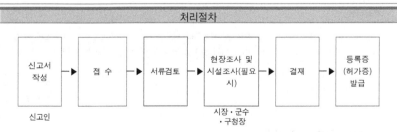

신고서 작성 ▶ 접 수 ▶ 서류검토 ▶ 현장조사 및 시설조사(필요시) ▶ 결재 ▶ 등록증 (허가증) 발급

신고인　　　　　　　　　　시장·군수·구청장

[ ]휴업 [ ]재개업 [ ]폐업 신고서

※ 바탕색이 어두운 난은 신고인이 적지 않으며, [ ]에는 해당되는 곳에 √ 표시를 합니다.   (앞쪽)

접수번호	접수일시	발급일	처리기간	즉시

<table>
<tr><td rowspan="2">신고인</td><td>성명(법인명)</td><td colspan="2">주민등록번호(법인등록번호)</td></tr>
<tr><td>주소</td><td colspan="2">(전화번호:)</td></tr>
<tr><td rowspan="3">영업장</td><td>명칭(상호)</td><td colspan="2"></td></tr>
<tr><td>주소</td><td colspan="2">(전화번호:)</td></tr>
<tr><td>신고업종</td><td colspan="2">[ ]동물장묘업   [ ]동물판매업(일반, 알선·중개, 경매 알선·중개)
[ ]동물수입업   [ ]동물생산업   [ ]동물전시업   [ ]동물위탁관리업
[ ]동물미용업(일반, 자동차 이용)   [ ]동물운송업</td></tr>
<tr><td>재개업(폐업)일</td><td colspan="3">년   월   일</td></tr>
<tr><td>휴업기간</td><td colspan="3">년   월   일부터   년   월   일 까지</td></tr>
<tr><td>사유</td><td colspan="3"></td></tr>
<tr><td>사육·관리 중인 동물의 처리방안</td><td colspan="3"></td></tr>
<tr><td>보관중인 사체의 처리방안</td><td colspan="3"></td></tr>
<tr><td>등록증(허가증) 분실사유</td><td colspan="3"></td></tr>
</table>

「동물보호법」 제33조제2항 및 같은 법 시행규칙 제39조 또는 「동물보호법」 제34조제2항 및 같은 법 시행규칙 제41조제3항에 따라 위와 같이 영업의 [ ]휴업 [ ]재개업 [ ]폐업을 신고합니다.

                                                 년   월   일

        신고인   (서명 또는 인)

시장·군수·구청장   귀하

10mm×297mm[백상지(80g/㎡) 또는 중질지(80g/㎡)]

첨부 서류	등록증 또는 허가증 원본(폐업의 경우에만 해당하며, 등록증 또는 허가증 을 분실한 경우에는 분실사유를 작성하고 등록증 또는 허가증을 첨부하지 않아도 됩니다)	수수료 없음

작성방법

1. 사육·관리 중인 동물의 처리방안 란은 동물판매업, 동물생산업, 동물전시업을 휴업하거나 폐업하는 경우에만 적습니다.
2. 보관 중인 사체의 처리방안 란은 동물장묘업을 휴업하거나 폐업하는 경우에만 적습니다.
3. 휴업의 기간을 정하여 신고한 경우 그 기간이 만료되어 재개업을 할 때에는 재개업 신고를 하지 않아도 됩니다.

처리절차

신고서
작성 → 접 수 → 서류 검토 → 결재

신고인   시장·군수·구청장

359

동물생산업 허가신청서

※ 바탕색이 어두운 난은 신청인이 적지 않습니다.　　　　　　　　　　　　　　　(앞쪽)

접수번호		접수일시	발급일	처리기간	15일
신청인	성명(법인명)			주민등록번호(법인등록번호)	
	주소				
				(전화번호:　　　　　)	
영업장	명칭(상호)				
	주소				
				(전화번호:　　　　　)	
생산동물의 종류	개(　), 고양이(　), 기타(　　　)			인력현황(종사자 수)	명
품종별 사육마리 수	종 :　　　두(암　,수　　) ＊ 사육 품종별로 모두 작성			소규모 생산업 여부 (　　) ＊「동물보호법 시행규칙」별표 9 제2호라목1)바)에서 정하는 기준에 해당하는 경우에 √ 표시합니다.	
맹견 사육 여부	예(　), 아니오(　)			(참고) 맹견의 범위(「동물보호법 시행규칙」제1조의3) 1. 도사견과 그 잡종의 개, 2. 아메리칸 핏불테리어와 그 잡종의 개, 3. 아메리칸 스태퍼드셔 테리어와 그 잡종의 개, 4. 스태퍼드셔 불테리어와 그 잡종의 개, 5. 로트와일러와 그 잡종의 개	

「동물보호법」 제34조제1항 및 같은 법 시행규칙 제40조제1항에 따라 위와 같이 동물생산업의 허가를 신청합니다.

　　　　　　　　　　　　　　　　　　　　　　　　　　년　　　　월　　　　일

　　　　　　　　　　　신청인　　　　　　　　　　　　　(서명 또는 인)

시장·군수·구청장　귀하

210mm×297mm[백상지(80g/㎡) 또는 중질지(80g/㎡)]

첨부서류	1. 영업장의 시설 내역 및 배치도 2. 인력 현황 3. 사업계획서 4. 폐업 시 동물의 처리계획서	수수료 1만원
담당 공무원 확인사항	1. 주민등록표 초본(법인인 경우에는 법인 등기사항증명서) 2. 건축물대장 및 토지이용계획정보	

행정정보 공동이용 등 동의서

1. 본인은 이 건 업무처리와 관련하여 「전자정부법」 제36조제1항에 따른 행정정보의 공동이용을 통하여 담당 공무원이 주민등록표 초본을 확인하는 것에 동의합니다. ＊동의하지 않는 경우 해당 서류를 제출해야 합니다.
2. 「동물보호법」 제29조제6항에 따른 교육·홍보와 반려동물 관련 영업정보의 효율적인 관리를 목적으로 영업허가 내용(영업장의 명칭, 영업장의 주소)을 「동물보호법 시행령」 제7조제1항에 따른 동물보호관리시스템에 게시하는 것에 동의합니다.

신청인   (서명 또는 인)

처리절차

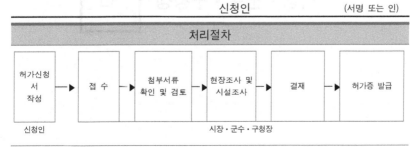

■ [별지 제23호서식] <개정 2021. 6. 17.>
허가번호 제   호

동물생산업 허가증

법인명 (상호명)		
주소	(전화번호:)	
대표자	성명	법인등록번호:
	주소 (전화번호:)	
생산동물 의 종류	개( ), 고양이( ), 기타( )	
소규모 생산업 여부		

「동물보호법」 제34조제1항 및 같은 법 시행규칙 제40조제4항에 따라 위와 같이 동물생산업의 영업을 허가합니다.

년   월   일

시장 · 군수 · 구청장   [직인]

210mm×297mm[백상지(150g/㎡)]

동물생산업 허가(변경신고) 관리대장

1. 영업허가사항

영업장의 명칭(상호)					
신고번호		허가일자		년 월 일	
영업의 종류	동물생산업	영업의 내용			
소재지		(전화 :)			
대표자	성명				
	주민등록번호				
	주소	(전화 :)			

2. 영업허가의 변경사항

연 월 일	변경내용	기재자 (직급·성명)	연 월 일	변경 내용	기재자 (직급·성명)

3. 영업장 현황

시설면적	사육실	m²	분만실	m²
	격리실	m²	판매실	m²
	건물소유구분	[ ]자가 [ ]임대	취급 동물의 종류	
종업원수		명		

4. 기타 행정조치사항

연 월 일	구분	조치내용	기재자 (직급·성명)	연 월 일	구 분	조치 내용	기재자 (직급·성명)

5. 행정처분사항

처 분 연 월 일	문서번호	위반사항	처분의 내용 및 기간	기재자 (직급·성명)

6. 비고

210㎜×594㎜[백상지(80g/㎡)]

363

영업자 지위승계 신고서

※ 바탕색이 어두운 난은 신고인이 적지 않으며, [ ]에는 해당되는 곳에 √ 표시를 합니다.

(앞쪽)

접수번호		접수일		처리일	처 리 기 간 3일

승계를 하는 사람	성명 (법인명)			주민등록번호 (법인등록번호)	
	주소			전화번호	
승계를 받는 사람	성명 (법인명)			주민등록번호 (법인등록번호)	
	주소			전화번호	
영업장	명칭 (상호)	변경 전		변경 후	
	영업의 종류	[ ]동물장묘업　[ ]동물판매업　[ ]동물수입업　[ ]동물생산업 [ ]동물전시업　[ ]동물위탁관리업　[ ]동물미용업　[ ]동물운송업			
	등록(허가)번호				
	주소				
승계사유	[ ] 양도·양수　　　[ ] 상속　　　[ ] 기타( )				

「동물보호법」 제35조제3항 및 같은 법 시행규칙 제42조제1항에 따라 위와 같이 영업자 지위승계를 신고합니다.

년　　　　월　　　　일

신고인　　　　　　　(서명 또는 인)

시장·군수·구청장 귀하

210mm×297mm[백상지(80g/㎡) 또는 중질지(80g/㎡)]

구분	영업양도·양수의 경우	상속의 경우	그 외의 경우	수수료
첨부서류	1. 양도·양수의 경우 가. 양도·양수를 증명하는 서류: 양도·양수 계약서 사본 등 양도·양수 사실을 확인할 수 있는 서류 나. 양도인의 인감증명서나 「본인서명사실확인 등에 관한 법률」 제2조제3호에 따른 본인서명사실확인서 또는 같은 법 제7조제7항에 따른 전자본인서명확인서 발급증(양도인이 방문하여 본인확인을 하는 경우에는 제출하지 않을 수 있습니다)	가족 관계 증명서, 상속 사실을 확인할 수 있는 서류	해당 사유별로 영업자의 지위를 승계하였음을 증명할 수 있는 서류	1만원
담당 공무원 확인사항	1. 법인 등기사항증명서(법인이 아닌 경우에는 대표자의 주민등록표 초본을 제출합니다) 2. 토지 등기사항증명서, 건물 등기사항증명서 또는 건축물대장	없음	없음	

행정정보 공동이용 등 동의서

1. 본인은 이 건 업무처리와 관련하여 「전자정부법」 제36조제1항에 따른 행정정보의 공동이용을 통하여 담당 공무원이 주민등록표 초본을 확인하는 것에 동의합니다. * 동의하지 않는 경우 해당 서류를 제출해야 합니다.
2. 「동물보호법」 제29조제6항에 따른 교육·홍보와 반려동물 관련 영업정보의 효율적인 관리를 목적으로 영업등록 또는 허가 내용(영업장의 명칭, 영업의 종류, 주소)을 「동물보호법 시행령」 제7조제1항에 따른 동물보호관리시스템에 게시하는 것에 동의합니다.

신고인 (서명 또는 인)

행정처분내용 고지 및 가중처분 대상업소 확인서

1. 양도인은 최근 1년 이내에 다음과 같이 「동물보호법」 제38조 및 같은 법 시행규칙 제45조에 따라 행정처분을 받았다는 사실(최근 1년 이내에 행정처분을 받은 사실이 없는 경우에는 없다는 사실)을 양수인에게 알려주었습니다.

<최근 1년 이내에 양도인이 받은 행정처분>

처분받은 날짜	행정처분 내용	행정처분 사유

※ 최근 1년 이내에 행정처분을 받은 사실이 없는 경우에는 위 표의 왼쪽 란에 "없음"이라고 적습니다.
※ 양도·양수신고 담당 공무원은 위 행정처분의 내용을 행정처분대장과 대조하여 일치하는지를 확인해야 하며, 일치하지 않는 경우에는 양도인 및 양수인에게 그 사실을 알려 주고 위 란을 보완하도록 해야 합니다.
2. 양수인은 위 행정처분에서 지정된 기간 내에 처분내용대로 이행하지 않거나, 행정처분을 받은 위반사항이 다시 적발된 경우에는 「동물보호법」 제38조제2항, 같은 법 시행규칙 제45조 및 별표 11에 따라 양도인이 받은 행정처분의 효과가 양수인에게 승계되어 가중처분된다는 사실을 알고 있음을 확인합니다.

년 월 일

양도인 성 명: (서명 또는 인)
　　　주 소:
양수인 성 명: (서명 또는 인)
　　　주 소:

유의사항

1. 영업자 지위승계의 신고를 하지 않는 경우에는 100만원 이하의 과태료를 부과받게 됩니다.
2. 영업자의 지위를 승계한 자는 승계한 날부터 30일 이내에 신고해야 합니다.
3. 양도인의 소재불명 등으로 인하여 해당 서류를 첨부할 수 없는 경우로서 허가관청 또는 시장·군수·구청장이 다른 방법으로 양도·양수사실을 확인할 수 있는 경우에는 해당 서류를 첨부하지 않을 수도 있으니 참고하시기 바랍니다.
4. 영업장의 영업의 종류란에는 동물장묘업, 동물판매업, 동물수입업, 동물생산업, 동물전시업, 동물위탁관리업, 동물미용업, 동물운송업 중 해당되는 업종의 [ ]란에 √ 표시를 합니다. 해당 업종을 동시에 신청하려면 해당되는 업종 모두에 √ 표시를 합니다.

처리절차

신고서 작성 ▶ 접 수 ▶ 첨부서류 확인 및 검토 ▶ 등록사항 전자적 기록(수정) ▶ 결재 ▶ 등록증·허가증 재발급(폐기)

신고인　　　　　　　　　　　　　　　　시장·군수·구청장

■ [별지 제26호서식] <개정 2016.1.21.>

행정처분 및 청문대장

연 번	문서 번호 (발송일)	영업장의 명칭(상호)	소 재 지	대표자 (영업자)	위반 사항	청 문 일	처분 기준	처분내 용 및 기간
1								
2								
3								
4								
5								
6								
7								
8								
9								
10								

364mm×257mm[백상지(80g/㎡)]

■ [별지 제27호서식] <개정 2016.1.21.>

(앞 쪽)

제　　호

동물보호감시원증

사　진

3cm × 4cm

(모자를 벗은 상반신
으로 뒤 그림 없이 6
개월 이내에 촬영한
것)

성　　명
기　관　명

60mm×90mm[백상지(150g/㎡)]

(색상 : 연노란색)

(뒤 쪽)

동물보호감시원증

소속/직급:

성　　명:

생년월일:

　위 사람은 「동물보호법」 제40조제1항에
따른 동물보호감시원(공무원)임을 증명합니
다.

년　　월　　일

기 관 장 명 의 [직인]

---

1. 이 증은 다른 사람에게 대여하거나 양도할 수 없
　 습니다.
2. 동물 보호를 목적으로 출입·검사하거나 직무를
　 수행할 때에는 이 증명을 제시하여야 합니다.
3. 이 증을 습득한 경우에는 가까운 우체통에 넣어
　 주십시오.

■ [별지 제28호서식] <개정 2016.1.21.>

동물복지축산농장 인증심사 결과보고서

1. 신청내용

<table>
<tr><td rowspan="3">신청
인</td><td>법인(조직,
농장) 명</td><td></td><td>조직원(고용
인) 수</td><td></td></tr>
<tr><td>대표자성명</td><td></td><td>사업자등록번
호
(생년월일)</td><td></td></tr>
<tr><td>주소</td><td></td><td colspan="2">(전화번호 :   )</td></tr>
<tr><td rowspan="4">신청
내용</td><td rowspan="2">인증의 구분</td><td colspan="3">축종 :</td></tr>
<tr><td colspan="3">자유방목 기준 충족 여부: 여/부</td></tr>
<tr><td>농장 소재지</td><td colspan="3"></td></tr>
<tr><td>사육시설</td><td colspan="3">동   m²</td></tr>
<tr><td></td><td>사육규모</td><td colspan="3"></td></tr>
</table>

2. 심사결과

<table>
<tr><td rowspan="2">항목</td><td colspan="2">평가</td></tr>
<tr><td>점수</td><td>부적합 항목 수</td></tr>
<tr><td>①일반기준</td><td></td><td></td></tr>
<tr><td>②동물의 관리 방법</td><td></td><td></td></tr>
<tr><td>③사육시설 및 환경</td><td></td><td></td></tr>
<tr><td>④동물의 상태</td><td></td><td></td></tr>
<tr><td>⑤실외 방목장 시설
(추가사항)</td><td></td><td></td></tr>
<tr><td>합계</td><td></td><td></td></tr>
</table>

3. 심사의견

붙임: 동물복지축산농장 인증심사자료 각 1부
동물복지축산농장 인증심사결과를 위와 같이 보고합니다.

년   월   일

인증심사원 소속   직급   성명   (서명 또는 인)

직급   성명   (서명 또는 인)

210mm×594mm[백상지(80g/m²)]

동물생산·판매·수입업 개체관리카드

※ 햄스터, 기니피그는 무리별로 개체관리카드를 작성할 수 있음

*)기본정보	영업장의 명칭(상호) (대표자)			영업등록 (허가)번호			
	주소			(전화번호)			
	동물의 종류		품종	성별	암	/ 수	
	개체관리번호		출생일	특징(털색 등)			

생산업자 기록사항	판매동물 개체정보	*)판매일		*)판매처	영업자의 명칭(상호)	
					등록(허가)번호	
					연락처	
		*)건강상태·진료사항	날짜	질병 또는 건강상태, 처리내역 등		

		어미동물정보	개체관리번호		품종	
			번식기록	출산횟수		
				출산일	출산마릿	
			건강정보	날짜	질병명(유전	

판매업자·수입업자 기록사항	거래기록	*)구입기록	영업장의 명칭(상호)		*)판매기록	판매일	
			등록(허가)번호			구입자	
			수입국가	※수입업만 해당		연락처	
			연락처		판매시 동물등록여부	○ / ×	
		수의사 진료사항					
		동물등록번호 (등록대상 동물만 해당)					
		*)경매정보	경매업체		영업등록번호		
			경매일		낙찰자(업체명)		
			수의사	(서명 또는 인)	수의사 확인사항		
	특이사항						

210mm×297mm[백상지(150g/㎡)]

*)은 필수 기재사항으로 반드시 기재하여야 함

동물전시업·위탁관리업 개체관리카드

※ 햄스터, 기니피그는 무리별로 개체관리카드를 작성할 수 있음

기 본 정 보	영업장의 명칭(상호) (대표자)			영업 등록 번호		
	주소				(전화번호)	
	동물의 종류		품종	성별	암	/ 수
	개체관리 번호(전시 업만 해당)		출생일	특징(털색 등)		
	건강상태			동물 등록 여부	○ / ×	
				동물 등록 번호 (등록 대상 동물만 해당함)		
위 탁 기 록 사 항	위탁자 (연락처)			위탁 내용	□ 사육　□ 훈련　□ 보호	
	위탁기간		~	특이사항		
	기타					

210mm×297mm[백상지(150g/㎡)]

영업자 실적 보고서

(앞쪽)

1. 영업등록(허가)사항

영업장의 명칭 (상호)					
등록(허가)번호		등록(허가)일자		년 월 일	
영업의 종류		영업의 내용			
주소	(전화 :)		종사자 수	명	

대표자	성명	
	주민등록번호	
	주소	(전화 :)

2. 영업장 현황

동물장묘업	면적	장례식장	m²	동물화 장시설 동물건 조장시 설동물수 분해장시 설	m²	봉안 시설	m²
	화장로/ 건조·멸균 분쇄시설/ 수분해시설	규격 (수량)					

동물판매업 (일반, 알선·중개)	사육실		m²	격리실	m²
	건물소유구분	[ ]자가 [ ]임대		취급 동 물의 종 류	

동물판매업 (경매 알선·중개)	접수실		m²	준비실	m²
	경매실		m²	격리실	m²
	건물소유구분	[ ]자가 [ ]임대		취급 동 물의 종 류	

동물수입업	사육실		m²	판매실	m²
	격리실		m²	–	m²
	건물소유구분	[ ]자가 [ ]임대		취급 동 물의 종 류	

동물생산업	사육실		m²	분만실	m²
	격리실		m²	판매실	m²
	건물소유구분	[ ]자가 [ ]임대		취급 동 물의 종 류	

3. 영업실적(동물장묘업 · 동물판매업 · 동물수입업 · 동물생산업)

구분	동물장묘업 처리 두수			동물판매업 (경매장 포함)			동물수입업				동물생산업				
											생산두수 보유현황			생산두수	월판매두수
	개	고양이	기타	축종	품종	판매두수	축종	품종	수입두수	수입국	축종	품종	두수		
1월															
2월															
3월															
4월															
5월															
6월															
7월															
8월															
9월															
10월															
11월															
12월															
합계															

4. 비고

210㎜×594㎜[백상지(80g/㎡)]

■ 편 저 애완동물보호연구회 ■

□ 판례와 같이 보는 동물 · 가축 관리와 법규
□ 애견 기르는 방법과 짝짓기 외 다수

반려동물과 생활하기와 법규지키기

2022년 6월 10일 인쇄
2022년 6월 15일 발행

편 저 애완동물보호연구회
발행인 김현호
발행처 법문북스
공급처 법률미디어

주소 서울 구로구 경인로 54길4(구로동 636-62)
전화 02)2636-2911~2, 팩스 02)2636-3012
홈페이지 www.lawb.co.kr

등록일자 1979년 8월 27일
등록번호 제5-22호

ISBN 979-11-92369-10-5 (13490)

정가 18,000원

이 도서의 국립중앙도서관 출판예정도서목록(CIP)은 서지정보유통지원시스템 홈페이지(http://seoji.nl.go.kr)와 국가자료종합목록 구축시스템(http://kolis-net.nl.go.kr)에서 이용하실 수 있습니다. (CIP제어번호 : CIP2020009923)